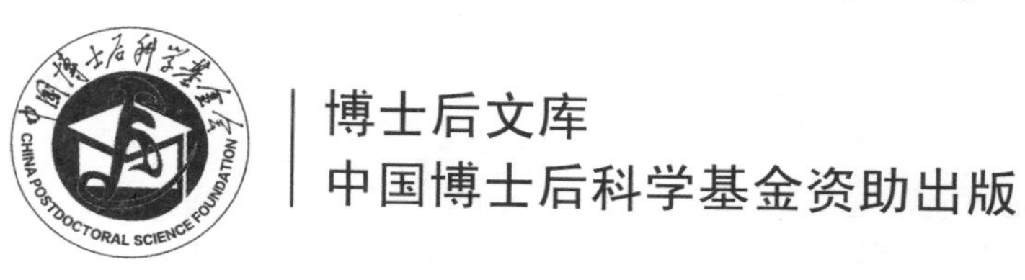

海洋地理信息共享与互操作

陈长林　著

科学出版社
北　京

内 容 简 介

本书以海洋地理信息为切入点，结合海洋环境应用方向，从理论框架建立、关键技术攻关和应用实践等方面展开：一是结合当前地理信息行业特征，提出“数据-模型-知识”三元一体的共享与互操作新型技术体系和“数据标准统一、模型开源开放、知识动态互联”的技术路线；二是构建以《通用海洋测绘数据模型》（S-100标准）为核心的海洋地理信息全空间数据模型体系，开展以电子航海图为例的新型数据集、符号和显示引擎的构建方法研究；三是为构建全球空间信息组织管理提供统一框架，提出全球多尺度地理网格剖分HYGrid模型；四是为有效实现地理信息跨域集成、时空关联与智能推荐机制，开展航海图书资料空间关联表达、网络专题元数据爬取与搜索、海洋环境知识图谱构建与智能推荐等方法研究。

本书适合地理信息系统、海洋环境、海洋测绘等相关领域科研人员阅读，可为其开展多源异构数据的模型构建、组织管理、图形可视化、信息检索与推荐等相关技术研究与应用实践提供有益参考。

图书在版编目（CIP）数据

海洋地理信息共享与互操作/陈长林著.—北京：科学出版社，2024.5
（博士后文库）
ISBN 978-7-03-078451-3

Ⅰ.①海… Ⅱ.①陈… Ⅲ.①海洋地理学-地理信息系统 Ⅳ.①P72

中国国家版本馆CIP数据核字（2024）第086198号

责任编辑：刘 畅 何靖祺/责任校对：高 嵘
责任印制：彭 超/封面设计：陈 敬

科 学 出 版 社 出版
北京东黄城根北街16号
邮政编码：100717
http://www.sciencep.com
武汉中科兴业印务有限公司印刷
科学出版社发行 各地新华书店经销
*
开本：B5（720×1000）
2024年5月第 一 版 印张：15
2024年5月第一次印刷 字数：280 000
定价：118.00元
（如有印装质量问题，我社负责调换）

“博士后文库”编委会

“博士后文库”序言

1985 年，在李政道先生的倡议和邓小平同志的亲自关怀下，我国建立了博士后制度，同时设立了博士后科学基金。30 多年来，在党和国家的高度重视下，在社会各方面的关心和支持下，博士后制度为我国培养了一大批青年高层次创新人才。在这一过程中，博士后科学基金发挥了不可替代的独特作用。

博士后科学基金是中国特色博士后制度的重要组成部分，专门用于资助博士后研究人员开展创新探索。博士后科学基金的资助，对正处于独立科研生涯起步阶段的博士后研究人员来说，适逢其时，有利于培养他们独立的科研人格、在选题方面的竞争意识以及负责的精神，是他们独立从事科研工作的“第一桶金”。尽管博士后科学基金资助金额不大，但对博士后青年创新人才的培养和激励作用不可估量。四两拨千斤，博士后科学基金有效地推动了博士后研究人员迅速成长为高水平的研究人才，“小基金发挥了大作用”。

在博士后科学基金的资助下，博士后研究人员的优秀学术成果不断涌现。2013 年，为提高博士后科学基金的资助效益，中国博士后科学基金会联合科学出版社开展了博士后优秀学术专著出版资助工作，通过专家评审遴选出优秀的博士后学术著作，收入“博士后文库”，由博士后科学基金资助、科学出版社出版。我们希望，借此打造专属于博士后学术创新的旗舰图书品牌，激励博士后研究人员潜心科研，扎实治学，提升博士后优秀学术成果的社会影响力。

2015 年，国务院办公厅印发了《关于改革完善博士后制度的意见》(国办发〔2015〕87 号)，将“实施自然科学、人文社会科学优秀博士后论著出版支持计划”作为“十三五”期间博士后工作的重要内容和提升博士后研究人员培养质量的重要手段，这更加凸显了出版资助工作的意义。我相信，我们提供的这个出版资助平台将对博士后研究人员激发创新智慧、凝聚创新力量发挥独特的作用，促使博士后研究人员的创新成果更好地服务于创新驱动发展战略和创新型国家的建设。

祝愿广大博士后研究人员在博士后科学基金的资助下早日成长为栋梁之才，为实现中华民族伟大复兴的中国梦做出更大的贡献。

中国博士后科学基金会理事长

前　言

回顾信息化发展历程，不难发现，共享与互操作是信息互联互通的本质特征，也是信息化建设的核心要求。过去二十年以来，人类信息化水平突飞猛进，信息共享与互操作能力水平不断提升。一方面，在开放地理空间信息联盟（OGC）等国际组织/团体的共同努力下，制定了一系列地理信息标准，使得地理信息共享与互操作取得了很好的效果，影响广泛而深远，但是目前相关理论和技术体系已经相对固化，难以适应“泛在、众包，跨界、融合，开放、开源，知识化、关联化”的新时代特征；另一方面，随着海洋观探测平台和技术的快速发展，海洋信息愈发呈现暴增趋势，但是“行业标准自成体系、不同系统相互独立、大众应用门槛较高”等问题愈发突出，难以满足日益增长的海洋开发利用对信息共享的迫切需求。

针对上述问题，本书按照“全域”理念，提出“数据-模型-知识”三元一体的海洋地理信息共享与互操作新型技术体系，总体目标是要实现数据、模型和知识三个层次的全时空信息聚合，在此基础上，将来可以逐步实现智能化应用，与百度搜索或者近期流行的 ChatGPT 类似，在得到用户输入后，实现相关数据、模型和知识的在线服务、智能推荐及其他综合运用。

本书结合我从事的海洋环境领域的实际需求，与“数据-模型-知识”层次关系相对应，按照约束条件由强到弱，提出“数据标准统一、模型开源开放、知识动态互联”技术路线。按照此技术路线，分别围绕“基于 S-100 标准框架的海洋地理信息统一建模、基于开放架构的海洋地理信息服务与应用和基于关联模式的海洋地理信息知识表达、检索与推荐”三个方向，开展一系列技术方法研究与应用实践。本书主要研究内容和研究方法如下。

（1）针对《通用海洋测绘数据模型》（IHO S-100）已得到多个涉海国际组织及国际海道测量组织（IHO）各成员国的支持，正在形成以该标准为核心的海洋地理信息全空间数据模型体系这一情况，遵循海洋环境信息共享与互操作的技术路线，在对 S-100 标准的现状及存在问题进行综合性分析的基础上，通过对比分析 S-57 标准与 S-101 标准之间的语义变化，提出 S-57 标准 ENC 向 S-101 标准 ENC 数据转换的方法；通过对 S-52 标准和 S-100 标准符号结构的分析，提出 S-52 标准符号向 S-100 标准符号转换的方法，给出 S-100 标准符号编辑器的设计方案，研制 S-100 标准符号编辑器原型系统。

（2）为解决海洋地理信息服务与应用面临的多源异构数据组织管理难题，提出具备“椭球面厘米级、径向米级”网格单元表达能力的全球多尺度地理网格剖分 HYGrid 模型，满足为全球空间信息组织管理提供统一框架的需要；针对海洋地理信息服务与应用存在的通用性图示表达难题，提出基于 QML 样式语言的电子海图可视化方法，构建基于 XSL 脚本语言的插件式图示表达引擎，为建立下一代海洋地理信息系统奠定技术基础。

（3）针对当前在海洋时空数据模型、时空场分析、可视化和信息服务等方面的研究主要集中在数据层面和模型层面，较少涉及知识层面，且极度匮乏知识关联方面的研究与应用现状，围绕具有半结构化/非结构化特征的航海图书资料改造、具有隐式地理信息特征的网络专题元数据发现、具有跨学科多维度特征的海洋环境信息聚合三个问题，分别开展空间关联、垂直搜索、知识图谱构建与推荐等技术方法研究，提出航海图书资料的空间关联表达机制和网络专题元数据自动爬取方法，实现半结构化数据和非结构化数据的知识抽取、关联与检索；提出海洋环境知识图谱框架，有效实现地理信息跨域集成、时空关联与智能推荐；研制交互平台和智能搜索原型系统，为海洋地理信息知识表达、检索与推荐提供典型应用示范。

本书使用的海图均来源于中国人民解放军海军海道测量局发布的官方 S-57 电子海图数据，本书主体内容为我的博士后出站报告，得到“基于地理知识图谱的多源异构数据共享与互操作”（博士后基金特别资助项目，编号 2019T120127）和“全球海洋立体网格剖分模型研究与应用分析”（博士后基金面上项目，编号 2017M620884）两个基金资助。

本书选题方向和技术路线得到中国科学院地理科学与资源研究所周成虎院士、资源与环境信息系统国家重点实验室苏奋振研究员、海军研究院申家双副所长和哈尔滨工业大学深圳校区陈波教授等专家的指导，在此表示衷心的感谢！

感谢中国科学院地理科学与资源研究所为我打开了一扇大门，使我能够看到更加广阔的天地，使我能够借助更加广泛的力量，也使我更加认识到自身的渺小；感谢我目前所在的工作单位，为我提供了一个能够充分发挥才能的平台，使我能够将工作内容与兴趣爱好相结合。

感谢武汉大学的邓跃进副教授协助完成 QGIS 平台下海图显示的脚本代码编写工作；感谢天津大学的郭浩然同学协助完成网络专题元数据垂直搜索引擎的代码编写工作；感谢中海油能源发展股份有限公司安全环保分公司的宁方辉、毛邓添、赵瑞可和贺鹏艺等人协助完成知识图谱构建过程中网络信息爬取和搜索引擎门户的代码编写工作；感谢战略支援部队信息工程大学的崔虎平老师协助我完成文档格式编排工作。

由于水平有限，书中难免存在疏漏，欢迎读者批评指正。

陈长林

2023 年 4 月

目　　录

第 1 章　绪论 …… 1
1.1　地理信息行业发展特征 …… 3
1.1.1　泛在、众包 …… 3
1.1.2　跨界、融合 …… 4
1.1.3　开放、开源 …… 4
1.1.4　知识化、关联化 …… 5
1.2　研究进展 …… 6
1.2.1　时空数据集成 …… 6
1.2.2　地理知识工程 …… 7
1.2.3　地理可视化模型 …… 8
1.2.4　存在问题 …… 9
1.3　理论框架 …… 10
1.3.1　总体架构 …… 10
1.3.2　数据层 …… 11
1.3.3　模型层 …… 12
1.3.4　知识层 …… 14
1.3.5　运用构想 …… 15
1.4　实践方案 …… 17
1.4.1　技术路线 …… 18
1.4.2　统一建模 …… 19
1.4.3　开放架构 …… 20
1.4.4　知识关联 …… 22
1.5　本书结构 …… 22
1.6　本章小结 …… 23

第 2 章　基于 S-100 标准的海洋地理信息统一建模 …… 25
2.1　S-100 系列标准 …… 27
2.1.1　概述 …… 27

2.1.2 当前现状 …… 29
2.1.3 存在问题 …… 34
2.1.4 发展建议 …… 35
2.2 S-101 标准数据集构建 …… 38
2.2.1 概述 …… 38
2.2.2 语义模型对比 …… 41
2.2.3 语义映射关系表达 …… 56
2.2.4 实验与结论 …… 67
2.3 S-100 标准符号集构建 …… 71
2.3.1 概述 …… 71
2.3.2 S-52 标准符号结构 …… 72
2.3.3 S-100 标准点符号构建 …… 77
2.3.4 S-100 标准复杂符号构建 …… 83
2.4 本章小结 …… 94

第 3 章 基于开放架构的海洋地理信息服务与应用 …… 97
3.1 二三维一体地理网格剖分 …… 99
3.1.1 概述 …… 99
3.1.2 国内外研究进展 …… 100
3.1.3 HYGrid 网格剖分模型 …… 106
3.1.4 HYGrid 网格剖分处理 …… 110
3.1.5 实验与结论 …… 120
3.2 电子海图 QGIS 集成应用 …… 123
3.2.1 概述 …… 123
3.2.2 电子海图符号化机制 …… 123
3.2.3 SLD&QML 模型对比 …… 127
3.2.4 实验与结论 …… 134
3.3 插件式图示表达引擎构建 …… 142
3.3.1 概述 …… 142
3.3.2 地理信息图示表达模型 …… 143
3.3.3 S-100 标准图示表达模型 …… 145
3.3.4 实验与结论 …… 149
3.4 本章小结 …… 155

第 4 章　基于关联模式的海洋地理信息知识表达、检索与推荐 ………… 157
4.1　航海图书知识表达与空间关联 ………… 159
4.1.1　概述 ………… 159
4.1.2　电子海图知识空间关联化 ………… 160
4.1.3　航海书表知识空间关联化 ………… 163
4.1.4　实验与结论 ………… 168
4.2　网络海洋专题元数据垂直搜索 ………… 171
4.2.1　概述 ………… 171
4.2.2　总体设计 ………… 172
4.2.3　关键技术 ………… 176
4.2.4　实验与结论 ………… 181
4.3　海洋环境知识图谱构建与推荐 ………… 185
4.3.1　概述 ………… 185
4.3.2　理论框架设计 ………… 186
4.3.3　知识图谱构建 ………… 188
4.3.4　实验与结论 ………… 204
4.4　本章小结 ………… 213

第 5 章　总结与展望 ………… 215
5.1　总结 ………… 217
5.2　展望 ………… 218

参考文献 ………… 219

编后记 ………… 225

第1章

绪　　论

1.1 地理信息行业发展特征

共享与互操作是信息互联互通的本质特征，也是信息化建设的核心要求。过去二十年以来，人类信息化水平突飞猛进，信息共享与互操作能力水平不断提升。自1998年“数字地球”概念诞生以来，全球在空间信息基础设施方面进行了持续、长久、大量的投入，并在地理信息共享与互操作方面取得了一系列重要成果（郭华东 等，2014；龚健雅 等，2012；诸云强 等，2010），有力支撑了对地观测、国土规划、城市建设等各领域的信息化发展。

海洋占据地球表面积约71%，是一个比陆地要复杂得多的巨系统，存在“要素多元多维、现象耦合关联、环境复杂多变”等显著特点。迄今为止，人类对海洋的认知远远满足不了现实需求，对海洋的了解甚至不如月球表面。以数据共享为例，尽管国际上已有不少大型的海洋科学数据共享计划，例如1998年启动的“实时地转海洋学阵计划”和我国的“数字海洋”建设（侯文峰，1999）等，并取得了一些重要成果，促进了海洋信息共享与互操作的发展，但是仍然存在技术体系不健全、开放兼容性不足、应用形式单一等问题。近些年来，随着海洋观探测平台和技术的快速发展，海洋信息愈发呈现暴增趋势，但是行业标准自成体系、不同系统相互独立、大众应用门槛较高等问题愈发突出，难以满足日益增长的海洋开发利用对信息共享的迫切需求，影响了“透明海洋”和“智慧海洋”目标的推进（姜晓轶 等，2018），其中一个重要原因就是海洋信息共享与互操作问题缺乏良好的顶层规划设计。

海洋地理信息是地理信息和海洋信息的交叉领域，与通用地理信息既有联系又有区别，既要考虑现有成果的引进吸收，又要结合海洋领域特色应用场景开展针对性设计与实践。地理信息行业发展日新月异，出现了如下一系列新特征，海洋地理信息共享与互操作问题研究也应与时俱进。

1.1.1 泛在、众包

传统地理信息时代，共享与互操作的服务对象主要是各类专业用户。在新地理信息时代，服务对象扩大到了公众用户，同时公众也成为空间信息的提供者（宁津生，2019；王家耀 等，2019；李德仁 等，2009），典型代表如开放街道地图（OpenStreetMap）和GeoWiki。面对各种各样的地理数据，通过一系列增值处理将其提升为信息服务的同时，计算环境正逐步由封闭的暗箱批处理向开放透明的交互平台转变，用户也由被动响应、提供反馈变为主动参与，产生了大量的众包与自发地理信息（孟立秋，2017；Goodchild，2007），催生了“Neogeography”（Turner，2006），即新地理学。公众观测中存在数以亿计的非专业传感器，所采集的各种自然和社会观测数据种类各异，极大地丰富了数据来源的动态性和丰富性，但是这些数据的收集、管理、融合和处理对现有信息共享技术提出了巨大的挑战。

传统海洋地理信息的获取主要依靠专业调查船，随着海洋立体观测网的推动和海洋观探测设备的技术发展，利用卫星、浮标、无人潜航器等平台开展海洋信息获取的能力逐步提高，各类非专业力量获取的多源异质信息逐步得到重视与应用，特别是“众包测深”（crowdsourced bathymetry，CSB）受到国际海道测量组织（International Hydrographic Organization，IHO）的鼓励支持。

1.1.2 跨界、融合

传统地理信息时代，数据共享与互操作的主要方式是开放应用程序接口（application program interface，API）或者公开数据标准，由数据管理者单独进行发布，不同行业之间相互独立。当今是大数据时代，往往需要将不同行业的数据进行关联，进而实现挖掘分析（林珲 等，2018）。例如，对全球变化分析、区域可持续发展、防灾减灾等科学问题的理解和认知，除了地球观测数据，还需要更多学科数据的参与；为了实现陆海统筹规划，必须将国家测绘、海洋、地质、农业、海事等各行业数据进行整合分析。

海洋各类自然现象相互影响、相互作用、相互关联、相伴相生，例如，海底地形制约了海流运动，海底底质影响了声反射特征，洋流也对气候产生重要影响。面对海洋学科群的融合应用需求，以地理信息视角来研究分析和综合运用各类海洋信息产品已经成为国际共识，一个鲜明的例子是国际海道测量组织颁布的《海洋测绘通用数据模型》（IHO S-100）（universal hydrographic data model，简称S-100标准）（陈长林，2018），已经成为国际航标协会（International Association of Light house Authorities，IALA）、海洋学和气象学联合技术委员会（Joint Technical Commission for Oceanography and Marine Meteorology，JTCOMM）、国际电工委员会（International Electrotechnical Commission，IEC）等多个国际组织共同遵照的数据建模框架。

1.1.3 开放、开源

模型的概念具有多义性，本书模型是指基于数据进行的各类映射变换，例如可视化模型、时空分析模型等。模型共享与互操作是为了在不同软件平台之间实现信息交互、处理和分析，实现较高层次的信息共享与互操作，主要应用于地理信息系统（geographic information system，GIS）。开放和开源是实现模型共享的两种主要方式，前者侧重于协议或接口，后者侧重于设计方案或代码。“开放”是灵活性与自主性的平衡，按照软件平台相关性可分为三类：一是平台无关型，主要是通用标准协议，例如 Web 地图服务；二是平台弱耦合型，主要是插件或脚本，例如QGIS可使用Python语言作为处理模型的扩展方法；三是平台强耦合型，主要是动态库。“开源”模式分为全开源和部分开源两种，例如 QGIS、Leaflet、Cesium 是全开源的典型代表，Mapbox 和 Google Earth Engine 则是部分开源（服务端不开源）。面对众多开放协议或开源平台，如何进行合理选择、如何进行有机组合，以及如何实现与海洋地理信息领域的结合，有待进一步研究与探索。

海洋地理信息系统用于对海洋时空信息进行表达、存储、分析、处理与应用（周成虎 等，2013），但是过去海洋未受到足够重视，用户群体数量有限，除电子海图应用相对广泛外，其余大多海洋地理信息系统通常部署于科研院所或政府机构，各类模型的应用场景和地点相对固定，共享与互操作需求并未受到足够重视，致使共享开放相对不足，开源成果较为少见。

1.1.4　知识化、关联化

面向服务是新时代地球空间信息学的重要发展方向，需要从理解用户的自然语言入手，搜索可用来回答用户需求的数据，优选提取信息和知识的工具，形成合理的数据流与服务链，将有用的数据、信息和知识及时送达给用户（李德仁 等，2009）。面对“数据海量、信息爆炸、知识难求”的现状（李德仁，2016），需解决如何将多源异构的碎片化地理知识融合，充分保留原始数据的有效信息部分，建立地理知识间的丰富关联，形成统一的地理知识图谱的问题（林珲 等，2018）。

与陆地相比，海洋相关知识相对匮乏，更需要将各地分散的知识有机整合起来。国家海洋局“十三五”期间牵头完成的“海洋专业知识服务系统”，主要提供论文、词表、百科、新闻、专家等信息，同时将“国家海洋科学数据共享服务平台”内容嵌入系统页面内，为大众学习海洋知识提供了一个窗口。然而，当前工作存在几点不足：一是不同板块相对独立，无法相互关联；二是采用关键词匹配方法，未能建立语义网络；三是依靠人工增补内容，无法动态提取外部信息并加以关联。

1.2 研究进展

新的时代特征带来一些新的问题，需要对理论方法和实际运用现状进行梳理总结，以便发现问题。本节围绕时空数据集成、地理知识工程和地理可视化三个方面分别开展地理信息共享与互操作的现状分析，最后给出综合评述。

1.2.1 时空数据集成

单机环境下时空数据共享与互操作的理论方法已经成熟，目前主流的方式是提供在线数据服务，包括元数据查询、数据浏览下载、应需专题制图或者 API 调用等形式（诸云强 等，2010），常见的规范如开放地理空间信息联盟（Open Geospatial Consortium，OGC）制定的网络地图服务（web map service，WMS）、网络要素服务（web feature service，WFS）、网络覆盖服务（web coverage service，WCS）等在线地图规范，国际化标准组织（International Standards Organization，ISO）制定的 ISO 19115 元数据规范。地理信息门户（Geoportal）是近些年来兴起的多源异构时空数据集成的重要模式（Maguire et al.，2005），典型代表如全球对地观测系统（global earth observation system of systems，GEOSS）[①]、欧盟空间信息基础设施建设（Infrastructure for Spatial Information in Europe，INSPIRE）[②]、美国环境信息国家中心（National Centers for Environmental Information，NCEI）[③]，以及国内天地图[④]、国家地球系统科学数据共享服务平台[⑤]、国家海洋科学数据共享服务平台[⑥]、国家基础科学数据共享服务平台[⑦]、地球大数据共享服务平台[⑧]等。然而，现有时空数据集成平台往往因受到学科的局限而仅集中于某一领域，各平台间也缺乏统一的标准规范，各平台多集中于对其内部数据进行组织与管理，对其他平台的资源仅能提供平台链接而无法直接进行关联与整合（王翠萍 等，2023）。时空数据集成不仅需要数据层面的共享，而且应充分利用物联网、人工智能、区块链、云计算等先进技术构建“数据-模型-计算”一体化共享的科研信

① www.geoportal.org
② inspire.ec.europa.eu
③ www.ncei.noaa.gov
④ www.tianditu.gov.cn
⑤ www.geodata.cn
⑥ mds.nmdis.org.cn
⑦ www.nsdata.cn
⑧ data.casearth.cn

息化环境，采取动静结合的方式为跨区域、跨学科的现代地学协同研究提供更加全面的支撑（周成虎 等，2020）。面对广泛的时空分析计算需求，许多学者和机构都在努力构建在线处理服务，典型代表如美国芝加哥大学的 GeoDa-Web 平台，实现了在线空间分析与在线制图的结合（Li et al.，2015），但是，大部分工作集中在开发和部署地理信息的处理服务，对于复杂分析任务，需要进一步研究服务链的自动化或者半自动化构建方法（谭喜成，2018；Hofer，2015；Yue et al.，2015），需要研究高性能或者分布式计算环境下地理信息服务发现、组合和协作机制（Wang et al.，2015；Wu et al.，2015），需要构建本体作为支撑（Hofer et al.，2017），同时，还需要进一步提升人性化和实用化（Hofer，2015）。近几年兴起的全息位置地图是时空数据集成的一种新思路，其核心是以语义位置为纽带，关联多源、多粒度、多主题、多时态数据，建立个性化位置智能服务，实现人、机、物的有机关联（朱欣焰 等，2015；周成虎 等，2011）。

1.2.2 地理知识工程

地理知识泛指在空间信息支持下，通过归纳与类比推理得到的在某个范围内普遍适用的地学规律，比如经验推理得到的知识等（龚健雅 等，2012）。知识工程以知识为研究对象，通过抽取具体智能系统中共同研究的基本问题作为核心，形成通用方法和理论（林珲 等，2018）。地理知识工程是知识工程在地理信息领域的衍生，但还需要运用计算几何、拓扑、模糊集合理论、数学形态学、统计学和空间分析等，需要进一步研究的主要问题是地理问题推理和互联网检索，其难点包括语义异构、动态目标、多尺度等问题（Laurini，2014）。龚健雅等（2014）提出了地理空间知识服务的理念和基本框架，吴小竹等（2014）建立了一个集云计算技术、空间知识发现技术和空间辅助决策分析技术一体的地理知识云平台。互联网的普及使得地理知识的交流和共享成为新目标，传统的以模型为驱动的虚拟地理环境将逐渐发展至以知识为导向。实现高效智能的检索式地理知识共享，涉及本体库的创建、语义提取、语义匹配、语义推理等（林珲 等，2017）。Purves 等（2007）在地理本体的支持下，查找文档中的地名，实现文档的地理位置标注和关联，进而改进了“〈主题-空间谓词-地理位置〉”形式的语义查询。Li 等（2014）结合潜在语义分析（latent semantic analysis，LSA）和余弦相似度对文档进行搜索，并通过地理本体进行空间范围约束，构建了地理数据搜索引擎。全球变化科学研究数据出版系统[1]实现了元数据、实体数据、数据论文的关联一体出版。以知识

[1] www.geodoi.ac.cn

图谱和知识中心为代表的知识服务研究方兴未艾，其中知识图谱以结构化方式表达知识节点及其相互语义关系，形成大数据环境下的知识服务（陈军 等，2019；蒋秉川 等，2018；陆锋 等，2017），典型代表如 DBpedia。地理知识图谱的典型代表是 LinkedGeoData、GeoKnow 和 GeoLink 等项目。LinkedGeoData 将 OSM 数据转换为关联数据（Maguire et al.，2015），并实现与 DBpedia 的链接；GeoKnow 利用 Web 作为地理空间知识集成平台及地理信息探索平台，创建了一系列的工具以构建地理知识图谱，包括相似性度量、SPARQL 到 SQL 转换、常见地理数据格式转换、属性融合、兴趣点制图等（Athanasiou et al.，2014）；GeoLink 则构建了基于模板的地学数据共享框架（Cheatham et al.，2018）。为了实现传统 OGC 服务与知识图谱的适配转换，可将 WFS 查询转换为 GeoSPARQL 语句，进而融入知识图谱体系（Vilches-Blázquez et al.，2019）。为了建立数据之间的关联关系，可按照内容、空间覆盖、时间覆盖、空间精度和时间粒度等方面计算相似性，以特定谓词指示关联数据的实际关系，并使用数据相似性来定量地表示关联度（Zhu et al.，2017）。与地理知识图谱注重地理空间知识关联这一特点不同，地学知识图谱侧重于解决地球科学（简称地学）分散、多源、异构数据的整合集成、挖掘分析及其知识的智能发现等应用需求（诸云强 等，2023）。值得一提的是，目前主流的人工智能问答系统，例如 OpenAI 公司的聊天生成式预训练转换器（chat generative pre-trained transformer，ChatGPT），具备基于海量语料和机器学习大模型的知识提取与产生能力，其本质上是建立隐式的知识图谱，但是它们并不是真正理解了知识的内在关联，也难以实现深层次的推理过程（陆锋 等，2023）。

1.2.3　地理可视化模型

大数据时代也是读图的时代，数据驱动的科学比以往任何时候都需要可视化的支持（孟立秋，2017）。在 ISO 标准体系中，“图示表达”（portrayal）用于表示要素从数据变换为图形显示这一过程，涉及地理信息数据、地图符号及两者之间的映射规则，即图示表达规则。数据的共享与互操作已经受到普遍认可（龚健雅 等，2012）。地图符号的共享与互操作，需要以图形标准为基础进行约定或扩展，可选的有 PostScript、可缩放矢量图形（scalable vector graphics，SVG）、TrueType 等，目前还没有统一的标准。在图示表达规则方面，ISO 19117 图示表达标准对基本流程框架进行了定义，其基本思路是构建开放的图示表达规则集，以实现数据与不同图形的解耦合，但是该标准是对图示表达相关概念的高度抽象，缺少属性定义，对图示表达规则描述过于简单，仅对应一个类，且该类只有一个函数，无法直接作为编码实现的依据；可扩展样式表转换语言（extensible stylesheet language transformation，XSLT）作为图示表达规则的具体编码形式（Nikkilä et al.，2013；Klausen，2006；尹章才 等，2005），依赖于数据和符号模型。作为地理信息共享与互操作的重要推动者，OGC 早在 2005 年就发布了样式图层描述符（styled layer descriptors，SLD）和符号编码（symbology encoding，SE）规范（OGC，2007a，2007b），但是过于简单，无法表达复杂规则和复杂符号，与近几年流行的在线制图语言 MapCSS 和 CartoCSS 相比实在是相形见绌。为此，OGC 近几年一直在试图修订完善对复杂规则表达能力弱的问题，在原有比较算子和逻辑算子的基础上，增加了空间算子和时间算子（OGC，2014），扩充了符号样式（Yutzler et al.，2018），但是仍然存在局限，例如不支持正则表达式，不支持基本的字符提取和变换，不支持多重条件和嵌套条件；对于 SE/SLD 规范缺少概念模型的问题，OGC 刚开始着手研究，目前仅给出了一个核心模型，并公开征集意见（OGC，2018），但仅仅只是几个概念图；对于图示表达模型缺乏语义信息的问题，OGC 开展了一项创新试验，构建了一个集语义概念、数据转换和可视化服务为一体的注册系统框架，采用关联数据相关技术实现符号、图示表达规则、数据转换规则、可视化服务的注册，构建了一个图示表达共享与互操作的平台，提供了元数据描述模型，但目前也仅仅只是一个初期试验（OGC，2019，2017）。

1.2.4 存在问题

面对“数据来源越来越多、学科交叉越来越普遍、服务需求越来越复杂”等问题，传统的共享和互操作理论方法已经难以适应将来的发展需要，具体表现在以下几个方面。

（1）语法和结构层面的数据集成已取得了很多成果，但是在语义方面仍然存在不足，缺少跨领域、跨语种、跨技术体系的时空数据集成方法研究，从海量网页中进行地理信息自动筛选和提取仍然处于初步实验阶段，缺乏实用化、个性化的综合集成平台。

（2）知识的模式结构大多由通用知识百科获得，对专业领域相关概念及其关系的描述不够全面和准确；知识的提取来源主要针对已知的门户网站，按照模板提取相对固定的结构，对于非固定结构缺乏有效策略；知识的存储内容主要为地名或数据集元数据，对其他内容考虑不足；知识的关联模式主要是从语义映射到地理数据，缺少地理数据之间（空间和时间）的关联；知识的搜索方法大多基于语义匹配，未充分利用地理特征进行效率优化。

（3）地理可视化的共享与互操作目前还未引起足够重视，也未形成统一认识，存在的主要问题有：以面向二维矢量数据为主，对栅格数据和三维数据考虑不足；以面向静态信息为主，对时空动态信息表达考虑不足；以面向传统地图为主，对非传统地理信息考虑不足。后续将朝着完善模型和语义化方向发展。

1.3 理论框架

地理信息的内涵和外延正朝着泛在化、全域化、大众化等方向发展，远远超过了传统意义上测绘地理信息的范畴。同样，海洋地理信息也不限于海洋测绘行业，其范畴应涵盖海洋及海岸带范围内与空间位置直接或者间接相关的事物或现象。针对地理信息共享与互操作发展现状中存在的问题，发展新的理论方法迫在眉睫。本书按照“全域”理念，对海洋地理信息共享的技术体系进行设计，提出通用框架结构，并对需重点研究的内容进行讨论分析。

1.3.1 总体架构

按照认知层次由低到高，“信息”分为数据、模型和知识共三个层级，因此，对于地理信息共享与互操作而言，其共享与互操作也不应只是数据层面，还应包括模型层面和知识层面。本书提出“数据-模型-知识”三元一体的共享与互操作新型技术体系，如图 1.1 所示。

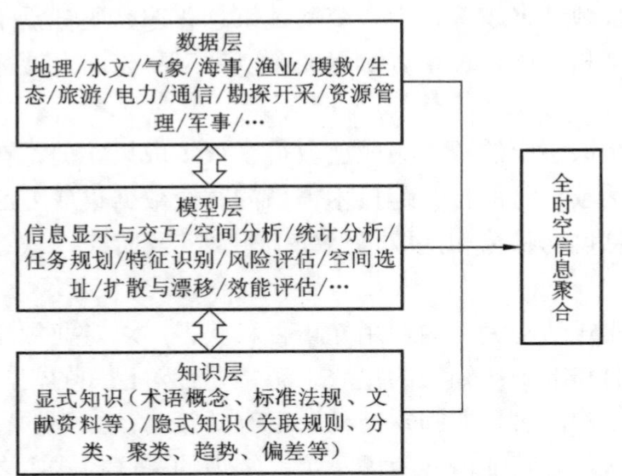

图 1.1　“数据-模型-知识”三元一体共享与互操作体系架构图

（1）数据层，实现时空数据表达。一是空间范畴，由水面拓展到水下、空中、滨海地带的全空间表达；二是时间范畴，由相对静态拓展到历史、实时与预报信息的全时间表达；三是专题维度，由测绘地理拓展到水文、气象、声光电磁等全要素表达；四是虚实交互，由物理世界向信息世界单向映射拓展到双向动态交互表达。

（2）模型层，实现信息展示与应用分析。一是应用场景，由航行保障拓展到对任务规划、空间选址、效能评估等辅助决策支持；二是应用形式，由可视化拓展到时空分析与计算；三是应用对象，由面向人类拓展到有人/无人平台与装备。

（3）知识层，实现深度挖掘分析。一是知识生成，由静态的人工经验总结拓展到动态的知识发现；二是知识汇集，由预置建库拓展到开放共享；三是知识服务，由被动检索响应拓展到按需主动推荐。

1.3.2 数据层

地理信息用于表达现实世界物质或能量的空间位置、分布、动态演变及其状态，其概念范畴包罗万象。海洋地理信息同样涵盖海洋测绘、水文、气象等众多领域，具有泛在性，但不同领域的数据获取与处理方法千差万别，具有异质性，需对研究对象进行约束。本书聚焦于产品，即面向用户的最终成果，而原始观探测数据和中间成果，例如多波束测量数据，则不在本书讨论范围。数据层共享与互操作主要涉及数学基础、语义、结构和符号 4 个方面，如图 1.2 所示。由于数学基础变换相关理论方法相对成熟，以下仅对语义、结构和符号 3 个方面进行分析。

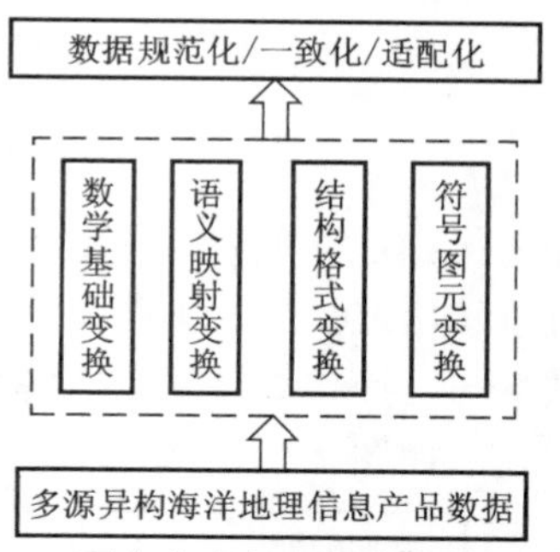

图 1.2 面向共享与互操作的数据变换

（1）语义共享与互操作主要涉及概念建模和分类编码两个层面，前者从宏观角度给出论域的整体框架，常见的描述语言如统一建模语言（unified modeling language，UML）；后者从微观角度给出论域的组成单元和相互关系，主要表现形式为要素目录。对于特定学科专业领域，可在国际或者本国范围内建立权威、完整、科学合理的语义集，通过适配转换或扩展可实现本领域语义的相对统一；对于跨学科专业领域应用，由于领域的多样性和差异性，试图建立完全统一的语义集是不现实的，但有必要对一些公共术语进行统一，同时，可建立统一门户将各领域语义集汇总并发布，以便相互参考、引用或者转换应用。

（2）结构共享与互操作主要涉及数据存储、提取和格式转换三种模式。从数据存储角度看，本质上只有普通文件和数据库两种形式；从数据提取角度看，既有文件和数据库形式，还有API和Web服务形式，既有通用标准或者接口，也有自定义协议；从格式转换角度看，不同格式各有优缺点，如何避免数据丢失是主要难点。随着数据观探测手段和运用能力的不断增强，现有存储结构可能无法满足需求，需要提出新的存储方法。存储结构设计需充分考虑应用场景，例如面向多专题维度，需重点考虑扩展性，面向时变数据应用，需重点考虑快速更新问题，面向虚实交互应用，需重点考虑精简可靠问题。

（3）符号共享与互操作主要针对地理信息可视化表达所依赖的符号图元数据。现有的各类GIS通常具备符号图元扩展能力，但是大多采用内部专有格式，无法在不同系统之间移植或兼容，限制了跨领域数据集成应用。符号图元数据的共享与互操作主要有两种思路：一是基于通用图形标准，例如 TrueType、SVG 或 Postscript 等；二是针对领域特点制定统一的描述标准，例如开放地理空间信息联盟组织提出的风格化图层描述器（styled layer descriptor，SLD）规范和国家测绘地理信息局颁布的《矢量地图符号制作规范》(CH/T 4017—2012）。第一种方法优点是通用性强，缺点是需要进一步扩展才能表达复杂符号；第二种则相反，表达能力强但在其他领域难以推广。

1.3.3 模型层

模型的共享与互操作尚未得到足够重视，导致不同数据难以被充分运用或有机关联，不同符号库体系难以移植或扩展，不同系统功能难以复用或者组合。为最大限度实现信息应用的共享与互操作，需要重点解决数据组织、图示表达、时空分析和网络发布的关键问题，如图 1.3 所示。

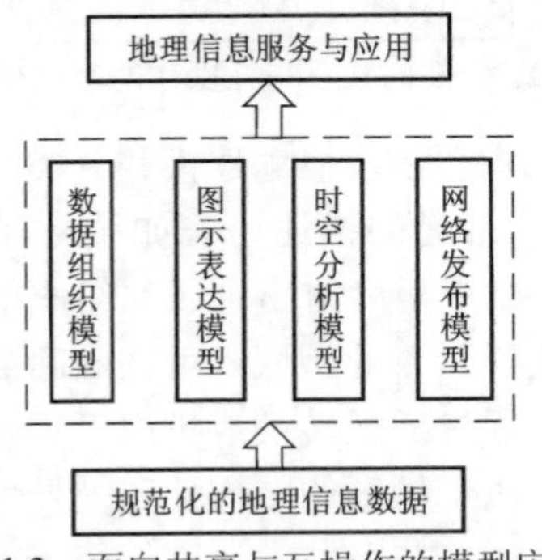

图 1.3 面向共享与互操作的模型应用

（1）数据组织模型。各类海洋应用都需要海洋环境信息作为支撑，且对海洋环境信息的需求往往是多要素、综合一体的，单一数据类型往往无法有效满足需求，例如在搜救或者军事应用过程中，用户往往需要特定范围内的网格化数据，包括海图、海底地形、海洋水文等。然而，由于海洋环境信息涉及地理、水文、气象、生物、地质等多个专业，数据类型多种多样，即使是同一类型，不同国家不同单位甚至不同时期产品数据的组织方式都可能不一样，因此，目前各类产品数据的组织框架是不统一的，既不利于高效管理与应用，也对用户的认识和处理水平提出了很高要求，导致了信息共享、集成与融合的困难。

（2）图示表达模型。图示表达指地理信息由数据转化为图形显示的过程，核心在于图示转换引擎和图形渲染引擎，前者用于将数据映射为符号，后者将符号与空间几何进行关联与配置。传统海洋地理信息系统图示表达中两个引擎通常是封闭、内嵌的，即某个系统实现的图形显示效果，无法通过符号库等文件的拷贝直接在其他系统里重现，进而导致系统依赖。SLD规范虽然在一定程度上实现了简易图示表达效果的共享，但是仅支持简易属性规则，不支持复杂空间几何处理。IHO在《数字航道数据交换标准》（IHO S-52，简称S-52标准）中对电子海图的图示表达模型进行了明确规定，不同系统遵照此模型可以实现不同图形显示效果的共享与重现，但是该模型采用专用语法描述，扩展维护需要修改原文件，通用性、易读性、灵活性不足。

（3）时空分析模型。海洋地理信息具有显著时变特征，具备时空大数据的天然属性。为实现“按需、实时、动态、易用”保障，应将各类时空分析模型与主流大数据技术框架相结合，构建具有共享开放特性的时空大数据分析能力。当今社会，Map/Reduce是目前最为广泛应用的通用并行框架，为适应空间数据特性，催生了SpatialHadoop、GeoSpark、GeoMesa、GeoTrellis等扩展应用平台；除Map/Reduce框架外，还有一些相对独立的时空大数据计算框架，例如GeoWave是分布式时空大数据存储、检索与分析平台，Rasdaman是多维栅格数据查询与检索平台，Google Engine Earth是面向各类遥感数据集的在线分析平台。考虑Apache Spark计算引擎应用生态的广泛性和灵活的扩展能力，应着重利用GeoSpark、GeoMesa、GeoTrellis等平台，开展各类时空分析计算方法的技术实现。

（4）网络发布模型。海洋地理信息共享与互操作离不开网络的支持，陆地上主要使用互联网，海上主要使用卫星网。陆地上网络带宽较为充足，利用OpenGIS的网络地图服务（web map service，WMS）、网络要素服务（web feature service，WFS）、网络覆盖服务（web coverage service，WCS）、瓦片地图服务（tile map service，TMS）和网络地图瓦片服务（web map tile service，WMTS）等地图服务基本能够满足各类地理信息数据发布需求，利用网络处理服务（web processing service，WPS）规范可实现网络条件下地理信息分析处理模型的规范化输入和输出；海上卫星通信资源稀缺且昂贵，北斗、天通等国产自主卫星通信能力较弱，采用 OpenGIS 的通用 Web 服务协议并不合适，尤其是对无人装备而言，需要结合应用制定精简高效的通信协议，同时需要侧重增量信息发布，而非大批量数据传输。

1.3.4 知识层

按照知识的存在形式，可将知识分为显式知识和隐式知识两类。显式知识主要表现为术语概念、标准法规、文献资料等，通常已经过专家归纳总结并固化；隐式知识主要通过分析算法发现数据中隐藏的关联、分类、聚类、趋势、偏差等特征，进而被有效揭示。如图 1.4 所示，知识层的共享与互操作需要重点研究知识的表达、发现、检索和推荐等关键问题。

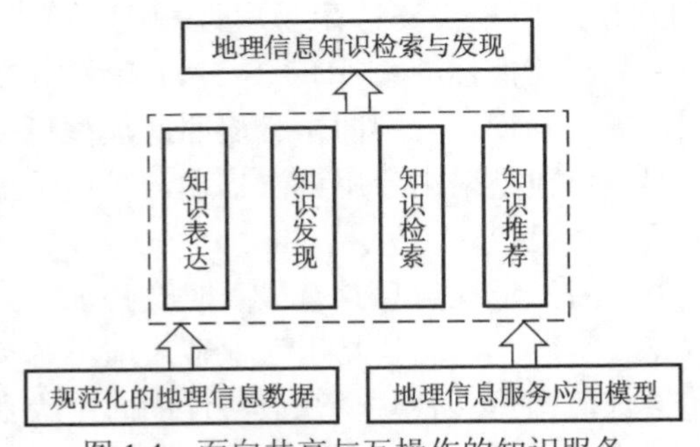

图 1.4　面向共享与互操作的知识服务

（1）知识表达。最常见的知识表达方式是自然语言，但是自然语言具有内涵性、模糊性和多样性，需通过形式化表达才能实现逻辑运算和推理。形式化知识表达方法包括一阶谓词逻辑表示法、产生式规则表示法、框架表示法和语义网络表示法，其中语义网络的图结构可以更好地表示自然语言的结构，从而更好地将自然语言的语义提取出来。近几年流行起来的知识图谱本质上是一种具有更加严格约束的语义网络，即具有有向图结构的一个知识库，其中图的结点代表实体或者概念，而图的边代表实体/概念之间的各种语义。

（2）知识发现。知识发现是数据挖掘的一种更广义的说法，是从各种信息中根据不同的需求获得知识的过程。知识发现的目的是向使用者屏蔽原始数据的烦琐细节，从原始数据中提炼出有效的、新颖的、潜在有用的知识，直接反馈给用户。例如利用船舶自动识别系统（automatic identification system，AIS）信息分析甚至预测航道拥堵时空分布情况，发现更佳的航行路线，或者识别出航道堵塞点，进而给出航道疏通建议。知识发现技术可分为两种：基于算法的方法和基于可视化的方法，两者各有优点，应相互配合使用。前者主要靠人工智能，通过统计学、神经网络、聚类分析等数学模型，从多种维度分析数据集；后者主要靠人类智能，依靠人眼和人脑联动，快速识别潜在知识或验证知识是否正确。

（3）知识检索。知识检索是一种高级的信息检索。与常规信息检索不同，知识检索强调语义的支撑，而不是简单的字面匹配。通过对用户自然语言输入的语义理解，实现概念、语句、段落和全文等不同层次的检索，提高查全率和查准率。目前，人们普遍采用通用搜索引擎来检索信息，虽然能够快速给用户反馈大量信息，但是信息噪音太多。一方面，搜索结果往往存在大量无用或者低价值信息，需要逐一进行分析、识别、挑选，给用户带来较大负担；另一方面，仅从字面上来判断某个信息或某些信息是否符合用户的检索要求，可能会漏掉一些高价值信息。通用搜索引擎难以实现精准化检索，主要原因在于缺乏针对性和领域特色的知识库。

（4）知识推荐。知识推荐是利用信息匹配度，推测出用户可能关注的信息。匹配度计算方法可以是语义概念、空间范围或者用户习惯，还可以是用户评价、点击率等。传统的知识推荐系统往往只考虑知识本身，未能将数据和模型统一纳入，且无法实现三个层级之间的联动，导致知识“不接地气”，缺乏数据支撑和模型验证；反之亦然，传统的数据搜索系统往往只考虑数据本身，用户缺乏相应专业知识，难以充分理解和运用数据。因此，比较理想的知识推荐模式除应给出本层级相关信息，还应同时提供不同层级的关联信息；例如，对于资料文档（知识），可以识别出该文档的相关主题或关键字，关联到相关的数据集和模型；对于模型，可以对其行业、用途、输入输出等特征进行标注，实现关联数据集的匹配。

1.3.5 运用构想

全时空信息聚合主要定位于服务体系建立，其总体目标是实现数据、模型、知识等各类海洋地理信息的引接汇聚、统一访问、在线服务和相互关联，构建资源共建共享开放生态，面向不同用户按需提供服务能力支撑，为构建新型数字地球综合集成应用提供范式。

为了从组织架构和技术上保障分布式信息资源的快速有效整合，按照“共建、共享、共创”的思路，提出“全域资源中心-分域资源中心-用户资源节点”三个层次的部署架构（图1.5），采用“元数据集中管理，实际资源分散存储”的策略，

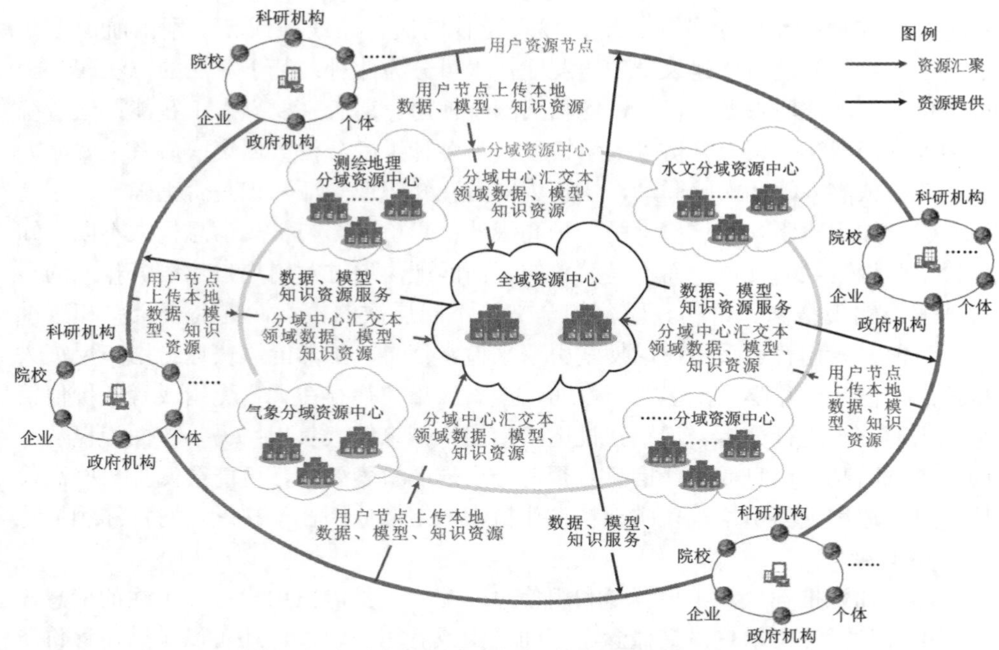

图 1.5 全时空信息聚合服务体系的资源部署架构

构建面向服务架构的分布式海洋地理信息共享平台，以形成物理上分布、逻辑上统一的节点组成的分布式服务网络，从而为用户提供“一站式”的信息共享服务。

（1）全域资源中心。汇聚分域资源中心数据、模型和知识等资源数据及用户众创众筹资源数据，形成统一的全域服务目录，构建全域元数据资源池；统筹调配体系内运行依托的各类数据中心及节点的计算资源、存储资源、网络资源，分配调度各分域资源中心服务，打通域间数据交换、服务共享等。

（2）分域资源中心。根据专业领域分工，各自开展本领域数据、模型和知识等资源的建设、管理、维护与发布，负责本领域内数据采编、转换清洗、加工封装、分配重组、实体抽取、同步更新、数据共享、质量检验等工作，是全域资源中心在线服务的实际提供者。分域资源中心具备承上启下作用：一是将本级资源注册到全域资源目录中；二是接收各用户资源节点的众创众筹、增值资源反馈，实现用户资源节点上传信息的存储、管理与备份。

（3）用户资源节点。包括政府部门、科研机构、院校、企业和个体等各类分散实体，是全域资源中心和分域资源中心的主要用户，按需开展二次开发、搭建本级保障环境、聚合引接其他系统、提供专题服务等工作。同时，用户资源节点是众创众筹信息资源的主要提供者，需综合考量隶属关系、网络传输距离、数据类型等因素，经过整编、清洗、治理与检核备份后分别汇交至对口的分域资源中心。

全时空信息聚合服务体系聚焦在提供综合一体的服务保障能力，其4个常见应用场景（由易到难）如图1.6所示。

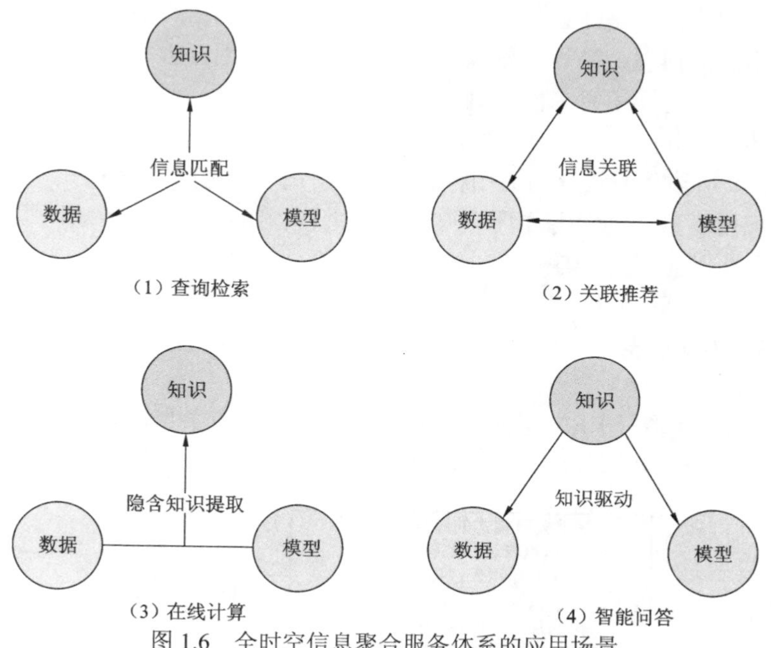

图1.6　全时空信息聚合服务体系的应用场景

具体说明如下：

（1）查询检索。提供全时全域全空间的信息检索、目录发布、内容展示等功能。

（2）关联推荐。结合用户需求，实现数据、模型和知识三者之间的相互关联与推荐。

（3）在线计算。提供对数据和模型的封装、编排、组合与执行，为隐含知识提取提供基础支撑。

（4）智能问答。基于自然语言实现人机交互问答，并以知识驱动数据和模型的灵活运用。

1.4　实践方案

结合作者所从事的海洋环境领域实际需求，以地理信息视角，本节进一步对共享与互操作框架结构开展应用实践和技术方法验证。当前，海洋环境各类信息分散无序问题仍然十分突出，共享与互操作水平亟待进一步提升。近些年来，国内外相关组织和科研人员在海洋环境信息共享方面已经开展了大量工作，但是绝大多数属于“1+1=2”（图层叠加）的工作，即实现数据的汇集、处理与共享发布，仍存在几个问题：一是缺乏相对统一的数据模型，包括语义概念模型、数据组织模型、图示表达模型，等等，难以深度融合；二是缺乏开放、灵活、先进的信息服务架构，导致海洋信息未能得到充分应用；三是缺乏广泛、跨域、便捷的知识检索与发现，不利于用户全面快速掌握信息。本书瞄准海洋环境全时空信息聚合，以 1.3 节所述体系设计的通用框架为基础，重点围绕“查询检索”“关联与推荐”两个应用场景，针对海洋环境典型信息重构、组织、应用和知识服务给出技术路线，分析其重难点问题。

1.4.1 技术路线

与“数据-模型-知识”层次关系相对应，按照约束条件由强到弱，提出“数据标准统一、模型开源开放、知识动态互联”技术路线，如图 1.7 所示。

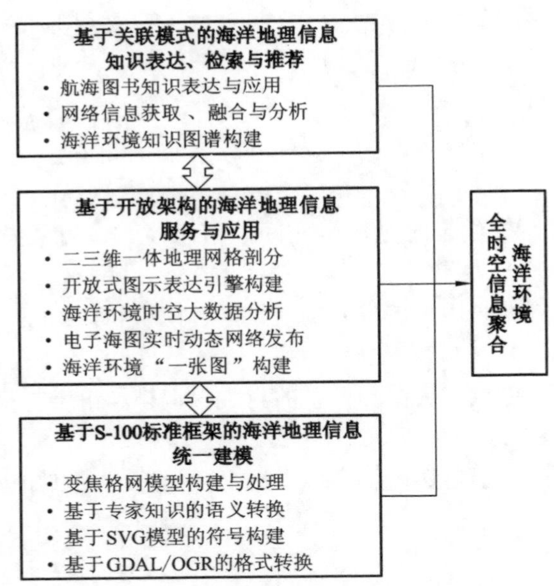

图 1.7　海洋环境地理信息共享与互操作技术路线

具体实现思路如下：

（1）基于 S-100 标准框架的海洋地理信息统一建模。S-100 标准是 IHO 2010 年提出的海洋地理信息通用数据模型，既与 ISO/TC211（国际标准化组织/地理信息技术委员会）地理信息标准兼容，又充分考虑海洋地理信息的多维时变特征，可用于创建统一、开放、先进、军民融合的海洋时空数据模型。利用“内部模型统一”的思路，实现结构信息“1+1=1”（内在统一）的共享与互操作。

（2）基于开放架构的海洋地理信息服务与应用。数据组织方面，建立全球二三维一体地理网格剖分方案；图示表达方面，以 S-100 图示表达参考框架为依据，构建新型图示表达引擎；时空分析模型方面，以 Spark 为基础，结合 GeoMesa 的矢量处理能力和 GeoTrellis 栅格处理能力，组合运用并加以扩展运用；网络发布方面，以瓦片地图服务（tile map service，TMS）、网络地图服务（web map service，WMS）、网络要素服务（web feature service，WFC）、网络处理服务（web processing service，WPS）为基本服务协议，对于北斗卫星和天通卫星，另行设计精简指令。利用开放架构，实现多维信息“1+1>2”（组合运用并派生新要素）的共享与互操作。

（3）基于关联模式的海洋地理信息知识表达、检索与推荐。关联模式包括超链接、动态检索和知识图谱三种方式。超链接是对现有资料文档中的关键字增加超链接标识，点击后可跳转获得预定关联的信息；动态检索是根据关键字对相关资料进行匹配，以列表形式返回若干匹配结果；知识图谱是根据专家知识手动/半自动创建语义网络，在信息检索时以图谱的形式展现概念、实体及其相互关系。利用知识关联，可实现跨域信息“1→*N*”（由单维信息向多维度信息扩展）的共享与互操作。

1.4.2 统一建模

理论层面，应充分吸收《数字海道测量数据传输标准》（IHO S-57，简称 S-57 标准）、附加军事层（additional military layer，AML）、战术海洋数据（tactical ocean data，TOD）、S-100 等相关标准，设计具有统一规范的语义概念、要素目录和符号模型；技术层面，结合数据模型设计，开展多源异构数据转化方法研究，研制数据转化软件模块，构建统一规范化的产品数据集。重难点问题分析如下。

1. 变焦格网模型构建与处理

海洋环境领域存在较多类型的二维场或三维场数据，与陆地数字高程模型（digital elevation model，DEM）和数字地表模型（digital surface model，DSM）产品不同，这些数据具有更为显著的多尺度特征，宜建立变焦格网模型，即同一个数据集中含有不同分辨率的数据，且空间上无重叠。S-100 标准中给出了水深属性格网（bathymetric attributed grid，BAG）和层次型数据格式（hierarchical data format，HDF）两种格式，但是如何构建变焦格网模型，以及如何实现数据转换，有待进一步实验验证。

2. 基于专家知识的语义转换

海洋环境领域有不少矢量产品，包括电子海图、海流、潮汐、限制区与边界、保护区、天气、海冰，等等。IHO 已经明确提出，为实现海洋地理信息的综合集成应用，将尽可能地将相关产品都纳入 S-100 系列标准体系，这就需要研究现有各类产品与新型产品之间的语义编码对照关系，进而构建领域专家知识库，完成自动转换软件模块研制。

3. 基于 SVG 模型的符号构建

可缩放矢量图形（scalable vector graphics，SVG）具有较为灵活强大的图形表达能力，且具有良好的开放生态，能够很好地支撑矢量符号图元的创建、编辑与显示，并已经在一些地理信息系统中得到应用验证。根据 S-100 标准的规定，SVG 也是将来 IHO 及其各个成员国需要兼容使用的符号标准。面对现有各类信息系统中的各类专用符号，可开展自动转换为 SVG 的方法研究，避免重复创建，提升转化效率。

4. 基于 GDAL 的格式转换

空间数据抽象库（geospatial data abstraction library，GDAL）是国际先进的开源数据引擎，支持众多地理信息数据读取或写出功能，可以初步满足 S-100 标准各类产品数据解析需求，但是仍需进一步扩展改进。一方面，GDAL 内部需要升级，例如目前支持的 000 格式仅限于 S-57 标准，不支持 S-100 新标准，目前支持的分层式数据格式（hierarchical data format，HDF）标准仅支持两层分组，与 S-100 标准允许使用多层嵌套的要求不配套；另一方面，部分数据格式较为复杂，GDAL/OGR 写出功能较为薄弱或者不具备，例如 000 格式，可结合 S-100 系列标准产品数据内容和应用场景进行定制扩展开发，进而实现 S-100 标准体系下各类产品的统一集成与转换应用。

1.4.3 开放架构

在 S-100 数据模型和技术方法的支撑下，引进吸收或者扩展改进信息服务与应用领域国内外先进理论方法，对数据管理、时空分析、图示表达等技术方法进行研究，构建开放、先进、实用的架构体系。重难点问题分析如下。

1. 二三维一体地理网格剖分

以参考椭球面作为二维球面网格剖分模型的基础，采用经纬四边形网格，加以高度扩展，形成二三维一体网格剖分模型，以此为基础，提出基于网格剖分模型的全球海洋环境数据组织、索引、查询、关联、统计、多尺度与变焦表达方法，建立包含时间、专题、网格位置、网格尺度4个关联维度的海洋时空立方体，为全球海洋环境数据统一组织和高效应用提供理论和方法支撑，推动海洋环境信息服务向一体化、立体化、精细化转变。

2. 开放式图示表达引擎构建

如何构建一个具有跨平台、接口统一、即插即用的图示表达引擎？传统思路是采用动态库方式，而动态库通常使用高级开发语言实现，对运行环境具有一定的依赖性。S-100 标准给出了一个通用图示表达框架，并推荐采用可扩展样式语言（extensible stylesheet language，XSL）或Lua 脚本方式实现动态扩展，目前虽然已有原型系统，但是未见详尽的文献说明，其难点主要在于主程序与脚本的接口设计与动态交互。

3. 海洋环境时空大数据分析

汇集全球重点海域水深、温、盐、密、风、浪、流等各类海洋环境产品数据，综合利用地理信息系统技术、NoSQL 新型数据存储和 Map/Reduce 计算模型，重点研究数据查询统计、空间分析、图形渲染、模拟预测等时空分析的分布式并行实现方法，为海量数据的有机整合、处理与管理提供工具平台，为多角度全方位把握海洋环境的时空特征和演变规律提供技术服务。

4. 电子海图实时动态网络发布

地图网络发布可分为矢量和栅格两类，栅格又可分为静态瓦片和动态瓦片两种，前者最简易也最常见，利用预先生成的地图瓦片提供服务，其优点在于高效率，缺点在于维护成本高，即使有少量数据更新，也需对各层级相关瓦片数据重新生成并替换，且无法动态更改样式。相比于常规地图，电子海图具有相对复杂性和小众性特点，成熟商业软件中仅有 SevenCs 软件支持动态瓦片和矢量发布功能。

5. 海洋环境“一张图”构建

海洋环境“一张图”是以地理信息系统为基础支撑，实现各类海洋环境产品数据的存储、管理、分析、发布和应用。综合考虑跨平台能力、扩展性、易用性、稳定性等因素，结合长期实践经验，分别遴选出 QGIS、Leaflet、Cesium、GeoSever 和 GeoNetwork/GeoNode/GeoCloud2 等优秀开源 GIS 系统，代表桌面端、二维 Web 端、三维 Web 端、服务端和管理端 5 类应用形式，加以分析研究和转化应用，为各类海洋地理信息综合集成应用提供良好范式。

1.4.4 知识关联

客观世界具有普遍关联性，不同维度信息的展现有利于更加全面认知世界。孤立地呈现不同信息也能让用户从不同侧面了解世界，但是局限在“1+1=2”，如果能够实现跨领域相关信息的有机关联，往往可以实现“1+1>2”的应用效果。知识关联按照地理位置可分为本地和网络，按照复杂度可分为超链接和语义网络，按照多重性可分为一对一和一对多。重难点问题分析如下。

1. 航海图书知识表达与应用

航海图书是海洋环境领域中面向船舶航海应用的产品总称，除海图外，还包括标准规范、作业指南、航路航法等各类资料，这些资料蕴含领域知识，可利用关系数据库、可扩展标记语言（extensible markup language，XML）、超文本标记语言（hypertext markup language，HTML）等，对其进行结构化处理或者部分结构化处理，对重要概念进行标注或者建立超链接，与其他资料、二维海图或三维平台建立响应关系，进而实现“语义-语义”及“语义-图形”之间的相互关联。

2. 网络资源元数据获取、融合与分析

互联网已经成为巨大的开放信息资源库，对网络专题信息的获取、融合、分析与挖掘等相关技术愈发受到人们重视。海洋环境众多信息散落在互联网的各个角落，通过常规搜索引擎很难筛选获得。可利用预先建立的知识库，实现对通用检索结果的特征识别和分类，结合爬虫技术实现定向网站信息爬取，对各类返回结果加以融合分析，提取有效结果，按需有序反馈给用户。

3. 海洋环境知识图谱构建

引入知识图谱相关理论方法，对航海图书和网络信息进行整合，具体包括：一是建立集数据关联、转换处理、可视化为一体的海洋环境知识图谱，实现数据、信息、知识的有机关联；二是提出基于海洋环境知识图谱的地理信息检索方法，实现多源异构数据、模型和知识的自动搜集和精准匹配；三是提出基于知识图谱的海洋环境统一图示表达方法，实现多源异构数据的动态交互可视化。

1.5 本书结构

本书研究工作主要围绕 1.4 节开展，完成多项关键技术的探索实践。受制于时间和精力，本书选取部分代表性研究成果进行总结，主体结构分为“数据-模型-

知识”三个层次（对应于第 2～4 章），如图 1.8 所示，各个层次总结分析内容简要说明如下。

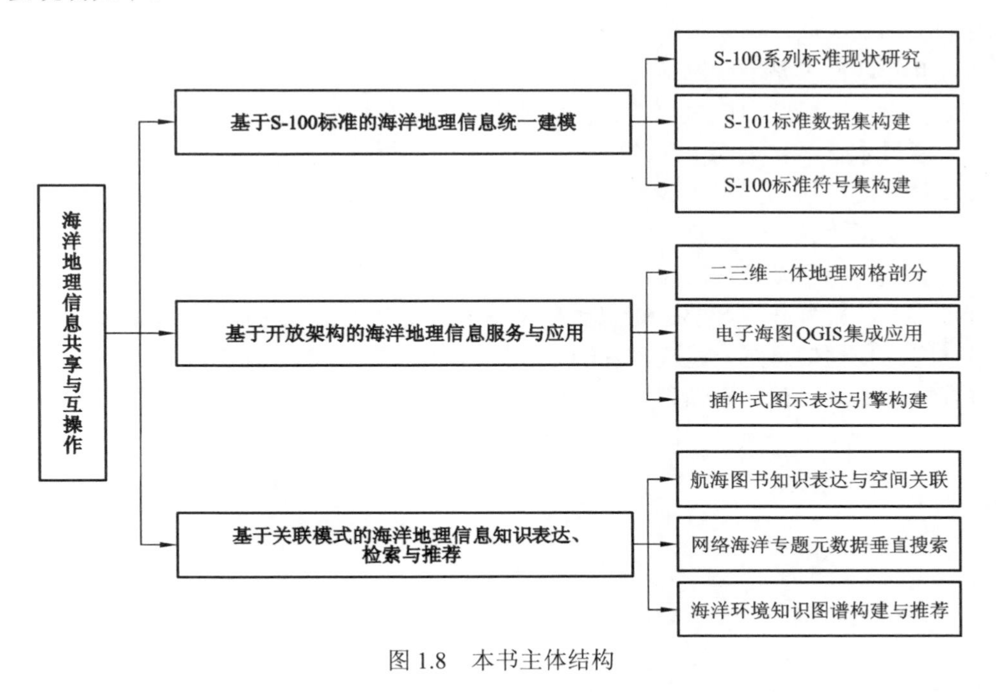

图 1.8　本书主体结构

（1）在数据共享与互操作层面，重点对电子海图语义映射变换和符号图元变换两方面进行总结。

（2）在模型共享与互操作层面，重点对网格剖分数据组织模型与电子海图图示表达模型两方面进行总结。

（3）在知识共享与互操作层面，重点对航海图书知识表达、网络资源元数据发现、知识图谱检索和推荐三方面进行总结。

1.6 本章小结

通过对近二十年来数字化和信息化的总结与反思，不难发现，加强信息共享与互操作顶层设计，有利于解决“信息孤岛”和“数据烟囱”问题。地理信息行业目前出现了“泛在、众源，跨界、融合，知识化、个性化”等新特征，迫切需要对地理信息共享与互操作相关理论方法进行更新。

地理信息共享与互操作可分为数据、模型和知识三个层面，各自发展状态如下：一是数据层面的共享与互操作理论与技术方法不断得到丰富完善，但是模型和知识层面的共享与互操作尚未得到广泛认识；二是地理信息共享与互操作与 IT 有着密切的关联，但是如何将先进技术转化应用，还需要结合领域特点进行深入研究和实践；三是围绕海洋地理信息共享与互操作，已经积累一定的工作基础，但是仍存在大量空白或短板，有待后续进一步挖掘分析、归纳总结和实践验证。

通过本章“自上而下”的体系设计与梳理分析，得到了当前地理信息共享与互操作发展现状，提出“数据-模型-知识”三元一体的共享与互操作新型技术体系，为实现“数据、信息、知识”的关联集成提供了理论框架，以海洋地理信息为切入点，特别是结合海洋环境应用方向，按照约束条件由强到弱，提出“数据标准统一、模型开源开放、知识动态互联”的技术路线，并确立“基于 S-100 标准的海洋地理信息统一建模，基于开放架构的海洋地理信息服务与应用，基于关联模式的海洋地理信息知识表达、检索与推荐”为本书主体研究内容。

第 2 章

基于 S-100 标准的海洋地理信息统一建模

数据是各类信息应用的基础，数据的标准化是信息化建设的重要环节，也是体现信息化水平的重要标志。海洋地理信息涉及海洋测绘、海洋水文、海洋气象、海洋地质等诸多领域，其中，海洋测绘领域对数据标准化最为重视，推行力度也最大，主要体现在国际海道测量组织（IHO）制定的一系列标准规范上。当前，IHO 正在全力推进《通用海洋测绘数据模型》（S-100 标准）的落地应用，得到多个涉海国际组织及各成员国的支持，正逐步形成以 S-100 标准为核心的海洋地理信息全空间数据模型体系。本章按照 1.4.1 小节所提“海洋环境地理信息共享与互操作技术路线”，对 S-100 系列标准的体系现状与问题进行综合性分析，对比分析 S-57 标准的 ENC 文件与 S-101 标准之间的语义变化并提出数据转换方法，提出 S-52 标准点符号向 S-100 标准的自动转换方法，介绍 S-100 标准符号编辑器的设计方案。

2.1 S-100 系列标准

2.1.1 概述

在 S-100 标准诞生之前，国内外存在 3 个重要的数据标准规范，分别是数字航海图（digital nautical chart，DNC）标准、中国数字海图（China digital chart，CDC）标准和 S-57 标准，其主要特征如下。

（1）DNC 标准，是由美国国家地理空间情报局（National Geospatial-Intelligence Agency，NGA）制定的海图数据内部标准，数据存储遵照美国矢量产品格式（vector product format，VPF）标准，按照“总库→子库→图层→要素”组成一个树形结构。

（2）CDC 标准，是 20 世纪 80 年代由我国海军设计，存储结构采用 Arc/Info 的 Coverage 模型（即地理相关模型），而 Coverage 模型也是一种拓扑关系型的数据模型，在 Arc/Info 7.X 以前版本才使用。

（3）S-57 标准，由 IHO 于 1992 年首次提出，给出了一种无分层、可选择不同拓扑级别、面向对象的空间数据模型。

到目前为止，空间数据模型基本已经历了计算机辅助设计（computer-aided design，CAD）数据模型、关系型空间数据模型和面向对象空间数据模型等三代的演变。DNC 和 CDC 两种数据模型都属于关系型空间数据模型，其拓扑结构的管理维护非常复杂且耗时，导致海图数据难以操作、结构难以扩展，且其按照分幅、分层进行生产和管理，导致数据冗余和表达不一致等。相比于 DNC 和 CDC 这两种数据模型，S-57标准的出现和广泛应用确实为海洋测绘数据的交换共享带来了很大的促进作用，但是它仍然存在以下不足。

（1）S-57 标准不是一个被国际 GIS 领域广泛认可和接受的现代领域化标准，几乎只用于电子海图显示与信息系统（electronic chart display and information system，ECDIS）中电子航海图（electronic navigational chart，ENC）的编码。

（2）数据模型嵌入一个封装的数据中，限制了模型的灵活性和扩展性，且目前的结构难以支持未来的需求（如网格化测深或者时变数据）。

（3）S-57 标准的维护制度不太灵活，长时间冻结标准会导致效率降低。

为解决 S-57 标准中存在的上述问题，IHO 于 2010 年正式发布了 S-100 标准，旨在提供一个现代化的海洋地理空间数据框架，为各种与海洋地理信息相关的数字产品和服务提供支持。它包括多个部分，这些部分基于国际标准化组织的ISO/TC211 地理信息基础标准（即 ISO 19100 系列标准），并进行了适当抽取、组合和适配改造，是一个用于海洋地理信息领域的专用标准。S-100 标准具有以下主要优点。

（1）与国际主流地理信息标准相兼容。S-100 标准是一个现代化的海洋地理空间数据标准，与国际主流的地理空间标准相兼容，特别是 ISO 19100 系列地理信息标准，因而，可以使海洋测绘数据和应用更易于集成到地理空间解决方案中，并且支持更广泛的与海洋或海洋测绘相关的数据、产品和用户。

（2）模型与结构相分离。S-100 标准是一个抽象的基础标准，并没有明确规定产品的数据内容和数据组织方式。利用 S-100 标准，可以开发超出常规海洋测绘范围的应用，例如，高密度测深、海底分类、海洋 GIS 等；未来可以根据需要增加如三维数据、时态数据（x，y，z 及时间）以及获取、处理、分析、存取和表达海洋测绘数据的 Web 服务。

利用 S-100 标准可衍生出各类产品规范，统称为 S-100 系列标准。S-100 系列标准通常使用通用地理信息结构，可为海洋地理信息的共享和互操作、集成应用与时空信息综合导航服务等应用提供基本框架。如图 2.1 和图 2.2 所示，S-100 标准也为电子海图显示与信息系统（ECDIS）实现即插即用和多源数据集成提供了成熟方案。根据 IHO 工作计划，2024 年批准发布 S-101 标准第二版并启用 S-101 电子海图数据生产，2030 年完成 S-57 标准到 S-100 标准的过渡，两个节点之间为“双轨”兼容阶段。由于 S-100 系列标准相关资料分散、不易获取，限制了消化吸收和引进利用，迫切需要对 S-100 系列标准当前现状、存在问题和发展建议进行归纳总结。

图 2.1　S-100 标准 ECDIS 即插即用特性示意图

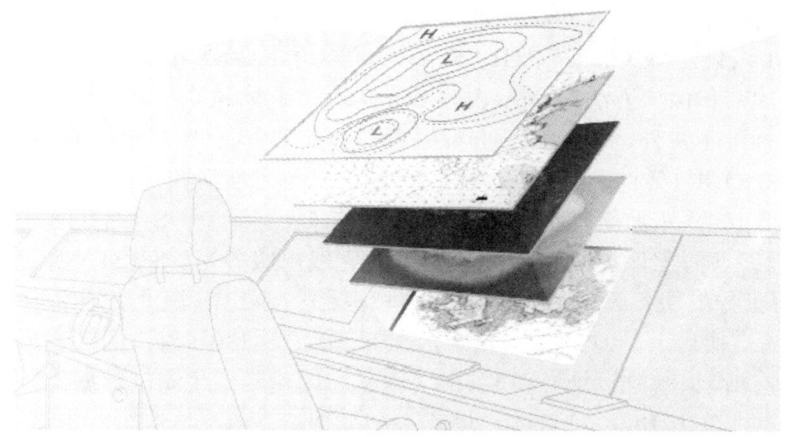

图 2.2　S-100 标准 ECDIS 多源数据集成示意图

2.1.2　当前现状

我国是海洋大国和 IHO 创始成员国，但在主导海洋测绘国际标准制定方面与国际海洋强国相比，存在较大差距，在相关标准推广应用方面存在滞后性。由于我国未深度参与 S-100 标准的制定，因而早期相关研究主要停留在框架和概念层次，主要集中在翻译出版和内容介绍分析（吴礼龙 等，2019；徐进 等，2016；张岳 等，2014；陈长林 等，2012，2011），之后又逐步开展了数据编码对照（陈长林 等，2016a，2016b，2016c）、格式转换（胡维鑫，2017；周颖，2017）、图示表达（彭文 等，2017）、符号构建（陈长林，2018）等方向研究。正如“一流的企业做标准”，如果一个国家不能主导或积极参与到国际标准的制定中，那么与大国或强国的地位是不相匹配的。因此，趁着国际标准升级换代之际，积极开展新一代国际标准跟踪分析研究，有助于缩小我国海洋地理信息技术水平与发达国家的差距，提高在国际海洋科技领域中的话语权，从而更好地融入国际海洋研究与开发的发展趋势与潮流，这也是响应我国“海洋强国”战略和“21 世纪海上丝绸之路”倡议的重要举措。

1. 体系组成

IHO 于 2001 年正式把开发 S-100 标准纳入工作计划，于 2008 年 1 月由传输标准维护及应用开发工作组制定出第一个版本，即 0.0.0 版，之后经过数次修改，于 2010 年 1 月形成 1.0 版并作为新的国际标准；于 2013 年 4 月发布了 2.0 版，最重要的变化是补充了第一版中未能及时完成的“图示表达”的内容，给出了实现产品数据可视化的通用框架；2017 年 4 月发布了 3.0 版，增加了“图示表达注册表”“在线数据交换框架”“HDF5 结构”等内容；2018 年 12 月发布了 4.0 版，增加了“加密和保护方法”“图示表达 Lua 实现”“脚本语言”等内容。截至目前，除 S-100 标准本身外，S-100 系列产品规范共有 27 个(已实质推进)，具体如下。

（1）IHO 共 16 个产品规范，包括：S-101（电子航海图）、S-102（水深表面模型）、S-104（水面航行水位信息）、S-111（表层流）、S-121（海洋界线与边界）、S-122（海上保护区）、S-123（海上无线电服务）、S-124（航海警告）、S-125（海上导航服务）、S-126（海上物理环境）、S-127（海上交通环境）、S-128（航海产品交换目录）、S-129（富余水深管理）、S-130（海洋的多边形划分）、S-131（海洋港口基础设施）和 S-164（电子海图显示系统测试数据集）。

（2）国际航标协会（IALA）共 6 个产品规范，包括：S-201（助航信息）、S-211(港口呼叫信号格式)、S-240(DGNSS 站年历)、S-245(E 罗兰增强数据)、S-246（E 罗兰站年历）和 S-247（E 罗兰差分站年历）。

（3）内河电子航道图协调小组（IEHG）共 2 个产品规范，包括：S-401（内河电子航海图）和 S-402（内河电子航海图等深线叠加层）。

（4）海洋学和气象学联合技术委员会（JTCOMM）共 2 个产品规范，包括：S-411（海冰信息）和 S-412（天气叠加层）。

（5）第 80 届国际电工委员会（IEC-TC80）共 1 个产品规范，即 S-421（航线规划）。

S-100 系列标准目前主要特点有以下几点。

（1）S-100 标准本身只具有通用框架，包括概念模型、数据结构、封装格式等，新增第 15 章“数据防护模式”，对应于 S-57 体系中的 S-63 标准，但是对各类矢量产品数据都适用。

（2）根据不同用途制定相应产品规范，各产品规范以 S-100 标准为基础，约束了数据内容和表达方式，即分类编码和符号库。

（3）产品规范以行业应用作为编号划分，例如 S-10X 为航海应用，S-11X 为潮汐潮流，S-12X 为航海信息服务，S-2XX 为航标服务，S-40X 为内河 ENC，S-501～S-525 属北约军事应用。

2. 配套资源

配套资源主要用于数据生产和测试验证所需的各类文档、数据及软件系统。目前 IHO 主要依托美国国家海洋和大气管理局（National Oceanic and Atmospheric Administration，NOAA）和韩国海道测量局（Korea Hydrographic and Oceanographic Agency，KHOA），开发了“S-100 地理空间注册系统”，构建了要素目录编辑器、图示表达目录编辑器、符号编辑器等软件模块，初步验证了S-100体系框架的可行性，但是除注册系统外，其他软件模块需要IHO提供账号并联网下载数据后方可使用，即不对外开放；美国环境系统研究所公司（Environmental Systems Research Institute，ESRI）历经多年研发，在2018年才正式研发出S-57电子航海图数据的升级转换软件“S-101转换器”（图2.3），可免费下载，但是与S-101最新版要素目录不同步；加拿大Caris公司对其海图生产软件进行了扩展，支持S-101格式并初步符合S-100图示表达要求，但是在对S-52条件符号化改造方面还不完善。

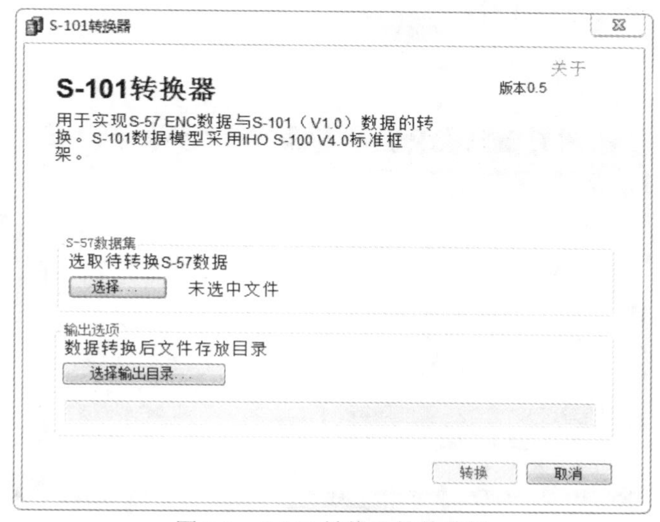

图2.3　S-101转换器软件截图

3. 应用系统

应用系统是面向用户提供的信息系统，主要实现数据加载、可视化与空间分析等功能。美国海军空间与海战系统司令部（Space and Naval Warfare Systems Command，SPAWAR）开发了S-100 Viewer，如图2.4所示，可用于S-101测试数据的加载、可视化与查询，未来将集成到美军现役导航系统“公用地理空间导航工具包”（common geospatial navigation toolkit，COGENT）中，并替代现有的全球DNC数据库，进而减轻美军数据维护成本；韩国海道测量局（KHOA）2021年公布了另一款S-100 Viewer软件系统，具备对S-101、S-102、S-111、S122等多个产品规范数据集的加载、显示、编辑等功能，如图2.5所示；德国SevenCs公司于2016年在其Bathymetry Plotter软件中增加了S-102 V1.0数据的加载与可视化功能；IHO潮汐潮流工作组发布了S-111显示系统和多个版本的测试数据集；

海洋学和气象学联合技术委员会提供了大量 S-411 测试数据集，并且设计了风格化图层描述器（styled layer descriptor，SLD）符号规则，可在 QGIS 中进行显示；此外，国际海事组织（International Maritime Organization，IMO）认识到 S-100 标准作为地理空间基础框架的重要性，将 S-100 标准作为其“E 航海”发展战略的重要组成内容，开展了部分应用系统集成验证（交通运输部南海航海保障中心，2017；元建胜 等，2017；Park et al.，2014）。与上述机构研发的应用系统相比，IHO 推出的 S-100 Web Viewer 提供更为成熟的综合集成平台，通过 B/S 技术实现已有各类 S-100 产品样例数据的加载显示，并且能够切换 S-57 底图，以便用户实时对比查看（图 2.6～图 2.7）。

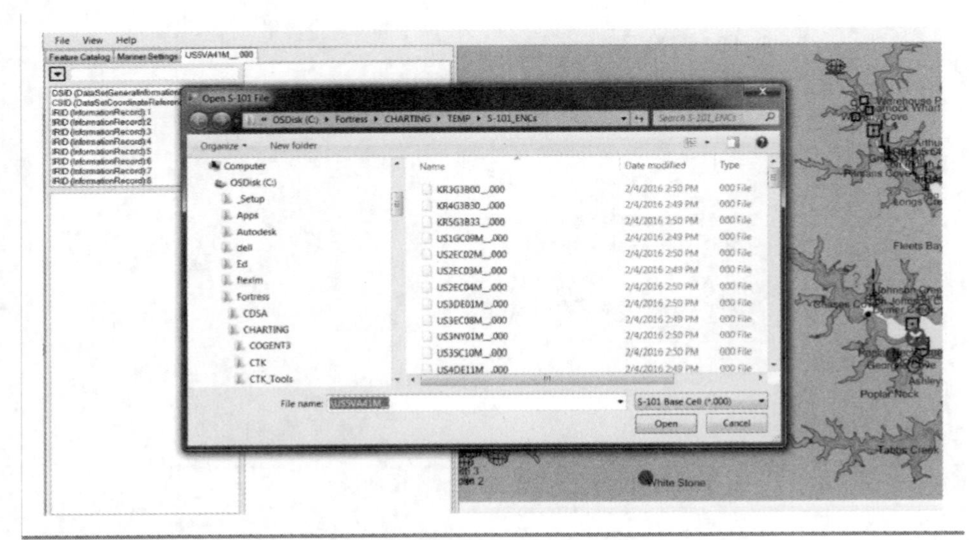

图 2.4 美国 S-100 Viewer 软件截图

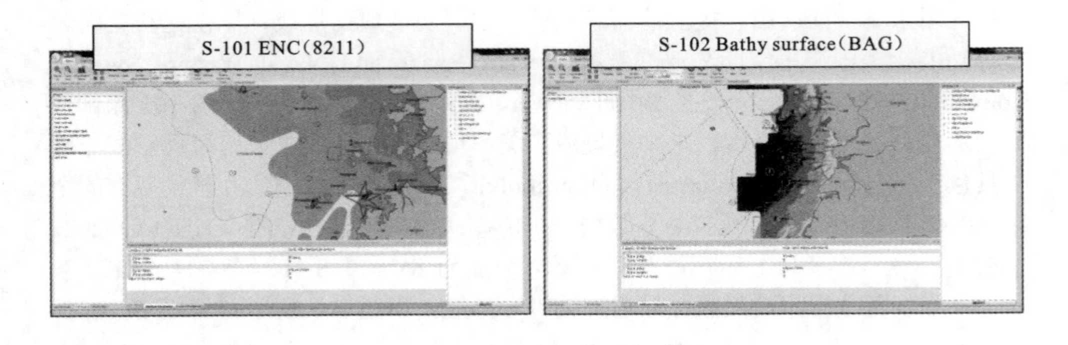

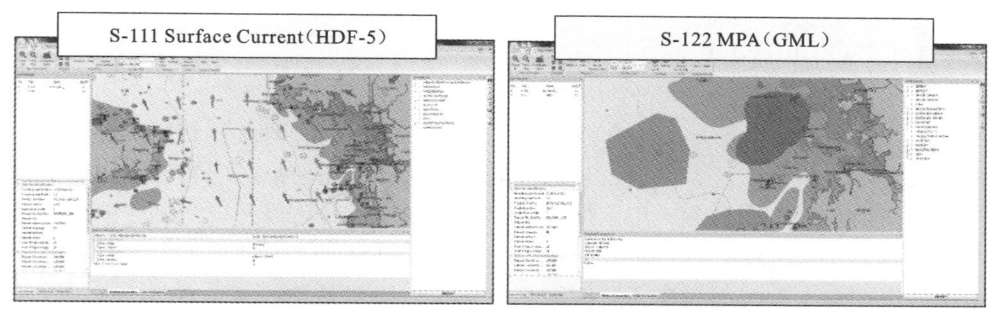

图 2.5　韩国 S-100 Viewer 软件截图

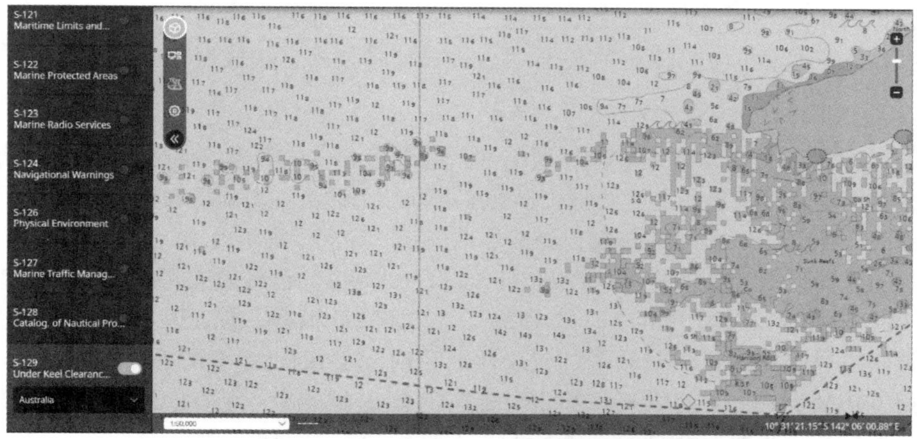

图 2.6　IHO S-100 Web Viewer 中海图叠加富余水深信息

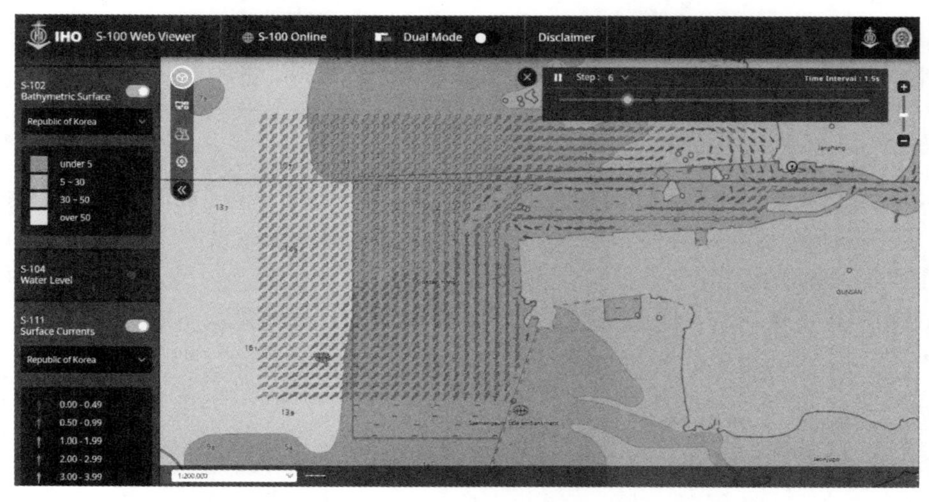

图 2.7　IHO S-100 Web Viewer 中海图叠加表层流信息

2.1.3 存在问题

S-100系列标准将于2030年在国际范围内正式启用，对海洋测绘，乃至整个海洋领域，将带来广泛、深刻、长远的影响，尤其是在信息应用领域。通过对标准体系组成、配套资源和应用系统等情况的梳理分析，可以发现：一方面，经过十余年的努力，S-100 系列标准逐步丰富完善，部分已基本具备应用条件，例如电子航海图和水深表面模型，已有若干演示验证原型系统；另一方面，中国未能实质参与标准制定工作，对 S-100 系列标准内部资料获取存在一定难度，对相关知识理解可能不够全面，虽然也取得了一些成果，但是在消化吸收和转化应用方面存在先天短板，必须及时跟踪学习、提前储备技术、积极探索应用。

1. 推进效率需提升

标准规范需要兼顾先进性和通用性，需要各相关方反复协商和修订，周期较长，对国际标准而言，更是如此。S-100 标准从 2010 年正式发布第一版以来，到目前已有 10 余年，该通用框架已经成熟，但是产品规范推进效率有待提升。

（1）数据内容有待完善。目前 24 个产品规范中，已经发布 1.0 版以上的包括 S-101、S-102、S-111、S-121、S-122、S-123 和 S-129 等，但是发布 1.0 版并不代表该版本完全可用。矢量数据的代表性产品规范 S-101，是 IHO 发布 S-100 1.0 版之后 9 年才完成的，目前已经稳定可用，但是还未实现大规模数据生产验证；栅格数据的代表性产品规范 S-102，虽然早在 2012 年就已经颁布了 1.0 版，但是其内容比较粗略，难以指导生产与应用，2019 年又发布了 2.0 版，但是要素目录和图示表达等相关附录尚未完成。S-101 和 S-102 是目前所有产品规范中最具有代表性、最为复杂、目前各方投入也最大的，其他产品规范仍有待完善与验证。

（2）生产规定有待更新。目前的产品规范主要对数据内容和显示方法进行了规定，但是要实现数据生产，仍然需要补充相关规定。在过去 S-57 体系框架下，配套有专门的 S-58 数据检核、S-63 数据防护、S-65 电子航海图生产指南等规范。在新的 S-100 体系框架下，目前各个产品规范的附录并不完备，例如对 S-101 规范而言，由于数据模型和分类编码已经发生改变，直接沿用 S-58、S-63、S-65 等规范中的条款已经不合适。虽然各个厂家可以自行对之进行改造并实施应用，但是容易带来重复投入和质量不统一的问题。

2. 配套资源需完善

S-100 系列标准的建立是为了建立一个强大、开放、易用的生态体系，引入了诸多先进理念和创新技术，但是由于参与群体并不多，且牵涉跨国协调，主要工作围绕在标准规范本身的完善中，在配套资源上存在短板。

（1）缺乏详实文献。关于 S-100 系列标准最新进展和成果，绝大多数只在 IHO 官方网站会议文档中，这些文档通常是以提案、意见建议、汇报 PPT 等形式存在，非常零碎，不成体系，公开出版的文献寥寥无几，中文文献也只有少数几篇，导致外部人士特别是国人难以全面理解 S-100 系列标准的核心内容。

（2）缺乏软件工具。目前对公众开放的软件工具只有 ESRI 公司的 S-101 数据转换器，美国国家海洋和大气管理局和韩国海道测量局研制的多个编辑器和显示系统未对外开放，其他软件工具绝大多数为商业软件，需要购买才能使用相应功能。总体而言，参与软件工具相关研发工作的队伍非常少，在某种程度上不利于标准规范的推进与测试完善。

（3）缺乏测试数据。除 S-101 外，绝大多数产品规范仍未完善或固化，其间需要 IHO 各成员国海道测量局和利益相关方反复协商讨论和修改，新版本的不定期发布带来数据内容的变化，导致官方测试数据迟迟无法推出或者版本不匹配，对于诸多感兴趣或者自愿提前投入资源的应用开发人员而言，有时难以判别或无从入手，在某种程度上限制了 S-100 系列标准及早落地应用。

3. 宣传推广需加强

目前 S-100 系列标准的宣传推广主要依靠 IHO 官方网站，主要目的是提供各类标准规范文档下载和公布会议信息，网站功能十分有限，且部分内容不对外开放，访问人群主要为各国海道测量组织相关人员。

（1）宣传渠道有待加强。S-100 系列标准的应用不只限于海洋测绘领域，作为海洋地理信息的统一框架，服务于众多领域，一方面需要国际海道测量组织、国际海事组织、国际电工委员会、世界气象组织及其各成员组织加大宣传推广力度，让更多用户了解 S-100 系列标准的目标、内容和潜在应用，另一方面，IHO 应与 OGC 加强合作，借助 OGC 在地理信息领域的研究能力和影响力，加快推进 S-100 系列标准的成熟和应用。

（2）交流互动有待加强。除在 IHO 组织的会议上，各成员国对各项提案进行讨论和投票之外，在技术层面上各成员国交流互动较少。除美国、英国、韩国三成员国有密切合作外，其他成员国之间未建立固定或者开放的交流合作，既无论坛供留言讨论，也无即时通信工作群供实时交流。

2.1.4　发展建议

S-100 系列标准所代表的新一代海洋地理信息产品数据及应用时代即将到

来，虽然还有一些工作未完成或尚不完善，但相关思路与方法已经确立；同时，当前在海洋地理信息软硬件方面，国内产品与国外先进水平有较大差距，在当前标准体系更迭阶段，正是换道超车的好时机。

1. 全局筹划

S-100 系列标准是下一代海洋地理信息标准体系，初见雏形，尚未推广应用；S-57则是现行标准，较为成熟，应用广泛。对国家有关主管部门而言，需要统筹规划好两种标准的衔接关系。

（1）制定并颁布《国家海洋测绘标准体系》。近两年我国已初步完成新版《海洋测绘标准体系》框架的拟制，应在此框架下有机融入 S-100 系列标准中的相关内容，尽快颁布《国家海洋测绘标准体系》，作为今后我国海洋测绘国家标准/军用标准/行业标准的立项与编制指南，提升海洋测绘标准化工作的体系化、科学化和规范化。

（2）推动 IHO 标准规范的国内采用与发布进程。一方面，对已有 IHO 标准规范，应制定时间进度表，尽快完成中文版翻译和出版，并视情向 IHO 提交和公布，促进国内相关单位对 IHO 国际标准的跟踪、研究和运用；另一方面，在国内标准制定过程中应尽可能采用已有 IHO 标准规范，减少不必要的重复工作，避免闭门造车。

（3）梳理和规划国内现有标准规范。一方面，国内许多海洋测绘标准规范已经老旧，例如《电子海图技术规范》（GB 15702—1995），应及时对现有标准规范进行更新甚至换代；另一方面，国内不同团队根据各自业务需求提出的相关标准规范申报需求，在必要性、合理性、逻辑性表述上有待提升，在进度上缺乏有效跟进，在体系上缺乏良好规划和约束。建议以 S-100 标准为体系框架，按照国际一流水准来开展国内标准的梳理与规划，对于国际上尚无规划的产品规范，例如重力、磁力、底质、渔业等专题，争取填补 IHO 标准体系空白。

2. 提前攻关

S-100 系列标准代表着海洋信息共享与互操作领域的发展趋势，如果只停留在对国际趋势的跟踪学习层面，可能无法实现技术追赶，更别提做到国际领先，因此必须提前做好技术攻关。

（1）数据引擎研发。数据引擎是实现数据加载和显示的基本功能模块。为构建开放兼容的软件生态，需要充分借助 OpenGIS 已有成果，特别是主流先进开源软件平台，例如可利用地理空间数据抽象库（geospatial data abstraction library，GDAL）数据引擎进行扩展，实现 S-100 系列产品数据解析、查询和读写；可利用 QGIS 桌面地理信息系统进行扩展，实现各类产品的动态交互可视化。按照开源平台扩展模式，不仅有助于实现海陆地理信息的统一集成，也有利于海洋地理信息相关数据融入主流 GIS 应用体系。

（2）数据生产试验。数据生产体系的建立需要巨大的投入，相关工具通常不免费。为发展国产自主信息系统，应提前论证评估并开展探索试验。由于目前各类数据生产大都使用了 S-57 标准技术体系，要升级到 S-100 标准技术体系，需要仔细评估存在的技术风险。在技术方面，需要对数据编辑、数据检核、数据防护和数据更新等方面进行关键技术攻关，使技术与最新标准保持同步，及时更新应用至生产体系中。

（3）门户网站建设。标准规范的作用在于对行业进行广泛指导和约束，如果资料难获取、工具不配套、知识不健全，那么标准规范就难以充分发挥作用，很容易被束之高阁。建议参考 IHO 注册系统的方式，将各类标准规范及配套资料进行公布，对分类编码和语义概念提供官方在线查询服务。这对提高海洋测绘标准的影响力、促进行业发展具有重大意义。

3. 加大宣传

国内对新一代电子海图标准的认知普遍停留在 S-57 标准，对 S-100 系列标准的全域性、先进性和紧迫性未有深刻全面的认识。为尽快落实 IHO 要求的 S-100 系列标准落地节点，国内主管机关需进一步提高重视，加大宣传力度，及时将最新成果引入国内数据生产与应用体系。

（1）教学培训。面向海洋测绘、海事、海洋学等方向教育培训机构，从源头上提高各方对 S-100 系列标准的认识。在本科教学方向，在教材或课堂上普及 S-100 系列标准相关内容，使学生对 S-100 系列标准有全面理解；在研究生培养方向，以 S-100 系列标准为基础，结合专题应用，开展模型设计与技术方法研究；积极开办短期培训班，对 S-100 系列标准进行介绍，使学员对基本内容、现状与发展趋势有整体了解。

（2）产业跟进。根据《中华人民共和国测绘法》及有关规定，我国海洋基础测绘由军队测绘部门负责，然而，海洋测绘领域的发展建设离不开地方先进力量的投入。对 S-100 系列标准而言，由于其技术体制与通用地理信息标准一脉相承，以往从事陆地地理信息数据生产与应用的相关软硬件厂家，以此为契机可以更容易进入海洋地理信息行业。通过对大型商业地理信息系统公司的跟进和宣传，可以带动整个行业的蓬勃发展和充分竞争。

（3）公众普及。依托国家一级出版机构出版 S-100 系列标准中文译本，借助其宣传营销渠道，加大 S-100 系列标准的宣传推广；对于标准推进相关工作和重要进展，应及时面向全国发布新闻，营造正面利好氛围。

2.2 S-101 标准数据集构建

2.2.1 概述

S-101 标准是 IHO 在 S-100 系列标准中最优先发展的产品规范，也是目前最为复杂的产品规范。S-101 标准数据集的构建可采用两种方式：一是由 S-57 产品数据集转换而来，二是重新生产制作。考虑国内外已经构建了大量的 S-57 数据，且目前尚无 S-101 数据制作生产工具，因而暂时仅能采用第一种方式，同时通过该方式能够快速获得 S-101 基础数据，有利于开展各类应用测试工作。S-57 数据向 S-101 数据转换涉及语义模型和结构模型两部分内容，其中语义部分需要解决要素分类编码的匹配与转换，结构部分需要解决数据组织和物理编码的重构。

S-57 标准将现实世界实体定义为物标[①]，是“描述特征[②]”（特征物标）和“空间特征”（空间物标）的组合。特征物标含有描述信息，但不能有空间信息（位置和形状）；空间物标可能有描述信息，但必须有空间信息。特征物标通过相关联的一个或多个空间物标进行定位，也可以不参照空间物标而独立存在，但空间物标必须参照特征物标而存在。

S-57 标准物标模型的结构如图 2.8 所示，从图中可以看出：特征物标包含 4 类，分别是元物标（含有其他物标说明信息的特征物标）、制图物标（含有现实世界实体制图表示相关信息）、地理物标（含有现实世界实体特性相关信息）、集合物标（描述物标之间的相互关系）；空间物标包含 3 类，分别是矢量（vector）、光栅（raster）和矩阵（matrix），但实际上 S-57 标准一直没能给出后两种空间物标的构造方法。此外，S-57 标准允许使用的属性类型包括枚举型、列表型、浮点型、整数型、编码字符串和任意字符串 6 种。

对于矢量物标，S-57 标准允许使用 4 种拓扑级别，分别是以下几种。

（1）制图线：用一组孤立结点和边表示，点编码成孤立结点，线编码成连接的一组边，面编码成边组成的闭合环，且相邻面不共用边。

（2）链-结点：用一组结点和边表示，边必须以连接结点为其起点和终点。点编码成孤立结点或连接结点，线编码成一组边和连接结点，面编码成由开始和终止于同一连接结点的边组成的闭合环。

---

① 英文原文是 object，国内 S-57 标准译文为“物标”，在地理信息领域（含 S-100 标准）通常译为“对象”

② 英文原文为 feature，国内 S-57 标准译文为“特征”，在地理信息领域（含 S-100 标准）通常译为“要素”

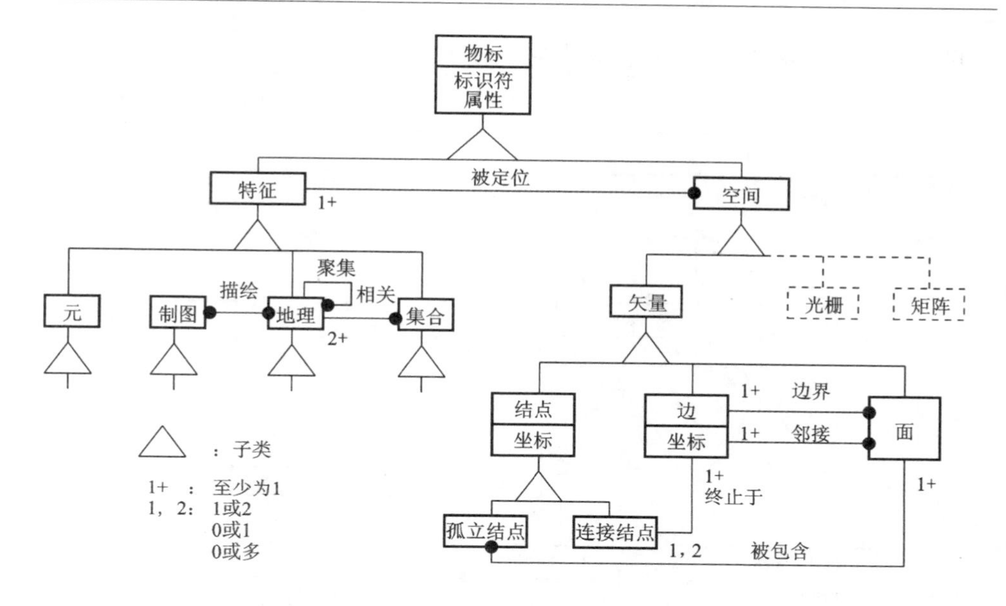

图 2.8 S-57 标准物标模型

（3）平面图：用一组结点和边表示，链-结点组的边不能相交，只可在连接结点处相接。连接边共用连接结点、相邻面共用交接处的边。禁止相同的空间几何重叠。

（4）全拓扑：用一组结点、边和面表示，整个平面为一组互斥、相邻的面所完全覆盖。孤立结点为面所包含，边的左、右两侧必须是面。点编码成孤立结点或连接结点，线编码成一组边和连接结点，区域编码成面，禁止相同的空间几何重叠。

目前各国出版的数据大多采用链-结点（含）以上的拓扑级别。

与 S-57 标准相比，S-100 标准在概念模型方面基本沿用 ISO 19100 系列标准，适用于海洋地理信息的表达与应用，在要素用途类型上与 S-57 标准对应，分别为地理、专题、制图、元 4 类，但在属性和空间几何两方面存在重要差异。

（1）S-100 标准使用更加灵活、通用的属性结构，除布尔型、枚举型、整型、实型、文本型、日期型、时间型 7 种简单属性外，还允许使用复杂属性，可以将若干简单属性或复杂属性组成更高层次的复杂属性。

（2）S-100 标准使用更加严密的空间模式，如图 2.9 所示，以几何单形、几何聚集形和几何复形为基本理论构造了点、曲线、组合曲线、环、曲面、多点等多种空间几何类型，且支持 1、2a、2b、3a、3b 5 个级别的拓扑，其中除 3a 级别外，其他 4 个级别与 S-57 标准中的 4 个拓扑级别依次对应。

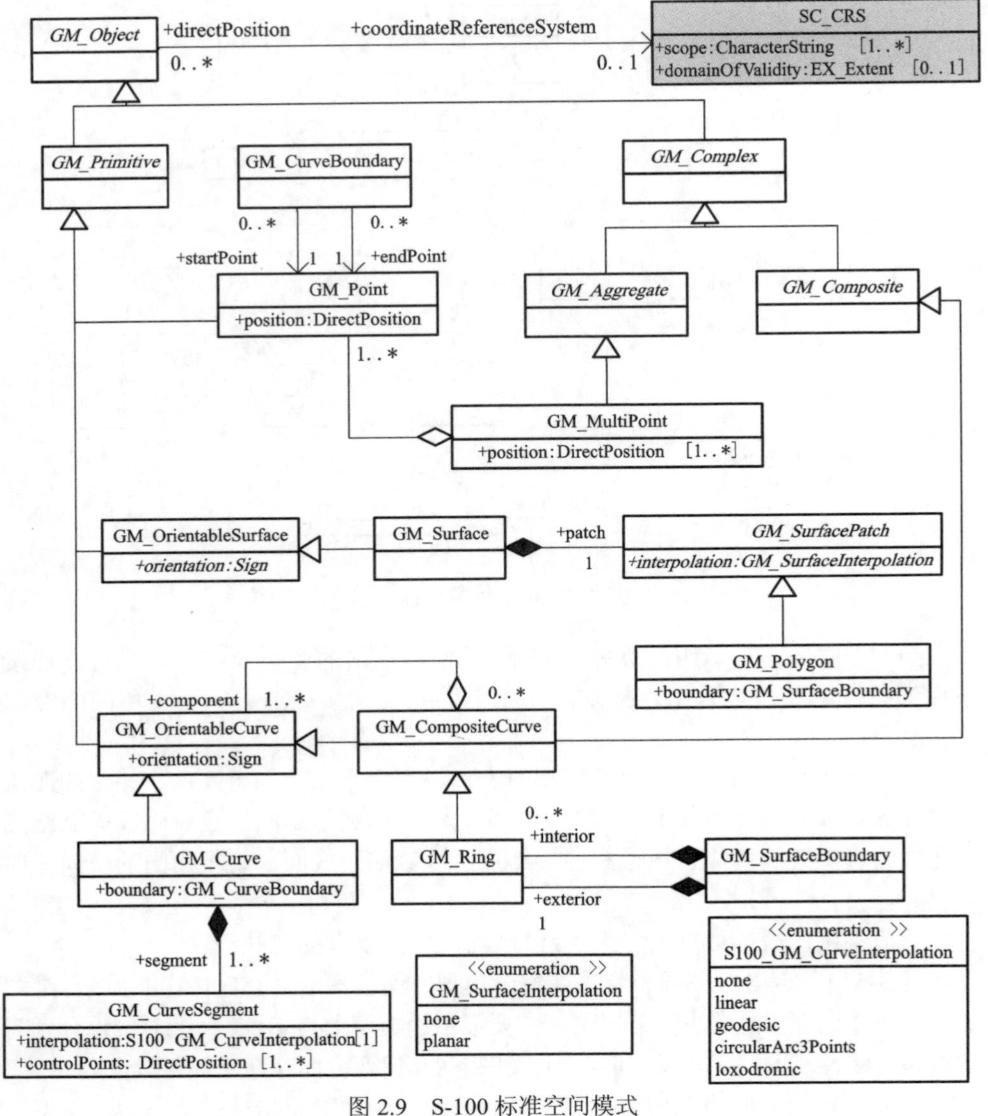

图 2.9　S-100 标准空间模式

本书重点围绕 S-57 标准向 S-101 标准的语义转换问题展开讨论。基础地理信息的语义转换一直以来是国内外空间数据融合的难点，不仅涉及众多要素之间和众多属性之间的转换，还会遇到要素与属性之间的变换，甚至存在复杂要素和复杂属性的重组问题。为方便行文统一，本书对 S-57 标准中的“特征”均以“要素”进行表述。

2.2.2 语义模型对比

要素分类编码是语义模型的具体表现，包括要素和属性两个层面，其中要素是基本骨架，其自身语义信息涵盖了论域中事物的某些信息，但是还需要借助属性才能表达有关事物更详细的信息。属性是现象本身所固有的性质，是事物之间得以区别的特征，例如颜色、高度、用途、材质等。属性必须依附于要素，不能独自存在，但是同一个属性可能适用于多个不同的要素，而一个要素通常采用多个不同的属性进行描述。本书按照简单要素、简单属性和复杂结构（复杂要素和复杂属性）三个方面分别展开讨论。

1. 简单要素分类对比

S-57 标准 3.1 版共有 180 个要素，其中包括 159 个地理要素、13 个元要素、3 个集合要素、5 个制图要素，经过后续两次修订后，增加了 4 个地理要素，分别是："TS_FEB"（潮汐流）、"ARCSLN"（群岛海上通道）、"ASLXIS"（群岛海上通道中心线）、"NEWOBJ"（新要素）（考虑 IMO 将来可能要求表示一些影响航行安全但现有要素无法表示的现象）。因而，截至目前，S-57 标准共有 184 个要素。"S-57 ENC"是以 Sz-57 标准为基础的产品规范，使用 S-57 标准要素目录中的 171 个要素，其中有 159 个地理要素、10 个元要素，其余 2 个属于复杂要素。

S-101 标准（2023 版）针对航海用途给出了各类要素的分类编码，沿用了大部分 S-57 标准 ENC 文件中的要素，形成 186 个要素，其中包括 172 个地理要素、11 个元要素、1 个制图要素，另有 2 个信息类型（非要素，无空间几何）。

1）地理要素对比

S-101 标准在 S-57 标准 ENC 文件的基础上，新增 23 个地理要素，参见表 2.1，具体说明如下。

（1）表 2.1 中第 20～23 项所表示的 4 种灯标由 S-57 标准的要素"LIGHTS"（灯标）细化扩充而来，这是因为海上灯标类型较多，不同类型之间具有较大的差异，导致编码和图示表达方法不同，细化之后有利于提高要素编码和图形显示效率。

（2）"Information Area"（信息区）用于描述某个或者多个要素的信息。当某个信息对海员有用，但是对航行安全不重要且不能使用其他现有要素进行表示时，必须使用该要素。这是因为有些信息需要由数据生产部门告知海员但是又不能使用"警告区"以免触发 ECDIS 警告，避免"警告区"的滥用。

表 2.1　S-101 标准中新增的地理要素

序号	要素名（英文）	要素名（中文）
1	Archipelagic Sea Lane Area	群岛海上通道区域
2	Collision Regulation Limit	避碰规则范围
3	Depth-No Bottom Found	未测到底水深
4	Discoloured Water	变色水域
5	Buoy Emergency Wreck Marking	沉船标记紧急浮标
6	Foul Ground	险恶地
7	Information Area	信息区
8	Offshore Wind Turbine	海上风轮机
9	Pilotage District	领航区
10	Span Fixed	固定桥跨
11	Span Opening	活动桥跨
12	Vessel Traffic Service Area	船舶交通服务区
13	Traffic Separation Scheme	分道通航方案
14	Range System	航行系统
15	Virtual AIS Aid to Navigation	虚拟 AIS 航标
16	Physical AIS Aid to Navigation	物理 AIS 航标
17	Deep Water Route	深水航道
18	Island Group	岛群
19	Two-way Route	双向航道
20	Light Air Obstruction	空中障碍灯标
21	Light All Around	环向灯标
22	Light Fog Detector	雾号灯标
23	Light Sectored	分扇灯标

S-101 标准弃用 S-57 标准 ENC 文件中的 10 个地理要素，具体说明如下。

（1）与潮汐和潮流相关的要素（分别是：调和常数预测潮流、非调和常数预测潮流、潮流表数据、调和常数预测潮汐、非调和常数预测潮汐、时序潮汐，共 6 个）被调整至另一新的产品规范——潮汐产品规范，并作为该产品的主要内容。

（2）S-57 标准中“CTRPNT”（控制点）要素在 ENC 中只起到位置参照的作用，因而 S-101 标准将其归入“LNDMRK”（陆标），同时将其属性“CATLMK”

（陆标类型）设定为“Triangulation Mark/Boundary Mark”（三角点/边界点）。

（3）S-57 标准中“NEWOBJ”（新要素）原本在 S-57 标准增补中只是暂时的命名，在 S-101 标准中则明确为“Virtual AIS Aid to Navigation”和“Physical AIS Aid to Navigation”2 个要素。

（4）S-57 标准中“TOPMAR”要素改为 S-101 标准中的复杂属性“TOPMARK”。

（5）S-57 标准中“LIGHTS”细化为 4 个具体的灯标类型，参见表 2.1（第 20～23 项）。

部分地理要素的语义产生了变化，主要有如下两点。

（1）S-101 标准中新增的“Archipelagic Sea Lane Area”（群岛海上通道区域）要素，对应于 S-57 标准中的“Archipelagic Sea Lane”（群岛海上通道，编码为 ARCSLN），而 S-101 标准中的“Archipelagic Sea Lane”为复杂要素，由 2 个以上的“Archipelagic Sea Lane Area”组成。

（2）S-57 标准中的“Pipeline Area”要素（管线区，编码为 PIPARE）在 S-101 标准中表示为“Submarine Pipeline Area”（海底管线区）。

2）元要素对比

S-101 标准中新增 4 个元要素，弃用 3 个元要素，参见表 2.2。另外，S-57 标准中的“M_QUAL”、“M_ACCY”和“M_SREL”3 个要素的名称在 S-101 标准中发生了改变，使得语义更加清晰。

表 2.2 S-101 标准与 S-57 标准 ENC 文件的元要素对照表

序号	S-101 要素名称（英文）	要素名称（中文）	S-57 要素编码	要素名称（中文）	备注
1	Data Coverage	数据覆盖范围	M_COVR	覆盖范围	等效使用
2	Navigational System of Marks	航标系统	M_NSYS	航标系统	
3	Quality of Bathymetric Data	测深数据质量	M_QUAL	数据质量	
4	Quality of Non-Bathymetric Data	非测深数据质量	M_ACCY	数据精度	
5	Quality of Survey	测量质量	M_SREL	测量可靠性	
6	Sounding Datum	水深基准	M_SDAT	水深基准	
7	Vertical Datum of Data	垂直基准数据	M_VDAT	垂直基准	
8	Update Information	更新信息	—	—	新增
9	Local Direction of Buoyage	浮标局部指向区域	—	—	
10	Horizontal Distance uncertainty	水平距离不确定度	—	—	
11	Vertical Uncertainty	垂直不确定度	—	—	
12	—	—	M_CSCL	数据编辑比例尺	弃用

续表

序号	S-101 要素名称（英文）	要素名称（中文）	S-57 要素编码	要素名称（中文）	备注
13	—	—	M_HOPA	水平基准面偏移参数	弃用
14	—	—	M_NPUB	海图出版信息	

3）S-101 标准新增类型

相比于 S-57 标准 ENC 文件，S-101 标准新增了制图要素和信息类型，参见表 2.3，说明如下。

表 2.3　S-101 标准新增类型

序号	要素名称（英文）	要素名称（中文）
1	Text Placement	文本布置
2	Supplementary Information	补充信息
3	Spatial Quality	空间质量

（1）制图要素：一直以来，S-57 标准 ENC 文件不允许使用制图要素，给用户查看 ENC 带来了诸多不便。S-101 标准首次允许使用点状文本注记“Text Placement”制图要素，大大丰富了图上的信息，改善了 ENC 的可读性，提高了海图信息传输效率。

（2）信息类型：信息类型没有空间几何，目前仅有“Supplementary Information”（补充信息）和“Spatial Quality”（空间质量）2 个，前者的引入使得对某一要素或者一组要素添加注释变得简单，后者的引入可用于对点、多点和曲线 3 类空间几何进行质量信息的注释。

4）综合分析

通过对 S-57 和 S-101 两个标准内要素分类编码的对比分析，可以发现 S-101 标准具有如下特点。

（1）为适应当前航海技术发展，增加了一些航行相关要素，例如“虚拟 AIS 航标”。

（2）为使用和阅读的方便，对地理要素进行分组，增加了制图要素和信息类型。

（3）为实现海面的精细表达，达到静态与动态分离，分离出与潮汐潮流相关的大多数要素，作为潮汐产品的内容。

（4）为适应人们对海洋地理环境认知的不断发展与深入，新增“变色水域”等要素，对部分要素进行语义的调整。

此外，IHO 已经意识到注记的重要性，因为并非所有注记都能与要素一一对应，例如“台湾海峡”这一名称无法对应精确的区域范围，因而在 S-101 标准 ENC 文件中启用制图要素，但是目前在 S-101 标准中只允许使用点状注记，这对线要素和面要素的注记配置显然是不够用的，有待进一步扩展。

2. 简单属性分类对比

S-57 标准 3.1 版共有 195 个属性，其中要素对象属性 187 个、国家语言属性 5 个、空间与元对象属性 3 个。经第一版修订后，增加了 2 个要素对象属性，编码为 188 和 189；经过第二版修订后，为新增的“New Object”要素增加了 3 个要素对象属性，编码为 190、191 和 192，增补的属性见表 2.4。综上所述，截至目前，S-57 标准共有 200 个属性。S-57 标准 ENC 文件是以 S-57 标准为基础的 ENC 产品规范，禁用的 S-57 标准属性共有 21 个（其中 10 个为制图属性）。

表 2.4　S-57 标准 3.1 版之后增补的属性

编码	属性码	属性名（中文）
188	CAT_TS	潮流类型
189	PUNITS	位置精度单位
190	CLSDEF	类型定义
191	CLSNAM	说明性名称
192	SYMINS	补充的符号绘制指令

在 S-101 标准中，属性可分为简单属性和复杂属性，简单属性是不可再分的属性，复杂属性则是包含其他属性的属性。S-101 标准共有 239 个属性，其中地理要素属性 174 个、图示表达属性 9 个、元要素属性 21 个、复杂属性 35 个。

1）地理要素属性对比

（1）S-101 标准新增属性。

S-101 标准新增了 44 个地理要素属性，参见表 2.5。

表 2.5　S-101 标准新增属性

序号	属性名（英文）	属性名（中文）	序号	属性名（英文）	属性名（中文）
1	Category of Offshore Production Area	海上产业区类型	7	Fax Number	传真号
2	Display Name	显示名称	8	File Reference	文件引用
3	Directional	方向性	9	Flare Stack	是否有烟囱
4	Distance Unit of Measurement	距离度量单位	10	Horizontal Clearance Length	横向净长
5	Dredged Date	疏浚日期	11	Horizontal Clearance Width	横向净宽
6	Email Address	电子邮箱地址	12	In Dispute	是否争议

续表

序号	属性名（英文）	属性名（中文）	序号	属性名（英文）	属性名（中文）
13	Language	语种	29	Signal Duration	信号持续时间
14	Magnetic Anomaly Value Minimum	磁偏差最小值	30	Signal Status	信号状态
15	Major Light	是否为主灯	31	Speed Limit	限速
16	Maximum Permitted Draught	最大吃水限额	32	Station Name	站点名称
17	MMSI Code	海上移动通信业务标识码	33	Station Number	站点编号
18	Moiré Effect	莫尔效应	34	Stream Depth	潮流深度
19	Multiplicity Known	数量已知	35	Swept Date	扫海日期
20	Name	名称	36	Telephone Number	电话号码
21	Number of Features	要素数量	37	Time Relative to Tide	（高）潮位时间差
22	Observation Depth	（潮流）观测深度	38	Underlying Layer	海底层级
23	Radar Band	雷达波段	39	Velocity Minimum	（海流）最小速度
24	Reference Location	目标参考位置	40	Vessel Class	船舶类型
25	Reference Tide	参考潮位	41	Virtual AIS Aid to Navigation Type	虚拟 AIS 导航类型
26	Reference Tide Type	参考潮位类型	42	Waterway Distance	水上距离
27	Regulation Citation	法规引用	43	Wave Length Value	波长
28	Reported Date	报告日期	44	Web Address	网址

（2）S-101 标准弃用属性。

除 S-57 标准 ENC 文件弃用的 21 个属性外，仍有 37 个 S-57 标准 ENC 属性被 S-101 标准弃用，参见表 2.6，其中，S-57 标准中的 PEREND、PERSTA、RADWAL、SIGSEQ、SUREND、SURSTA、TS_TSP、VERCCL、VERCOP、VERCSA 10 个属性在 S-101 标准中被更改为复杂属性，S-57 标准中的“PILDST”（引航区）属性在 S-101 标准中被更改为“Pilotage District”（引航区）要素，本书将其视为被弃用属性。

表 2.6　S-101 标准弃用的 S-57 标准属性

序号	属性码	属性名（中文）	序号	属性码	属性名（中文）
1	CATCOV	空间覆盖类型	3	CATZOC	数据置信区类型
2	CATCTR	控制点类型	4	MLTYLT	色光数

续表

序号	属性码	属性名（中文）	序号	属性码	属性名（中文）
5	NPLDST	用国家语言表示的引航区信息	22	T_THDF	潮汐-时间和高度差异
6	PEREND	活跃周期截止日期	23	T_TSVL	潮汐-(时序)水位差值
7	PERSTA	活跃周期起始日期	24	T_VAHC	潮汐-调和常数值
8	PILDST	引航区	25	T_TINT	潮汐、潮流-时间间隔
9	RADWAL	雷达波长	26	VERCCL	关闭状态净空高度
10	SHIPAM	经纬度校正参数	27	VERCOP	开启状态净空高度
11	SIGSEQ	信号序列	28	VERCSA	安全净空高度
12	SORDAT	数据源产生日期	29	INFORM	要素信息
13	SORIND	数据源说明信息	30	NINFOM	用国家语言表示的要素信息
14	SOUACC	水深测深精度	31	TXTDSC	文字描述（文件名）
15	SUREND	测量结束日期	32	NTXTDS	用国家语言表示的文字描述（文件名）
16	SURSTA	测量起始日期	33	OBJNAM	对象名称
17	TS_TSP	潮流值面板	34	NOBJNM	用国家语言表示的对象名称
18	TS_TSV	潮流的流向与流速	35	CLSDEF	类型定义
19	T_ACWL	（预报）潮位变化精度	36	CLSNAM	说明性名称
20	T_HWLW	高低潮时间及潮高	37	SYMINS	补充的符号绘制指令
21	T_MTOD	潮高推算方式			

另外，除表 2.6 所列的弃用属性之外，S-101 标准还将 S-57 标准中 9 个要素对象属性调整到元要素属性。

2）元要素属性对比

相比于 S-57 标准 ENC 文件，S-101 标准新增了 10 个元要素属性，其中大多为测量相关的质量元素，见表 2.7。S-57 标准中的空间与元对象属性“HORDAT”（水平基准），仅适用于 S-101 标准弃用的“M_HOPA”要素，因而在 S-101 标准中也不再使用。

表 2.7　S-101 标准新增元要素属性

序号	属性名（英文）	属性名（中文）	序号	属性名（英文）	属性名（中文）
1	Measurement Distance Maximum	测量最大距离	3	Minimum Display Scale	最小显示比例尺
2	Measurement Distance Minimum	测量最小距离	4	Orientation Uncertainty	方位不确定度

续表

序号	属性名（英文）	属性名（中文）	序号	属性名（英文）	属性名（中文）
5	Significant Features Detected	已探测重要要素	8	Least Depth of Detected Features Measured	已测量最小水深
6	Size of Features Detected	要素探测最小分辨率	9	Category of Temporal Variation	时变类型
7	Update Reference	更新数据的引用	10	Full Seafloor Coverage	是否全覆盖海底

3）图示表达属性对比

为了满足 ECDIS（电子海图显示与信息系统）图示表达的需要，S-101 标准增加了 9 个与图示表达有关的属性，参见表 2.8。

表 2.8 S-101 标准图示表达属性

序号	属性名（英文）	属性名（中文）
1	Default Clearance Depth	缺省净深
2	Flare Angle	闪光角度
3	In the Water	在水域内
4	Sector Extension	光弧（屏幕）延伸范围
5	Surrounding Depth	周边深度（水下障碍）
6	Flip Bearing	翻转角度
7	Text Justification	文本对齐方式
8	Text Type	文本类型
9	Text	文本

4）综合分析

通过前文对 S-57 和 S-101 两个标准属性分类编码的对比分析，可以发现 S-101 标准具有如下特点。

（1）为适应 S-101 标准要素的变化，进行了相应属性的调整。例如针对 S-101 标准新增要素“Virtual AIS Aid to Navigation”增加了属性“Virtual AIS Aid to Navigation Type”。

（2）为使语义更加清晰准确，对部分属性名称进行了修改，例如，“Vertical Accuracy”改为“Vertical Uncertainty”，“Scale Value One”改为“Scale Value Maximum”。

（3）为对数据质量进行更加详细的描述，新增多个元要素属性，例如“Full

Seafloor Coverage”。

（4）为提高 ECDIS 显示效果，增加了若干个图示表达属性，例如“Flare Angle”。

此外，由于 S-57 标准 ENC 文件中缺乏注记，给用户使用 ENC 带来了一些不便，而在 S-101 标准中新增了点状注记及其相应属性，但是目前用于控制注记显示样式的属性只有“Flip Bearing”和“Text Justification”2 个属性。为了更加灵活地控制图示表达效果以及人们对“基于 ENC 生产纸质海图”的迫切需求，应当对其进行进一步扩展，例如增加注记布置方式、偏移距离、字体等属性。需要说明的是，建议增加的这些属性应当是可选属性，而不是必填的，也应当是可以动态修改的。

3. 复杂结构分类对比

对于不同要素之间的关系，S-57 标准主要通过“C_AGGR”（聚合）和“C_ASSO”（关联）2 个集合要素表示，在实际使用时可遵照产品规范进一步明确聚合或关联的名称和构成。S-101 标准使用复杂要素表示对应关系，关系名称即为复杂要素的名称，共有 53 个。

对于较为复杂的属性特征，S-57 标准对列表类型或字符串类型的属性加以描述，数据解析时按照相应格式拆解获得相应信息，而 S-101 标准则引入复杂属性。S-101 标准共定义了 35 个复杂属性。

1）复杂要素对比

按照关联关系的不同，本书将复杂要素进一步细分为聚合要素、组合要素和“结构/装置”要素。

（1）聚合要素，其中一类作为容器，另一类作为成员，对应于 S-57 标准的“C_AGGR”（聚合）。S-101 标准中定义的聚合要素及 S-57 标准对应集合的组成参见表 2.9。聚合要素具有如下特点。

表 2.9　S-101 标准聚合要素及 S-57 标准对应集合的组成

序号	名称		组成		S-57 标准集合的组成
	英文	中文	英文	中文	
1	Island group	群岛	Land Area	陆地区	（注：无对应集合）
2	Range system	航行系统	Navigation Line	导航线	NAVLNE
			Recommended Track	推荐航线	RECTRC
			Range System	航行系统	—
			Navigational Aids Features	航标要素	Navigational Aids

续表

序号	名称		组成		S-57 标准集合的组成
	英文	中文	英文	中文	
3	Traffic Separation Scheme	分道通航方案	Caution Area	警告区	—
			Deep Water Route Centreline	深水航道中心线	DWRTCL
			Deep Water Route Part	深水航道分道	DWRTPT
			Inshore Traffic Zone	近岸交通区	ISTZNE
			Precautionary Area	警戒区	PRCARE
			Restricted Area	限制区	—
			Traffic Separation Line	通航分割线	TSELNE
			Traffic Separation Scheme Boundary	分道通航制边界	TSSBND
			Traffic Separation Scheme Crossing	分道通航制交汇处	TSSCRS
			Traffic Separation Scheme Lane Part	分道通航制分道	TSSLPT
			Traffic Separation Scheme Roundabout	分道通航制环形道	TSSRON
			Traffic Separation Zone	通航分隔带	TSEZNE
			Deep Water Route	深水航道	—
			Traffic Separation Scheme	分道通航方案	—
			Two-Way Route	双向航道	—
			Navigational Aids Features	航标要素	Navigational Aids

① 即使删除聚合要素本身，其组成要素也能独立存在。

② 聚合要素本身没有空间几何。

③ 可以嵌套其他复杂要素（含自身），形成更高层次的聚合要素，如“Range System”（航行系统）和“Traffic Separation Scheme”（分道通航方案）。

（2）组合要素，是一种强聚合，是 S-101 标准新增的一类要素，在 S-57 标准中无对应项，结构组成详见表 2.10。组合要素具有如下特点。

表 2.10　S-101 标准组合要素的组成

序号	名称		组成		S-57 标准集合的组成
	英文	中文	英文	中文	
1	Archipelagic Sea Lane	群岛海上通道	Archipelagic Sea Lane Area Archipelagic Sea Lane Axis	群岛海上通道区域 群岛海上通道中心轴	（注：无对应集合）
2	Bridge	桥梁	Span Fixed Span Opening Pylon/Bridge Support	固定桥跨 活动桥跨 支架/桥墩	（注：无对应集合）

续表

序号	名称		组成		S-57 标准集合的组成
	英文	中文	英文	中文	
3	Deep Water Route	深水航道	Deep Water Route Centreline Deep Water Route Part	深水航道中心线 深水航道分道	（注：无对应集合）
4	Two-Way Route	双向航道	Two-Way Route Part	双向航道分道	（注：无对应集合）

① 一旦删除组合要素本身，其组成要素也会同时被删除。

② 组合要素本身没有空间几何。

以桥梁为例，只有在可通航水域上方时才能将其作为组合要素，而如果在不可通航水域上方，则必须将其编码为具有曲线或者曲面的简单要素。图 2.10 中给出了某可通航水域上方的桥梁示例，图 2.11 给出了该桥梁的结构组成示意。

图 2.10 可通航水域上方的桥梁示例

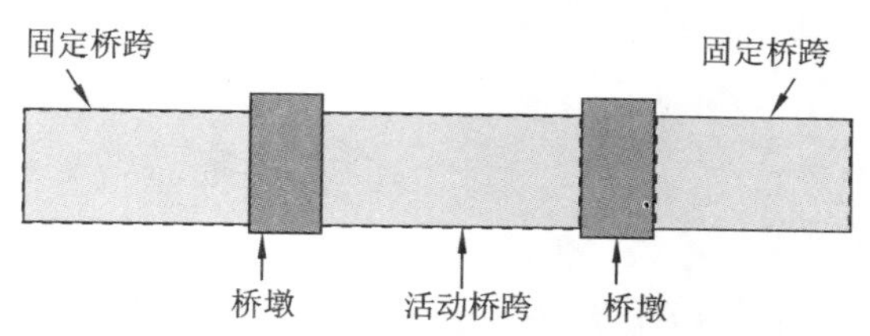

图 2.11 桥梁示例（组合要素）的结构组成示意

（3）“结构/装置”要素，是一种特殊的组合关系，对应于 S-57 标准中以“C_ASSO”对象表示的“Master-Slave”（主–从）关系。此类要素具有如下特点。

① 每组“结构/装置”只有一个结构要素，关联一个或多个装置要素；而一个装置要素不允许关联多个结构要素；一个要素实例不能既是结构要素又是装置要素。装置要素参见表 2.11，通常以航标出现的结构要素参见表 2.12，而表 2.13 中的非航标要素也可作为结构要素。

表 2.11　装置要素对照关系

序号	S-101 标准要素名称（英文）	要素名称（中文）	S-57 标准对应要素
1	Daymark	昼标	DAYMAR
2	Fog Signal	雾号	FOGSIG
3	Light Air Obstruction	空中障碍灯标	LIGHTS
4	Light All Around	环向灯标	LIGHTS
5	Light Fog Detector	雾号灯标	LIGHTS
6	Light Sectored	分扇灯标	LIGHTS
7	Physical AIS Aid to Navigation	物理 AIS 航标	—
8	Retroreflector	反射器	RETRFL
9	Radar Transponder Beacon	雷达应答器	RTPBCN
10	Signal Station Traffic	交通信号站	SISTAT
11	Signal Station Warning	告警信号站	SISTAW
12	—	雷达站	RADSTA
13	—	无线电站	RADSTA
14	—	顶标	TOPMAR

表 2.12　结构要素（作为航标）对照关系

序号	S-101 标准要素名称（英文）	要素名称（中文）	S-57 标准对应要素
1	Beacon Cardinal	方位立标	BCNCAR
2	Beacon Isolated Danger	孤立危险立标	BCNISD
3	Beacon Lateral	侧面立标	BCNLAT
4	Beacon Safe Water	安全水域立标	BCNSAW
5	Beacon Special Purpose/General	专用/ 通用立标	BCNSPP
6	Buoy Cardinal	方位浮标	BOYCAR
7	Buoy Emergency Wreck Marking	沉船标记紧急浮标	—
8	Buoy Installation	作业浮标	BOYINB
9	Buoy Isolated Danger	孤立危险浮标	BOYISD
10	Buoy Lateral	侧面浮标	BOYLAT
11	Buoy Safe Water	安全水域浮标	BOYSAW
12	Buoy Special Purpose/General	专用/ 通用浮标	BOYSPP
13	Daymark	昼标	DAYMAR

续表

序号	S-101 标准要素名称（英文）	要素名称（中文）	S-57 标准对应要素
14	Light Float	灯浮	LITFLT
15	Light Vessel	灯船	LITVES
16	Pile	木桩	PILPNT

表 2.13　结构要素（非航标）对照关系

序号	S-101 标准要素名称（英文）	要素名称（中文）	S-57 标准对应要素
1	Bridge	桥梁	BRIDGE
2	Building	建筑	BUISGL
3	Crane	起重机	CRANES
4	Floating Dock	浮船坞	FLODOC
5	Fortified Structure	防御工事	FORSTC
6	Fishing Facility	捕鱼设备	FSHFAC
7	Hulk	报废船	HULKES
8	Landmark	陆标	LNDMRK
9	Mooring/Warping Facility	系泊绞缆设备	MORFAC
10	Offshore Platform	海上平台	OFSPLF
11	Pontoon	浮码头	PONTON
12	Pylon/Bridge Support	支架/ 桥墩	PYLONS
13	Obstruction	障碍物	OBSTRN
14	Shoreline Construction	岸线结构物	SLCONS
15	Silo/Tank	筒仓/ 罐	—
16	Wreck	沉船	WRECKS

② 装置要素通常不能独立存在，必须有结构要素作为支撑。特殊情况时可将装置要素作为结构要素使用，例如：当某一装置要素基础结构未知且同位置存在“Daymark”（昼标），那么可将“Daymark”编码为结构要素；如果陆地上基础结构的性质未知或者没有结构要素，那么可选择装置要素的其中一个（优先考虑灯标）作为结构要素，或者增加一个“Pile”（木桩）或“Beacon Special Purpose/General”（专用/通用立标）作为结构要素。

③ 对于结构要素，如果是点则应该与装置要素共享同一位置；如果是线或者面则应该包含装置要素的几何位置。

2）复杂属性对比

按照描述特征的不同，本书将复杂属性分为灯标、潮流、度量和其他 4 类。

（1）灯标属性。灯标属性是 ENC 中最为复杂的一类属性，实际使用过程以“sector Characteristic”（光弧特征）和“rhythm of Light”（灯光节奏）2 个属性为基本单元，因为这 2 个属性嵌套使用了其他复杂灯标属性，并且前者仅用于“Light Sectored”要素，其结构组成如图 2.12 所示，后者仅适用于除“Light Sectored”外的其他灯标要素，其结构组成如图 2.13 所示。

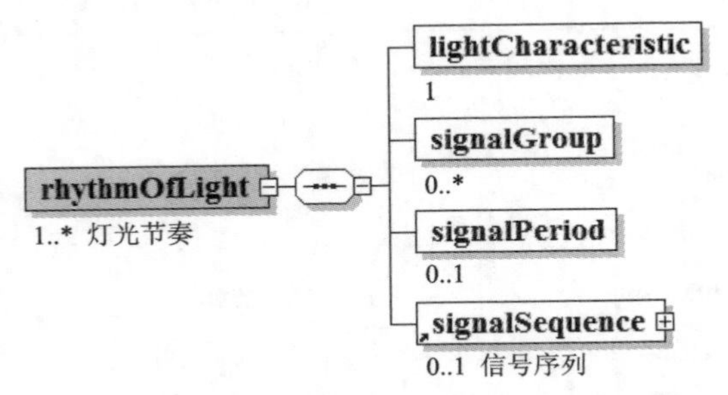

图 2.12　复杂属性“Rhythm of light”结构组成图

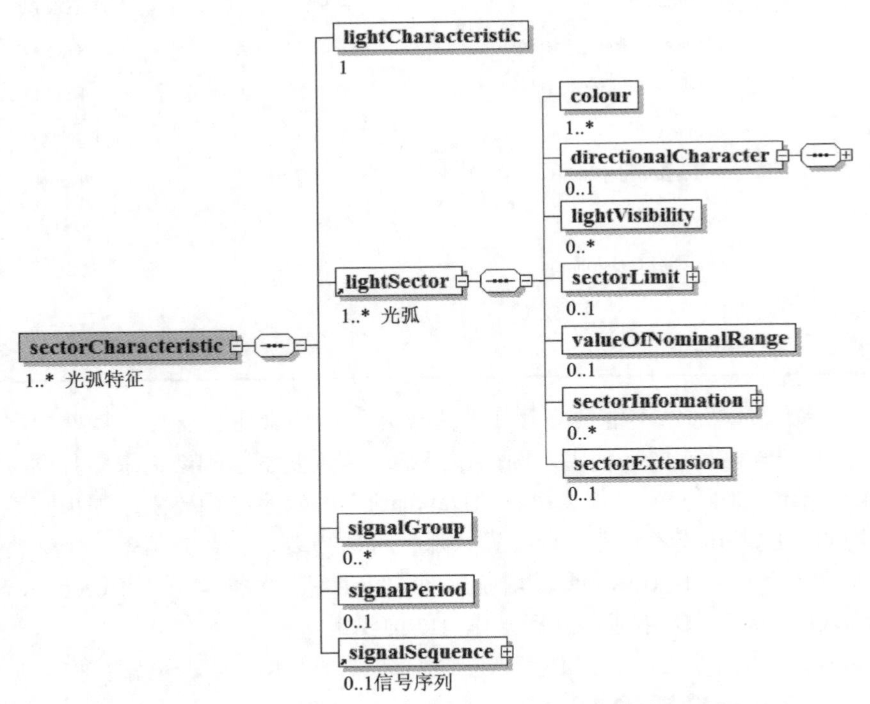

图 2.13　复杂属性“Sector Caracteristic”结构组成图

（2）潮流属性。S-101 标准中唯一具有时间动态特征的对象，以“tidal Stream Panel Values”（潮流面板值）为使用单元，而该复杂属性又嵌套使用“Tidal Stream Value”（潮流值）作为子属性。“Tidal Stream Panel Values”在 S-57 标准中采用字符串表示，格式为：“识别码，港口名称，高潮 HW（低潮 LW），流向（单位：°），流速（单位：n mile/h）”，其中流向流速共 13 对值（以 0 为界，分别以 1 至 6、I 至 VI 编号），表示范围为高潮或低潮的前后 6 h，而在 S-101 标准中表示为层次结构，如图 2.14 所示。

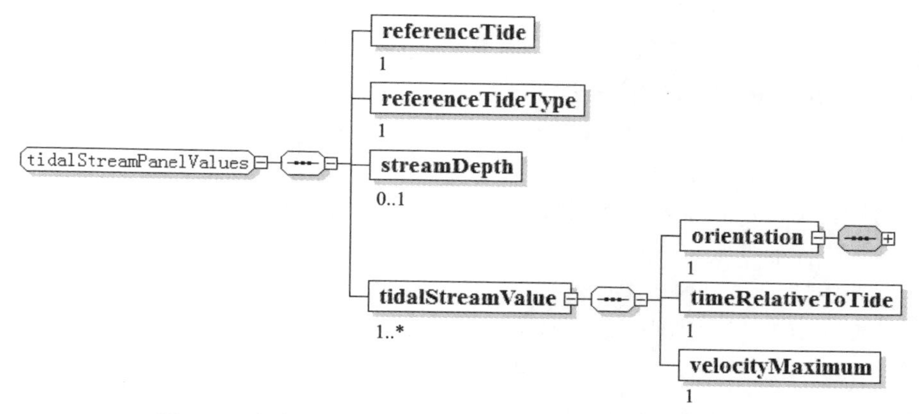

图 2.14　复杂属性“Tidal Stream Panel Values”结构组成图

（3）度量属性。S-101 标准对 S-57 标准中时间、距离、速度、数量等度量属性进行了扩展，此部分内容变化具有如下特点。

① 对关联性较强的属性进行组合，体现为表示日期范围（或时间范围）的各个复杂属性都包含了相应结束和开始日期（或时间）。

② 将表示单一数值的属性扩展为值域，例如，将 S-57 属性“VALLMA”（最大磁偏差）扩展为含有最大和最小磁偏差的“局部磁偏差”。

③ 增加描述信息，使原有属性更加准确，例如为“Orientation”（方位）增加了“Orientation Uncertainty”（方位不确定度）属性，为“Radar Wave Length”（雷达波长）增加了“Radar Band”（雷达波段）属性。

④ 将“精度”改为“不确定度”，体现在表中表示宽度和高度的各个复杂属性，例如将“HORACC”（横向精度）改为“Horizontal Distance Uncertainty”（横向距离不确定度）。

（4）其他属性。S-101 标准中其余复杂属性的主要变化内容如下。

① 新增“Features Detected”（要素探测）复杂属性，包含“Least Depth of Detected Features Measured”（已测量最小水深）、“Significant Features Detected”

（已探测重要要素）、“Size of Features Detected”（要素探测最小分辨率）3 个子属性，此复杂属性对数据质量的表达特别重要。

② S-57 标准中海底底质多层级的表达以一个“NATSUR”（底质）和一个“NATQUA”（底质形态）属性共同表示，这两个属性都是多值列表类型，而在 S-101 标准中则变更为表示单一值的枚举类型，与新增的“Underlying Layer”（向下层级）子属性，共同构成复杂属性“Surface Characteristics”（表面特征），用于每一层级底质信息的表示。

③ 在 S-57 标准中对各类信息描述都有用于英文表示和本国语言表示的两个属性，限制了更多语言的表示，因而，在 S-101 标准中增加了“Language”（语种）子属性，同时将信息描述属性统一为“Text”（文本），针对描述对象的不同构建了不同的复杂属性，例如“Feature Name”（要素名称）。

3）综合分析

通过对 S-101 标准与 S-57 标准 ENC 文件两者复杂结构内容的对比分析，可发现 S-101 标准分类编码在语义表达上更加合理清晰，体现在以下几个方面。

（1）S-57 标准 ENC 文件对要素关系的表达缺乏形式化约束和明确清晰的定义，而在 S-101 标准中则以复杂要素进行了命名标识。

（2）S-57 标准 ENC 文件对多值属性以文本串或列表表示，以固定分隔符进行区分，而在 S-101 标准中则引入复杂属性类型，每一属性只允许单值存在并且可使用嵌套组成更加复杂的结构，大大提高了编码的结构性、层次性和灵活性，也简化了编码和解析的过程。

（3）S-101 标准对 S-57 标准 ENC 文件中的复杂属性值进行拆分、组合和重组，使得属性间的逻辑关系更加清晰，例如对潮流属性进行拆分，对文本属性进行组合，对灯标属性进行重组。

2.2.3 语义映射关系表达

在对比分析的基础上，进一步梳理统计后得到 S-57 标准 ENC 文件与 S-101 标准分类编码统计图(图 2.15)。从图中可以清晰看出 S-57 标准 ENC 文件与 S-101 标准两者分类编码的总体差异。然而，要想建立全面、准确的语义映射关系，需要对两个标准中每个要素、每个属性及属性值进行详尽的分析，如果只考虑要素与要素、属性与属性之间的对照关系，那么 S-57 标准 ENC 文件与 S-101 标准的分类编码对照关系搜索空间大小是：171×235+179×239=82 966。本小节先对两套分类编码之间的映射关系类别进行梳理分析，再讨论映射规则的表达方法。

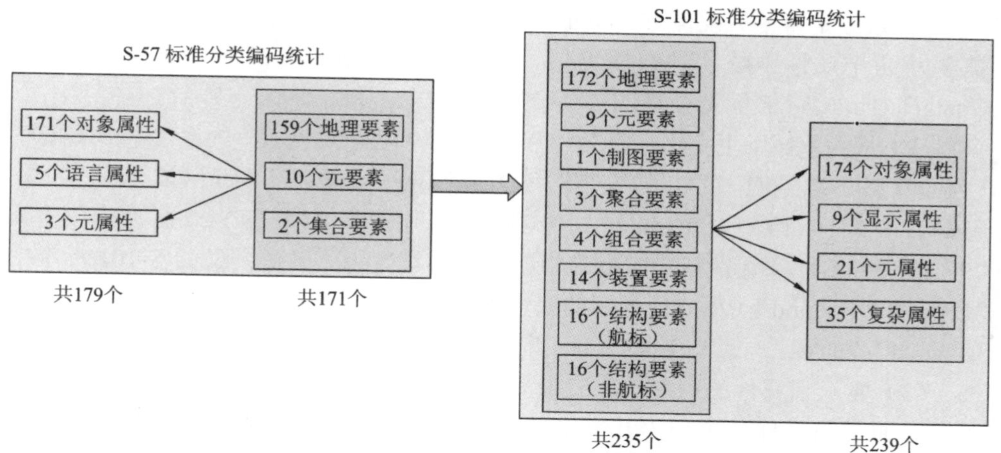

图 2.15　S-57 标准 ENC 文件与 S-101 标准分类编码统计

1. 语义映射关系

由 S-57 标准到 S-101 标准的语义映射存在一对一、一对多、多对一和多对多等情况，具体说明如下。

（1）一对一。S-57 标准“BUISGL”（单体建筑）对应 S-101 标准中的“Building”（建筑物）。

（2）一对多。S-57 标准“LIGHTS”（灯标）根据用途不同在 S-101 标准中被分为“Light Air Obstruction”（空中障碍灯标）、“Light All Around”（环向灯标）、“Light Fog Detector”（雾号灯标）和“Light Sectored”（分扇灯标）。

（3）多对一。例如 S-57 标准“TSELNE”（通航分隔线）和“TSEZNE”（通航分隔带）都对应 S-101 标准的“Traffic Separation Line”（通航分隔线）。

（4）多对多。例如 S-57 标准“RCTLPT”（推荐航道分道）和具有面空间几何的“RECTRC”（推荐航线）对应 S-101 标准的“Recommended Traffic Lane Part”（推荐航道分道），而具有线空间几何的“RECTRC”（推荐航线）对应“Recommended Track”（推荐航线）。

除要素之间存在的映射关系外，语义映射需要考虑更加复杂的情况，包括以下几点。

（1）多值属性到复杂属性的映射。S-57 标准通过字符串表示多值属性（组合方式多种多样），而 S-101 标准则以复杂属性表示，需要对 S-57 标准数据字符串进行拆解，提取有效值，并用于复杂属性中各个子属性的赋值。例如在 S-57 标准中，为了表示“精细沙、泥和破碎贝壳”这一底质信息，需要将属性“NATSUR”（表面性质）设置为“4，1，7”（4：沙；1：泥；7：贝壳），将属性“NATQUA”

（表面性质限定术语）设置为“1，4”（1：精细；4：破碎），而在S-101标准中，需要从两个属性中依次提取属性值，用于构造S-101标准复杂属性“Surface Characteristics”（表面特征）的3个子属性。

（2）属性值域发生变化。要素“UWTROC”（暗礁/适淹礁）的属性“NATSUR”（表面性质）取值范围可以是“9”（岩石）、“14”（珊瑚）或“18”（岩礁/岩层），但是在S-101标准中只允许是“14”（珊瑚），因而，如果在S-57标准中取值为“9”或“18”，那么在S-101标准中应当将其设置为无效值；又如S-101标准中“Light All Rround”（环向灯标）的属性“Category of Light”（灯标类型）无法取值为“1”和“2”。

（3）要素到属性的映射。S-57标准要素“TOPMAR”（灯标）顶标不会独自存在，通常与另外一个作为其支撑结构的要素（例如浮标或者昼标）共同构成“主-从”关系，而在S-101标准中要素“TOPMAR”变为其支撑结构要素的属性。

（4）要素合并。对于S-57标准要素“LIGHTS”，可能存在同一位置多个指向灯（多个光弧）的情况，在S-101标准中对应于同一个要素“Light Sectored”（分扇灯标）中复杂属性“Sector Characteristic”（灯质）的不同子属性。

（5）简单要素变复杂要素。复杂要素是S-101标准新增的一种结构，例如对于S-57标准“Bridge”（桥梁）要素，如果位于可航行区域，则对应于S-101标准组合要素，除“Bridge”（桥梁）要素外，还需增加“Span Fixed”（固定桥面）或“Span Opening”（活动桥面）。

（6）属性变信息类型。信息类型是S-101标准新增的一种结构，不属于要素类型，用于关联若干个说明性信息。S-57标准属性“INFORM”（信息）、“NINFOM”（本国语言表示的信息）、“PICREP”（图片表示）、“TXTDSC”（文字说明）、“NTXTDS”（本国语言表示的文字说明）应当转换为S-101信息类型的“Supplementary Information”（附加信息）。

（7）要素变属性。例如S-57标准中“TopMark”由要素变为S-101标准属性，所属要素依赖其所依附的航标，例如方位浮标或危险物浮标。

（8）简单属性变为复杂属性。例如当S-57标准中属性“NATSUR”（表面信息）和“NATQUA”（表面性质限定术语）用于表示底质时，对应于S-101标准复杂属性“Surface Characteristics”（表面特征）。

2. 语义映射规则表达

针对S-57标准ENC文件与S-101标准之间各类复杂映射关系的结构化和形式化表达需求，本书提出一种“对象”和“规则”混合的语义映射知识表达模型，其主要内容说明如下。

（1）将语义映射过程建模为要素、属性、映射规则和操作方法 4 类。

（2）“要素映射规则”和“属性映射规则”同属“映射规则”子类，都包含了“条件”和“操作方法”。

（3）“要素映射规则”是映射过程的主要入口，只有当某一属性的映射需要条件判断时才构建“属性映射规则”，并在“要素映射规则”相应位置引用。

（5）更新操作与赋值操作的区别在于前者适用于“要素合并”和“要素变属性”的情形，避免重复创建新的要素对象。

（6）简单的“条件”由代词、一阶谓词和值构成，复合“条件”由若干个简单“条件”按照“与”“或”“非”进行组合和嵌套。

图 2.16 中的“对象-规则”表达模型以面向对象方法为基础，融入映射规则，具有结构清晰、层次分明和扩展灵活等优点，但图 2.16 模型仅是概念层次的，如果要表达每一个映射实例，还需要给出相应的逻辑描述方法。考虑开放性和扩展性，以 XML 为基础，提出一种要素实例语义映射的描述语言，该语言由代词、连词、动词、谓词等元素构成，参见表 2.14，其逻辑结构参见图 2.17～图 2.21。为了便于对 S-101 标准复杂属性进行访问和操作，需引入层级定位算子“/”和创建子属性算子“[+]”，S-57 标准到 S-101 标准映射语言的接口信息见表 2.15。

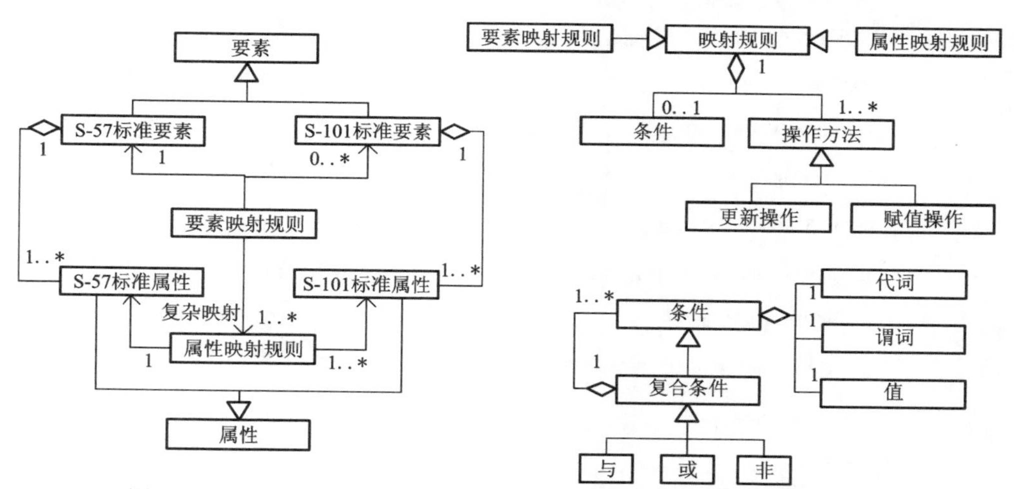

图 2.16　S-57 标准与 S-101 标准语义映射知识的“对象-规则”表达模型

按照上述语言结构，完成 S-57 标准 ENC 文件中 171 个要素映射规则和 28 个复杂属性映射规则的表达，图 2.22～图 2.23 展示了要素映射规则调用属性映射规则和属性映射规则的用法，图 2.24 展示了简单要素变复杂要素映射的用法，图 2.25 展示了正则表达式用于匹配的用法。

表 2.14　S-57 标准到 S-101 标准映射语言的语法构成

类别	元素	注释
代词	Object	源对象
	MapObject	赋值操作（要素）
	MapAttribute	赋值操作（属性）
	UpdateObject	更新操作
	Primitive	几何类型
	AttributeMapping	复杂属性映射（带有条件）
	Entry	实际映射规则
	Filter	条件
连词	And	“与”，若干个条件取交集
	Or	“或”，若干个条件取并集
	Not	“非”，对特定条件取反
动词	MapAttributeAcronym	设置目标属性的编码
	MapObjectAcronym	设置目标对象的编码
	MapAttributeValue	源属性的值对应转换到目标属性
	SetAttributeValue	设置目标属性值
	CopyAttributeValue	从源属性的值拷贝到目标属性
	SetAttributeValueUnknown	设置目标属性为空（可人工设置）
	SetAttributeValueUndefined	设置目标属性为无效值（不允许有值）
	ReplaceAttributeValue	采用正则表达式进行字符串模式匹配
	CreateCollectionFeature-FromAttribute	属性变信息类型
	DoNotMapObject	不处理
	OutputMessage	输出提示信息
	ApplyAttributeMapping	调用复杂属性映射
谓词	AttributeValueIsEqualTo	当指定属性的值等于……时
	AttributeValueGreaterThan	当指定属性的值大于……时
	AttributeValueLessThan	当指定属性的值小于……时
	AttributeValueIsUnknow	当指定属性的值未知时

续表

类别	元素	注释
谓词	AttributeValueIsUndefined	当指定属性的值超出值域
	AttributeValueIsLike	当指定属性的值与正则表达式匹配时
	AttributeHasValue	当指定属性的值不为空时
	PrimitiveIsEqualTo	当空间几何类型为……时
	ObjectIsASlaveTo	当指定要素是“从”要素时

表 2.15　S-57 标准到 S-101 标准映射语言的接口信息

序号	元素	注释
1	Create	是否创建新要素，仅用于“更新操作”
2	Value	值
3	Acronym	缩写
4	FromAcronym	拷贝 S-57 标准中的属性值
5	ToAcronym	使用 S-57 标准属性值对 S-101 标准属性赋值
6	Name	名称，仅用于属性映射的命名
7	Primitive	空间几何类型
8	RegexPattern	使用正则表达式匹配查找
9	ReplaceWith	$n，正则表达式结果中第 n 个数据
10	SkipNonMatch	忽略无匹配项，仅用于正则表达式匹配

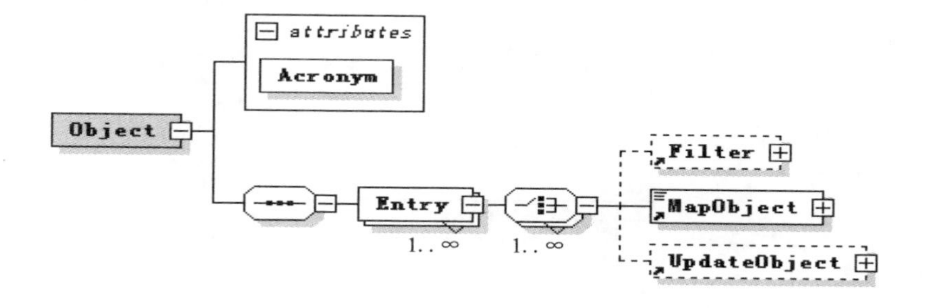

图 2.17　要素映射的逻辑结构

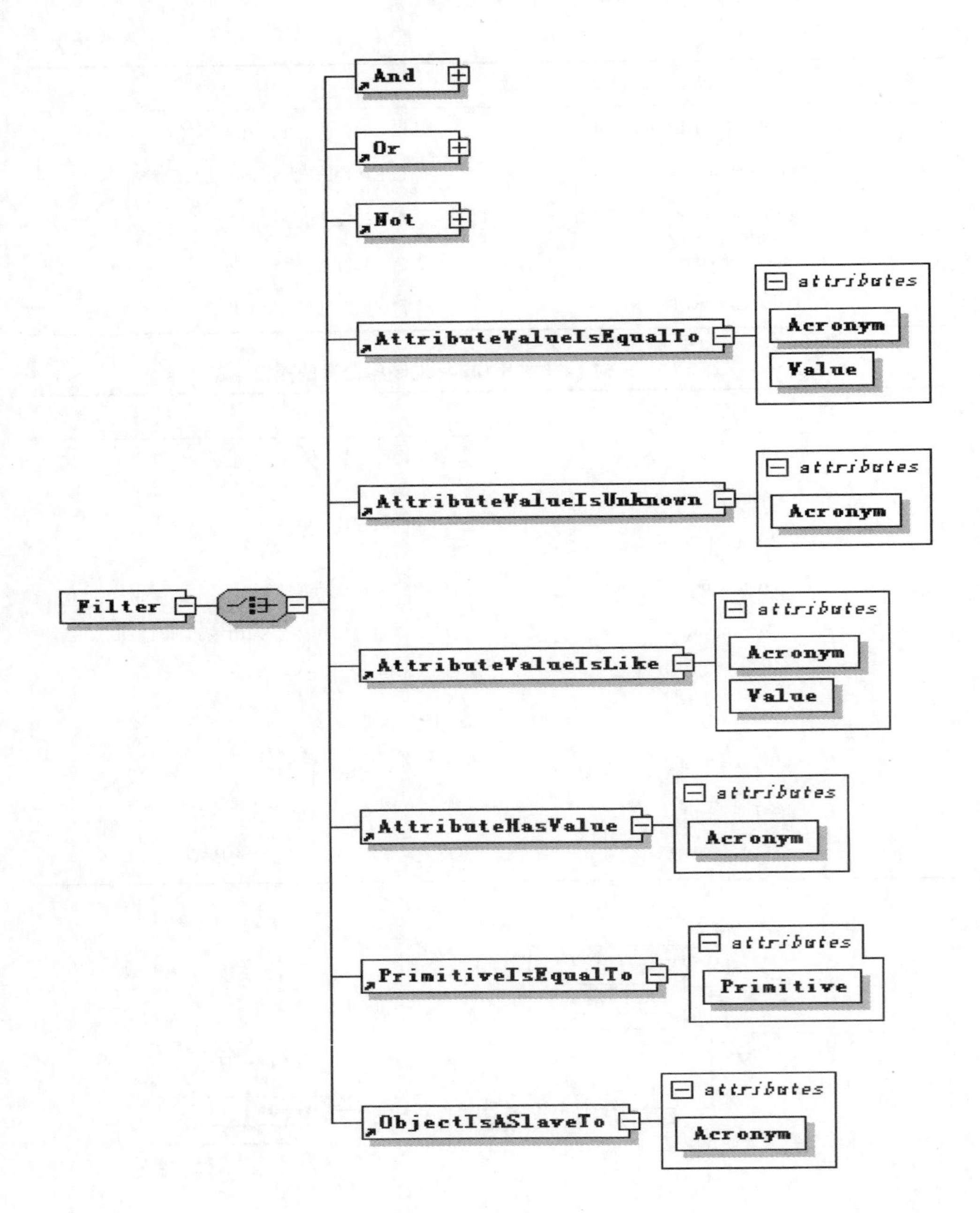

图 2.18　映射条件的逻辑结构

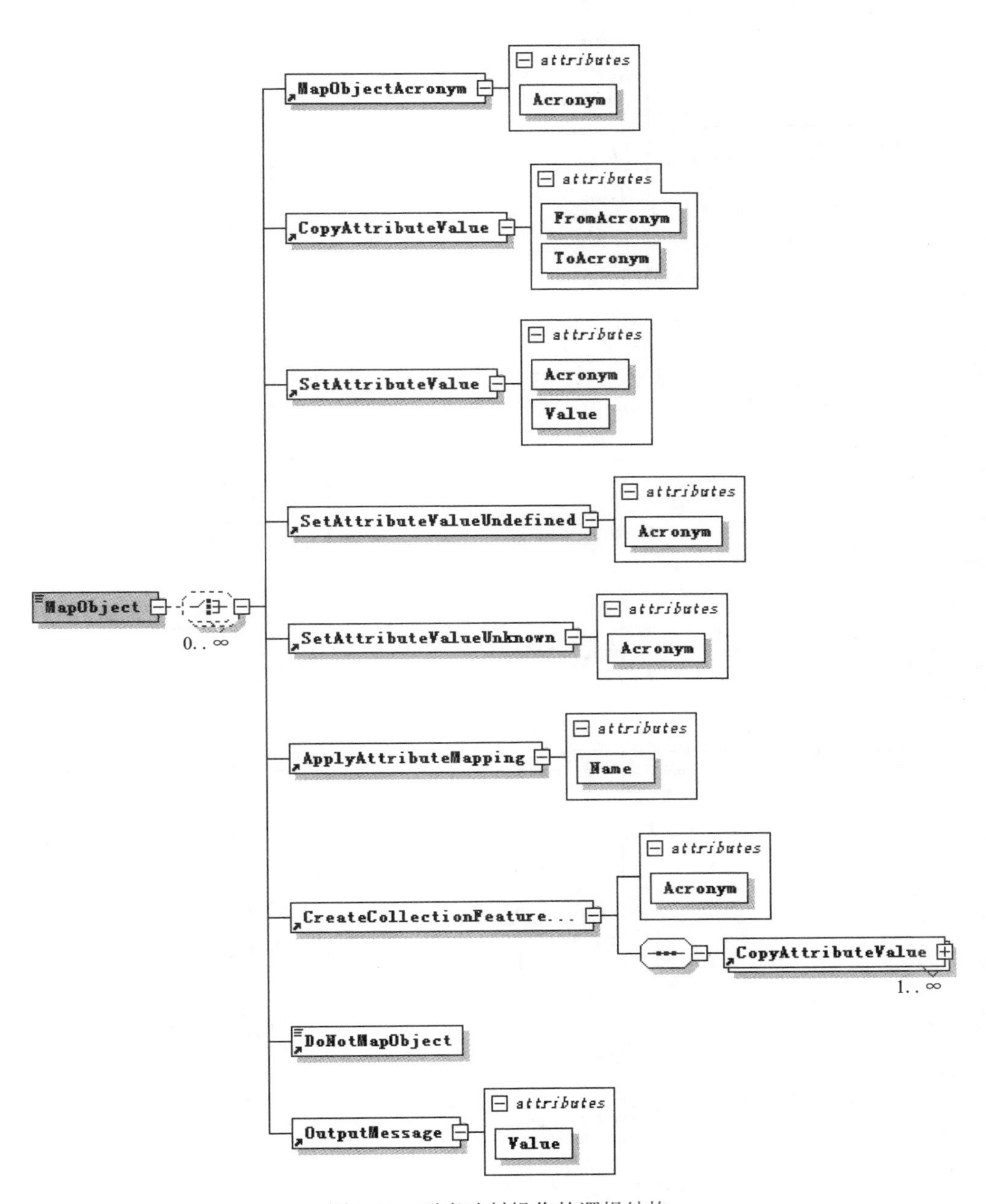

图2.19　要素映射操作的逻辑结构

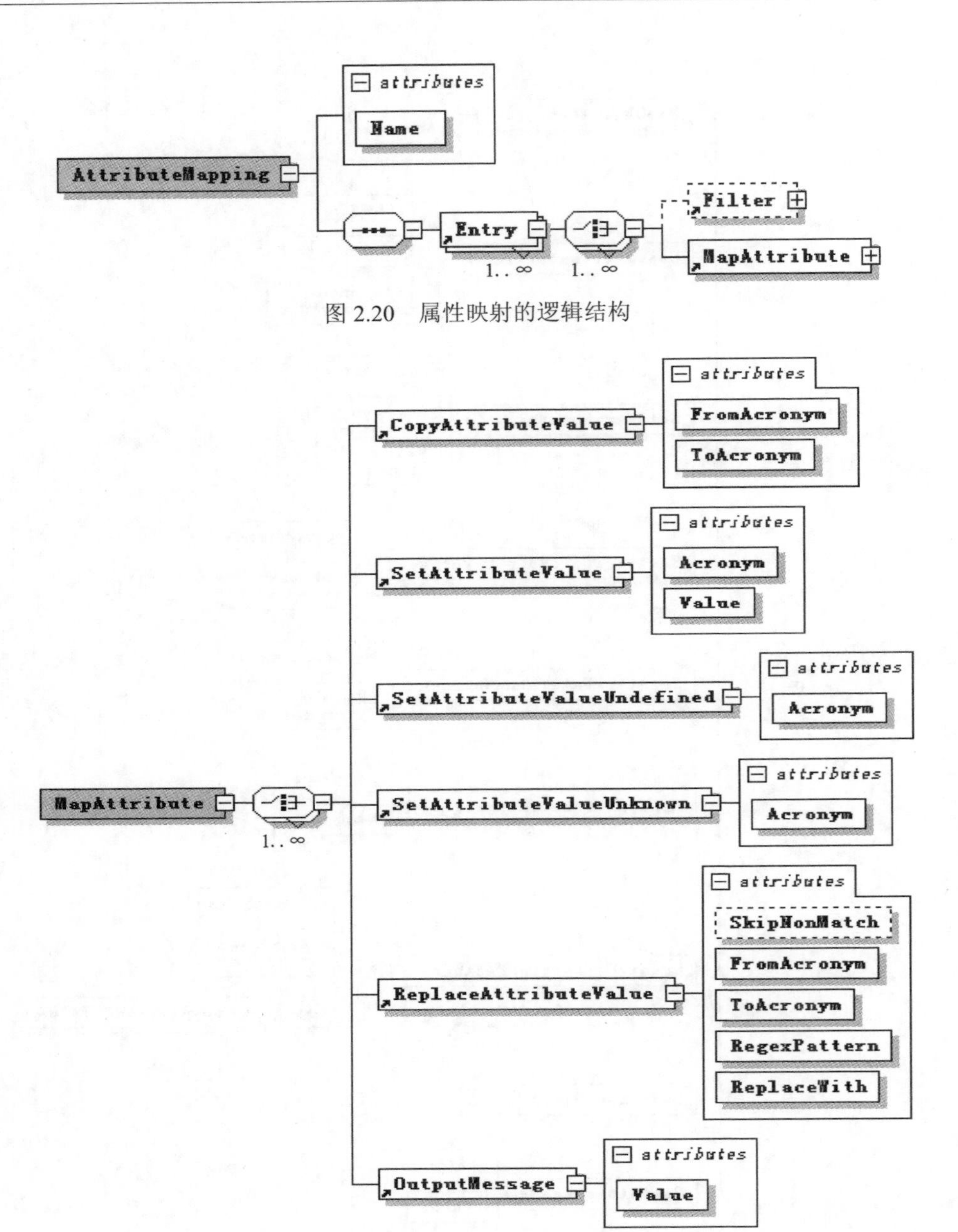

图 2.20　属性映射的逻辑结构

图 2.21　属性映射操作的逻辑结构

```
1  <Object Acronym="BCNCAR">
2      <Entry>
3          <MapObject>
4              <MapObjectAcronym Acronym="BeaconCardinal"/>
5              <ApplyAttributeMapping Name="BCNSHPLatticetonatureOfConstruction"/>
6              <CopyAttributeValue FromAcronym="CATCAM" ToAcronym="categoryOfCardinalMark"/>
7              <CopyAttributeValue FromAcronym="COLOUR" ToAcronym="colour"/>
8              <CopyAttributeValue FromAcronym="COLPAT" ToAcronym="colourPattern"/>
9              <CopyAttributeValue FromAcronym="CONDTN" ToAcronym="condition"/>
10             <ApplyAttributeMapping Name="CONRADtoradarConspicuous"/>
11             <ApplyAttributeMapping Name="CONVIStovisuallyConspicuous"/>
12             <CopyAttributeValue FromAcronym="DATEND" ToAcronym="fixedDateRange/dateEnd"/>
13             <CopyAttributeValue FromAcronym="DATSTA" ToAcronym="fixedDateRange/dateStart"/>
14             <CopyAttributeValue FromAcronym="ELEVAT" ToAcronym="elevation"/>
15             <CopyAttributeValue FromAcronym="HEIGHT" ToAcronym="height"/>
16             <CopyAttributeValue FromAcronym="MARSYS" ToAcronym="marksNavigationalSystemOf"/>
17             <CopyAttributeValue FromAcronym="NATCON" ToAcronym="natureOfConstruction"/>
18             <CopyAttributeValue FromAcronym="OBJNAM" ToAcronym="featureName/name"/>
19             <CopyAttributeValue FromAcronym="PEREND" ToAcronym="periodicDateRange/dateEnd"/>
20             <CopyAttributeValue FromAcronym="PERSTA" ToAcronym="periodicDateRange/dateStart"/>
21             <CopyAttributeValue FromAcronym="STATUS" ToAcronym="status"/>
22             <CopyAttributeValue FromAcronym="VERLEN" ToAcronym="verticalLength"/>
23             <CopyAttributeValue FromAcronym="SCAMIN" ToAcronym="scaleValueMinimum"/>
24             <CopyAttributeValue FromAcronym="NOBJNM" ToAcronym="featureName[+]/name" />
25             <CopyAttributeValue FromAcronym="SORDAT" ToAcronym="reportedDate"/>
26             <CreateCollectionFeatureFromAttribute>
27                 <CopyAttributeValue FromAcronym="INFORM" ToAcronym="information/text" />
28                 <CopyAttributeValue FromAcronym="NINFOM" ToAcronym="information[+]/text" />
29                 <CopyAttributeValue FromAcronym="PICREP" ToAcronym="pictorialRepresentation" />
30                 <CopyAttributeValue FromAcronym="TXTDSC" ToAcronym="textualDescription/fileReference" />
31                 <CopyAttributeValue FromAcronym="NTXTDS" ToAcronym="textualDescription[+]/fileReference" />
32             </CreateCollectionFeatureFromAttribute>
33         </MapObject>
34     </Entry>
35 </Object>
```

图 2.22　要素映射规则调用属性映射规则示例（BCNCAR）

```
1  <AttributeMapping Name="CONRADtoradarConspicuous">
2      <Entry>
3          <Filter>
4              <Or>
5                  <AttributeValueIsEqualTo Acronym="CONRAD" Value="1"/>
6                  <AttributeValueIsEqualTo Acronym="CONRAD" Value="3"/>
7              </Or>
8          </Filter>
9          <MapAttribute>
10             <SetAttributeValue Acronym="radarConspicuous" Value="True"/>
11         </MapAttribute>
12     </Entry>
13     <Entry>
14         <Filter>
15             <AttributeValueIsEqualTo Acronym="CONRAD" Value="2"/>
16         </Filter>
17         <MapAttribute>
18             <SetAttributeValue Acronym="radarConspicuous" Value="False"/>
19         </MapAttribute>
20     </Entry>
21 </AttributeMapping>
```

图 2.23　属性映射规则示例（CONRADtoradarConspicuous）

```
1  <Object Acronym="BRIDGE">
2      <Entry>
3          <Filter>
4              <Or>
5                  <AttributeValueIsEqualTo Acronym="CATBRG" Value="1"/>
6                  <AttributeValueIsEqualTo Acronym="CATBRG" Value="6"/>
7                  <AttributeValueIsEqualTo Acronym="CATBRG" Value="8"/>
8                  <AttributeValueIsEqualTo Acronym="CATBRG" Value="9"/>
9                  <AttributeValueIsEqualTo Acronym="CATBRG" Value="10"/>
10                 <AttributeValueIsEqualTo Acronym="CATBRG" Value="11"/>
11                 <AttributeValueIsEqualTo Acronym="CATBRG" Value="12"/>
12             </Or>
13         </Filter>
14         <MapObject>
15             <MapObjectAcronym Acronym="Bridge"/>
16             <CopyAttributeValue FromAcronym="CATBRG" ToAcronym="categoryOfBridge"/>
17             <CopyAttributeValue FromAcronym="COLOUR" ToAcronym="colour"/>
18             <CopyAttributeValue FromAcronym="COLPAT" ToAcronym="colourPattern"/>
19             <CopyAttributeValue FromAcronym="CONDTN" ToAcronym="condition"/>
20             <ApplyAttributeMapping Name="CONRADtoradarConspicuous"/>
21             <ApplyAttributeMapping Name="CONVIStovisuallyConspicuous"/>
22             <CopyAttributeValue FromAcronym="DATEND" ToAcronym="fixedDateRange/dateEnd"/>
23             <CopyAttributeValue FromAcronym="DATSTA" ToAcronym="fixedDateRange/dateStart"/>
24             <CopyAttributeValue FromAcronym="NATCON" ToAcronym="natureOfConstruction"/>
25             <CopyAttributeValue FromAcronym="OBJNAM" ToAcronym="featureName/name"/>
26             <CopyAttributeValue FromAcronym="NOBJNM" ToAcronym="featureName[+]/name" />
27             <CopyAttributeValue FromAcronym="SORDAT" ToAcronym="reportedDate"/>
28             <CreateCollectionFeatureFromAttribute>
29                 <CopyAttributeValue FromAcronym="INFORM" ToAcronym="information/text" />
30                 <CopyAttributeValue FromAcronym="NINFOM" ToAcronym="information[+]/text" />
31                 <CopyAttributeValue FromAcronym="PICREP" ToAcronym="pictorialRepresentation" />
32                 <CopyAttributeValue FromAcronym="TXTDSC" ToAcronym="textualDescription/fileReference" />
33                 <CopyAttributeValue FromAcronym="NTXTDS" ToAcronym="textualDescription[+]/fileReference" />
34             </CreateCollectionFeatureFromAttribute>
35         </MapObject>
36         <MapObject>
37             <MapObjectAcronym Acronym="SpanFixed"/>
38             <CopyAttributeValue FromAcronym="HORACC" ToAcronym="horizontalClearanceFixed/horizontalDistanceUncertainty"/>
39             <CopyAttributeValue FromAcronym="HORCLR" ToAcronym="horizontalClearanceFixed/horizontalClearanceValue"/>
40             <CopyAttributeValue FromAcronym="VERACC" ToAcronym="verticalClearanceFixed/verticalUncertainty/uncertaintyFixed"/>
41             <CopyAttributeValue FromAcronym="VERCLR" ToAcronym="verticalClearanceFixed/verticalClearanceValue"/>
42             <CopyAttributeValue FromAcronym="VERDAT" ToAcronym="verticalDatum"/>
43             <CreateCollectionFeatureFromAttribute>
44                 <CopyAttributeValue FromAcronym="INFORM" ToAcronym="information/text" />
45                 <CopyAttributeValue FromAcronym="NINFOM" ToAcronym="information[+]/text" />
46                 <CopyAttributeValue FromAcronym="PICREP" ToAcronym="pictorialRepresentation" />
47                 <CopyAttributeValue FromAcronym="TXTDSC" ToAcronym="textualDescription/fileReference" />
48                 <CopyAttributeValue FromAcronym="NTXTDS" ToAcronym="textualDescription[+]/fileReference" />
49             </CreateCollectionFeatureFromAttribute>
50             <OutputMessage Value="需要人工调整，例如可能存在多个桥面"/>
51         </MapObject>
52     </Entry>
53     <Entry>
54 
55     </Entry>
56 </Object>
```

图 2.24　简单要素变复杂要素的映射示例（Bridge）

```
 1  <MapAttribute Name="NATSUR_to_natureOfSurface">
 2      <Entry>
 3          <Filter>
 4              <!-- NATSVB最多有5个值, 无分层 -->
 5              <AttributeValueIsLike Acronym="NATSUR" Value="[1-9]\d*(,[1-9]\d*){0,4}"/>
 6          </Filter>
 7          <!-- 不允许有占位符 必须有非零值 -->
 8          <MapAttribute>
 9              <ReplaceAttributeValue SkipNonMatch="True" FromAcronym="NATSUR" ToAcronym="natureOfSurface[+]"
10               RegexPattern="([1-9]\d*)(,[1-9]\d*){0,4}" ReplaceWith="$1"/>
11              <ReplaceAttributeValue SkipNonMatch="True" FromAcronym="NATSUR" ToAcronym="natureOfSurface[+]"
12               RegexPattern="[1-9]\d*,([1-9]\d*)(,[1-9]\d*){0,3}" ReplaceWith="$1"/>
13              <ReplaceAttributeValue SkipNonMatch="True" FromAcronym="NATSUR" ToAcronym="natureOfSurface[+]"
14               RegexPattern="[1-9]\d*,[1-9]\d*,([1-9]\d*)(,[1-9]\d*){0,2}" ReplaceWith="$1"/>
15              <ReplaceAttributeValue SkipNonMatch="True" FromAcronym="NATSUR" ToAcronym="natureOfSurface[+]"
16               RegexPattern="[1-9]\d*(,[1-9]\d*){2},([1-9]\d*)(,[1-9]\d*){0,1}" ReplaceWith="$2"/>
17              <ReplaceAttributeValue SkipNonMatch="True" FromAcronym="NATSUR" ToAcronym="natureOfSurface[+]"
18               RegexPattern="[1-9]\d*(,[1-9]\d*){3},([1-9]\d*)" ReplaceWith="$2"/>
19          </MapAttribute>
20      </Entry>
21      <!-- 模式未匹配，如果未知/未定义则输出信息 -->
22      <Entry>
23          <Filter>
24              <Not>
25                  <Or>
26                      <AttributeValueIsUnknown Acronym="NATSUR"/>
27                      <AttributeValueIsUndefined Acronym="NATSUR"/>
28                  </Or>
29              </Not>
30          </Filter>
31          <MapAttribute>
32              <!-- 未处理情况的默认输出. -->
33              <OutputMessage Value="NATSUR映射规则当前未实现该模式匹配"/>
34          </MapAttribute>
35      </Entry>
36  </MapAttribute>
```

图 2.25　正则表达式匹配示例（NATSUR）

2.2.4　实验与结论

按照 2.2.3 小节所述语义映射方法，构建 S-57 标准与 S-101 标准数据转换软件模块“FileConversion”（操作系统：Ubuntu/Win7；开发平台：QT；编程语言：C++），实现 S-57 标准 ENC 数据到 S-101 标准数据的加载转换，如图 2.26 所示。以中国海区 C1100101、C1100102 和 C1100103 三个海图数据为例，数据转换结果如图 2.27 所示，转换之前数据显示效果见图 2.28（使用 eLaneViewer 海图显示软件，遵照 S-52 显示标准），转换之后数据显示效果见图 2.29（使用 KHOA S-100 Viewer，遵照 S-100 标准图示表达要求）。值得注意的是，由于 KHOA S-100 Viewer 尚不完善，部分转换后要素可以查询但是无法正常显示，对比分析如图 2.30～图 2.31 所示。

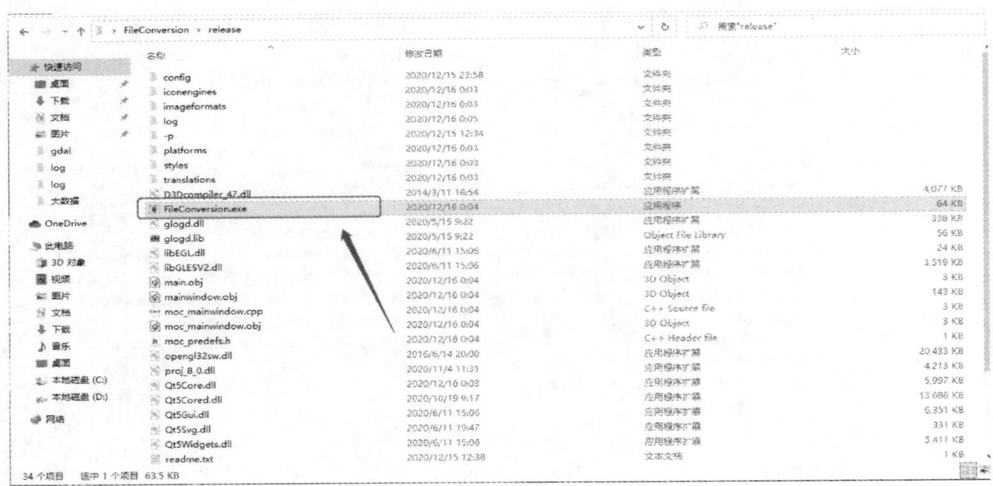

图 2.26　FileConversion 文件目录

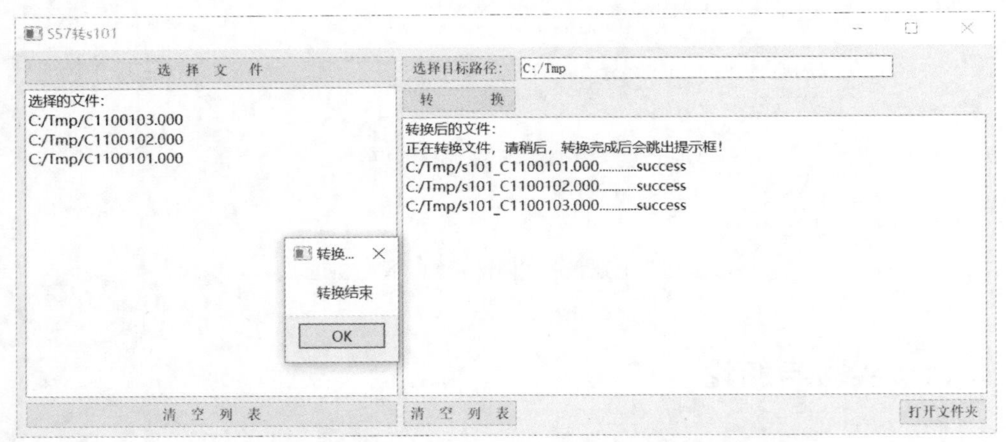

图 2.27　FileConversion 实现 S-57 标准 ENC 数据转换

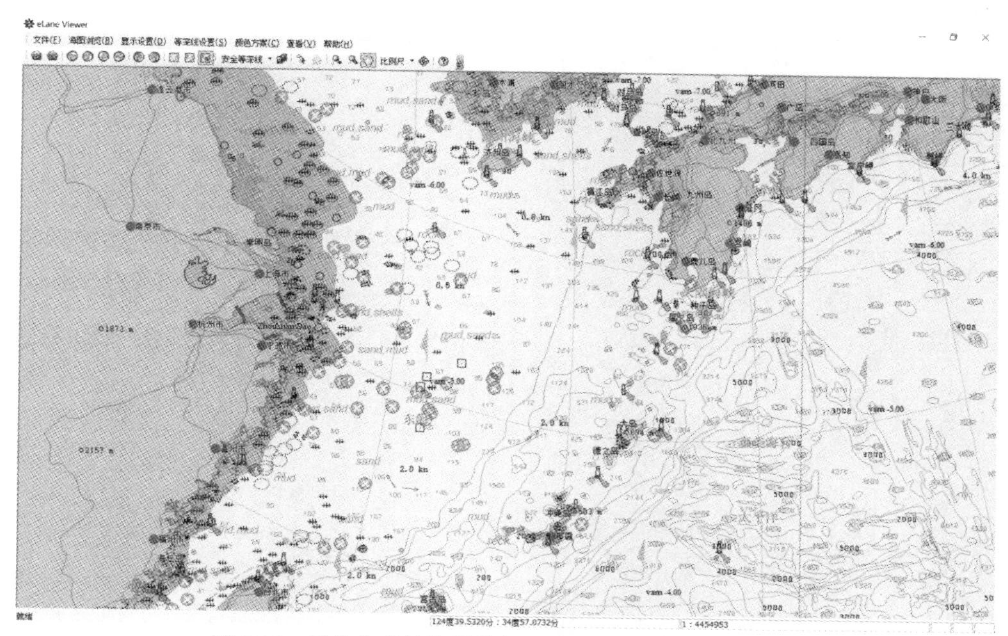

图 2.28 转换之前的海图数据显示（使用 eLaneViewer）

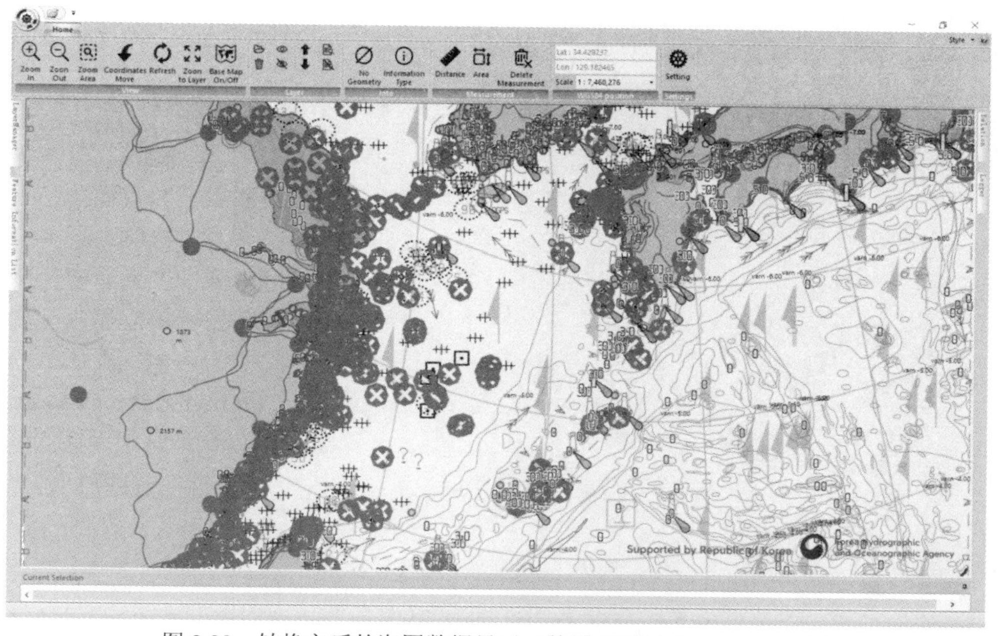

图 2.29 转换之后的海图数据显示（使用 KHOA S-100 Viewer）

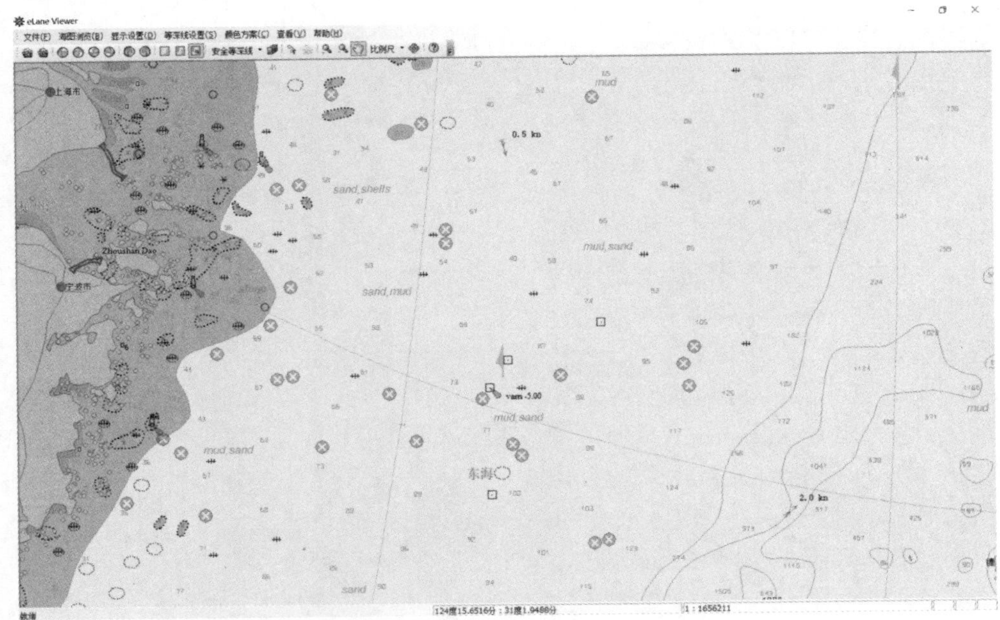

图 2.30　转换之前的海图数据显示（水深正常显示）

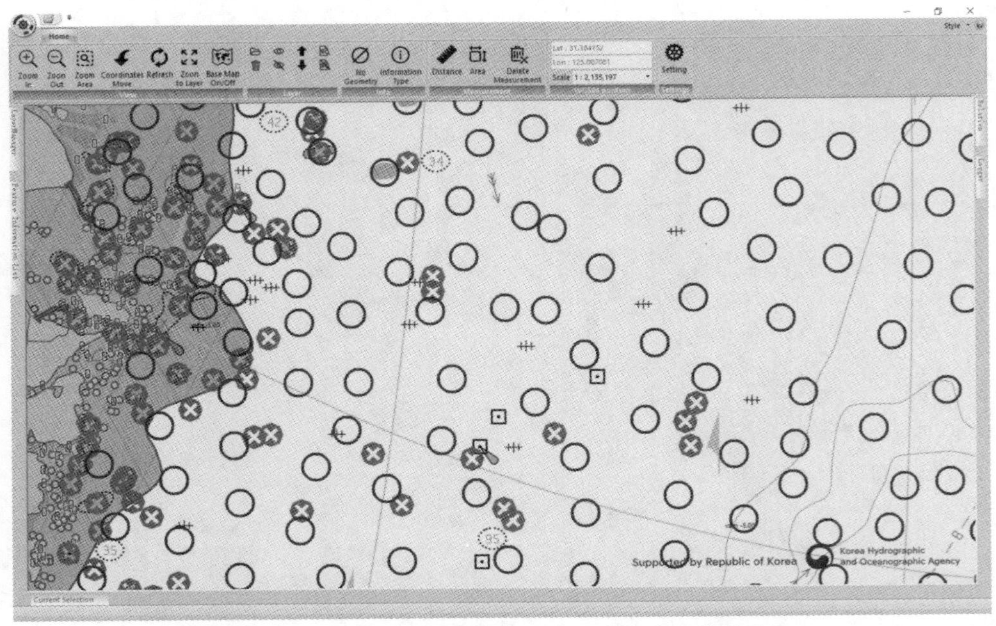

图 2.31　转换之后的海图数据显示（水深未正常显示）

2.3　S-100 标准符号集构建

2.3.1　概述

地图/海图符号包括点、线和面三种类型，其中线符号用以表达地理空间上沿某个方向延伸的线状或带状现象的地理要素，如河流、道路、国界线等；面符号则建立在点符号和线符号基础上，用以表达地理空间中呈面状分布且依比例表示的地理要素，如海洋、陆地、植被、河流等，决定了地图的整体风格，也影响着地图感受效果和信息传输效率。

S-100 标准框架下的各类产品本质上都属于地理信息数据，且现有产品均涉及符号化显示问题，因而也可称其为“广义海洋地图”，涵盖（航）海图、海底地形图、水文图（例如海浪、海流、海温）、气象图（例如风、雾、雷暴）等。（航）海图是广义地图的一种，相比于其他海洋地图，其符号种类更加全面、更加复杂，因此，以（航）海图符号开展 S-100 标准符号集构建方法研究具有较好的代表性。按照载体不同，海图符号主要分为纸质海图符号和电子海图符号。对于纸质海图符号而言，目前各海图生产国基本遵照 IHO 制定的《国际海图规范》（IHO S-4）；对电子海图符号而言，世界各国普遍采用 IHO 制定的 S-52 标准。本书仅讨论数字形式产品，因而纸质海图符号不在本书讨论范围。S-52 标准采用类似惠普图形语言（hewlett-packard graphics language，HPGL）的指令语言描述电子航海图的符号，但 HPGL 语言是低级语言，开发和维护较难，且改造后的 HPGL 指令语言只用于 IHO 电子航海图，存在封闭孤立的缺点，不利于维护和扩展，限制了电子航海图的推广应用。

对于符号的共享与互操作，可按照通用图形标准进行限定或扩展，例如 PostScript、SVG、TrueType 等，或者自行设计交换一套模型，这套模型可能是简化版，也可能更加丰富全面。SVG 作为矢量图形领域的国际标准，具有良好的开放性（陈长林，2018），且已在大多商业图形软件和 Web 应用中得到支持；图式标准通常只给出符号化的整体效果，不会给出符号的构建方法。在传统地理信息领域，由于“条块分割”，且许多业务系统已和一些商业 GIS 进行了融合，对符号的共享与互操作并无强烈需求。然而，在海洋领域，国际合作和交换是常态。为推动全球智能化航海应用，IHO（国际海道测量组织）与多个涉海的国际组织，包括 IMO（国际气象组织）、JTCOMM（海洋学和气象学联合技术委员会）等，正在加快推进国际海洋地理信息的共享与互操作，即按照 S-100 标准构建统一的海上地理信息应用生态，其中“Portrayal”（图示表达）章节给出了二维符号的统一概念模型，并使用SVG作为点符号描述语言，使用XML存储线型和面图案的配置信息。本节对 S-52 标准的符号结构进行分析，提出点符号的自动转换方法，并讨论S-100标准符号编辑器的设计与实现方法。

2.3.2　S-52 标准符号结构

S-52标准以“表示库”方式提供了符号集（点符号、线型和面图案的集合）、色彩编码表、符号化命令集、查找表和条件符号化流程图等内容，其中，后三部分属于图示表达模型内容，不在本章讨论范围。需要注意的是，S-52标准中符号的颜色均以颜色标记（以5位英文大写字母编号）表示，而颜色标记的实际颜色需要根据不同光照条件色彩编码（方案）变化，这是因为航海人员使用电子海图时很可能需要在电子屏幕和外部空间来回切换，亮度差异过大会给眼睛带来不适。为适应海上光照条件的变化，提高航海人员观看电子屏幕的舒适度，IHO 制定了 3 个光照条件下（白天、晨昏和夜晚）的电子海图色彩编码，即每种颜色标记在不同条件下的实际用色按国际照明委员会（Commission Internationale de I'Eclairage，CIE）规定的 CIE 色彩系统定义，使用色度坐标 X、Y 和亮度坐标 L 定义。

1. 点符号结构

S-52 标准点符号的结构主要涉及坐标系和绘制指令，其中，符号坐标系是符号构图的空间基准和框架，而绘制指令则给出符号图元的描述方式和具体内容。

1）坐标系

S-52 标准点符号坐标系为直角坐标系，X 轴朝右，Y 轴朝下，坐标范围是（0，0）到（32 767，32 767），坐标值是整数，长度单位为 0.01 mm，锚点（pivot point）可位于画板任意处，符号可围绕该锚点旋转方向。符号框表示符号的矩形范围，以最小外接矩形（minimum boundary rectangle，MBR）表示。图 2.32 为 S-52 标准符号坐标系示意图，表 2.16 给出了单个符号文件中关于坐标系描述的信息。

2）绘制指令

S-52标准中点符号图元描述语言为矢量描述语言（vector description language，VDL）绘制指令，该指令语言源于 HPGL，是命令型的，即当前指令通常依赖于先前的状态，本质上为一个复杂的状态机。表 2.17 给出了 S-52 标准绘制指令的含义和用法。

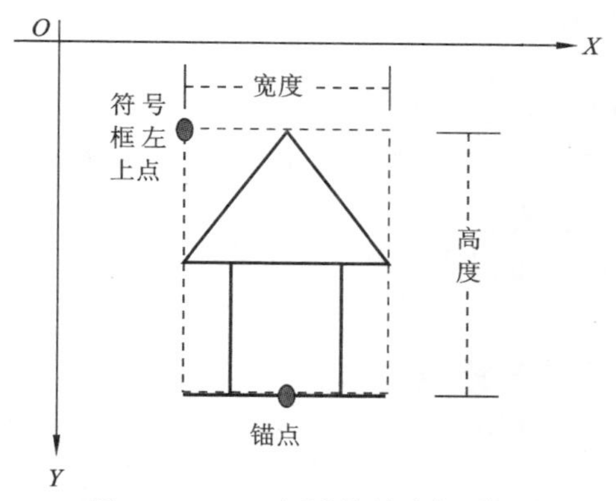

图 2.32　S-52 标准符号坐标系示意图

表 2.16　S-52 标准点符号元信息

序号	字段	说明	序号	字段	说明
1	SYNM	符号名称	5	SYVL	符号框高度
2	SYCL	锚点列号	6	SBXC	符号框左上角列号
3	SYRW	锚点行号	7	SBXR	符号框左上角行号
4	SYHL	符号框宽度			

表 2.17　S-52 标准绘制指令

序号	命令	动作	参数（说明）
1	SP	选笔	笔色编号（在外部定义）
2	ST	选择透明度	透明度编号（0～3）
3	SW	选择笔宽	笔宽编号（N）
4	PU	抬笔至	$X,Y[, X, Y\cdots X, Y]$
5	PD	落笔画至	$X,Y[, X, Y\cdots X, Y]$
6	CI	画圆	半径
7	AA	画弧	X, Y, 弧角
8	PM	置多边形模式	0（开始绘制多边形） 1（关闭子多边形） 2（关闭多边形并输出）
9	EP	画多边形轮廓	（无参数）
10	FP	填充多边形	（无参数）

2. 线型结构

线符号的基本形状由地理要素的空间位置和属性决定，其中，地理要素的空间位置称定位基线。线符号基本形状通常也被称作“线样式”或“线型”（Linestyle），分为两种：一种是基本线型，通常包括实线、虚线和点线等；另一种是复杂线型，由点符号和其他线型（基本或复杂）组合而成。

1）基本线型

S-52 标准通过“LS”指令绘制基本线型，该指令必须带三个参数（线型、笔宽和颜色），表 2.18 对线型参数进行了说明，线型支持实线（SOLD）、虚线（DASH）和点线（DOTT）三类基本线型，其中虚线中每一划线长度为 3.6 mm，间隙（空白）段为 1.8 mm，点线中每一点的直径为 0.6 mm，间隔为 1.2 mm。

表 2.18　S-52 标准线型参数

序号	参数	说明
1	线型	枚举型：SOLD 或 DASH 或 DOTT
2	笔宽	N（逻辑笔宽） 实际线宽=N×0.32 mm
3	颜色	颜色标记（例如“CHBRN”表示棕色）

2）复杂线型

S-52 标准通过“LC”指令绘制复杂线型，其原理为“单元循环配置法”，即将复杂线符号构造为某一（复合）图形单元沿着定位基线的循环配置，其构造参数为循环符号单元的名称。对于循环符号单元，其坐标系定义方式与点符号相同，且绘制指令与点符号基本一致（参见点符号指令），差别在于循环符号单元的绘制指令允许使用“SC”指令，即嵌入外部符号，实现复杂符号的嵌套组合（表 2.19），例如循环符号单元“DWRTCL05”，其图解示意图如图 2.33 所示，除了三个虚线段，还包含三个从外部嵌入的图元，如图 2.34 所示。

表 2.19　SC 指令用法

序号	参数	说明
1	符号名称	嵌入的符号，通常以 EM 开头
2	旋转角度	0：竖直朝上 1：旋转至定位线方向 2：旋转至定位线 90° 方向

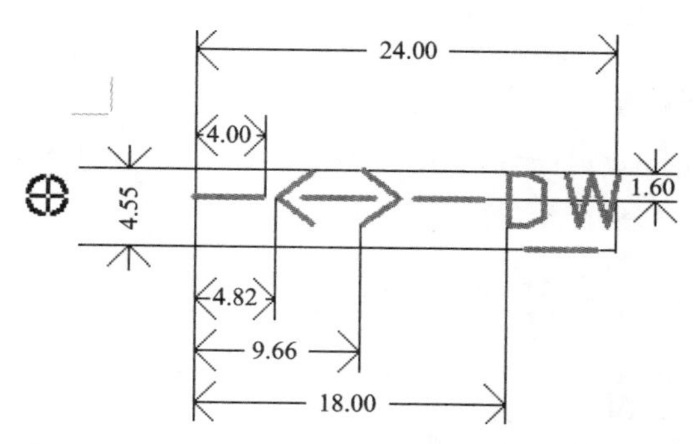

图 2.33　“DWRTCL05”符号图解（单位：mm）
最左侧定位点为锚点位置

（a）EMDWRTC1　（b）EMDWRTC2　（c）EMDWRUT2
图 2.34　“DWRTCL05”符号嵌套的外部图元

3. 面图案结构

面符号通过颜色或者内部填充符号表达性质和类别，通过边界轮廓表现其空间分布范围。按照图案填充类型的不同，S-52标准面符号可分为颜色填充图案、矢量符号图案和栅格符号图案三类。

1）颜色填充图案

不同图形 API 中都支持颜色填充，但调用方式存在区别，S-52 标准通过“AC”指令进行颜色填充，对于纯色和透明色两种填充方式，“AC”指令的调用参数不同，参见表 2.20。与点符号和线符号一样，面符号颜色标记，对应的颜色值在 3 个色彩编码表（光照条件不同）中有不同的定义。对于透明色面填充，不同图形 API 可以按照“伪透明度”或“混合透明度”两种实现方式，区别在于前者以 2×2 像素为模板选择性填色，透明度可能是 0%、25%、50%或 75%，而后者需要对面域内所有点进行填色，并与背景色按比例混合。S-52 标准为了实现在不同图形显示设备中达到一致的显示效果，采用伪透明度，取值为：0（0%）、1（25%）、2（50%）或 3（75%）。

表 2.20　S-52 标准颜色填充参数

序号	调用方法	说明
1	AC(CCCCC)	纯色面填充，C 为颜色代号
2	AC(CCCCC,n)	透明色面填充，C 为颜色代号，n 为透明度代号

2）矢量符号图案

S-52 标准中通过“AP”指令调用矢量或栅格符号图案。对矢量符号填充图案的控制参数存储在元信息中，参见表 2.21，单位为 0.01 mm；对填充图案的图元描述方式与点符号一致。

表 2.21　S-52 标准矢量符号填充的元信息

序号	字段	说明
1	PANM	面填充名称
2	PADF	V：矢量符号
3	PATP	STG：品字（交错）填充 LIN：线性填充
4	PASP	CON：固定间距 SCL：根据显示比例尺留空
5	PAMI	最小间距（PASP 是 SCL 时有效）
6	PAMA	最大间距（PASP 是 SCL 时有效）
7	PACL	锚点列号
8	PARW	锚点行号
9	PAHL	符号框宽度
10	PAVL	符号框高度
11	PBXC	符号框左上角列号
12	PBXR	符号框左上角行号

在固定间距模式下，所填充图案的横向和纵向间隔应保持为最小间距，否则所留间隔为最小间距与放大倍数（显示比例尺与实际比例尺）的乘积。需要注意的是，图案范围是指所有图元坐标与锚点的 MBR。

3）栅格符号图案

栅格符号填充的元信息结构如表 2.21 所示，唯一的区别在于“PADF”字段应改为“R”（栅格符号）。S-52 标准库中并未提供栅格符号，需要由开发者根据矢量符号自行生成相应的栅格符号，只要尺寸、颜色和形状一致即可。S-52 标准给出了栅格符号数据组织的一种参考方法：使用“@”表示透明色，使用字母代号表示颜色，例如图 2.35（a）给出“DAYTRI05”（三角昼标）符号的矢量图形显示，图 2.35（b）则给出其对应的栅格符号，其中 A 为 CHMGD（品红）。

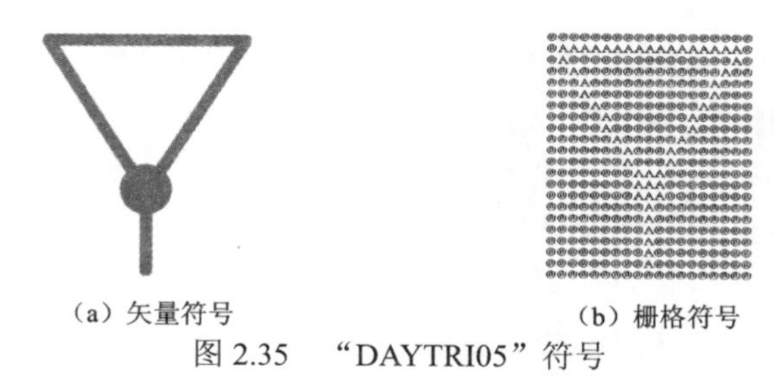

（a）矢量符号　（b）栅格符号

图 2.35　“DAYTRI05”符号

2.3.3　S-100 标准点符号构建

为实现 S-52 标准点符号到 S-100 标准的升级改造，本书提出 S-52 点符号向 SVG 符号的自动转换方法。首先，建立 S-52 点符号与 SVG 符号两者坐标系的重构关系，实现坐标系的自动转换；然后，建立 S-52 点符号与 SVG 符号两者图元结构的重构关系，进行图元的自动转换，最终构建完整的电子航海图 SVG 符号。

1. 坐标与转换

理论上，SVG 的画板可以是任意尺寸。然而，SVG 通过有限区域展现在屏幕上，这个区域称为视窗(viewport)，超出视窗边界的区域会被裁切并且隐藏。SVG 视窗坐标系 *X* 轴朝右，*Y* 轴朝下，坐标值可以是任意浮点数，长度单位可以是：em、ex、px、pt、pc、cm、mm 或 in 等。在视窗坐标系的基础上，可使用 viewBox 属性声明一个用户坐标系，原点与视窗坐标系重合，是一个逻辑坐标系。如果用户坐标系和视窗坐标系宽高比相同，它会延伸来适应整个视窗区域；否则，需要通过 preserveAspectRatio 属性定义用户坐标在视窗中的定位方式。如图 2.36 所示，

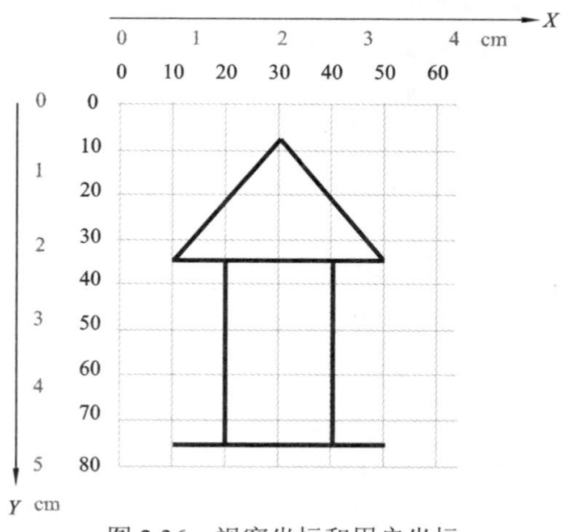

图 2.36　视窗坐标和用户坐标

图中定义了一个 4 cm×5 cm 的视窗，灰色数字为视窗坐标，黑色数字为用户坐标，用户坐标系范围是（0，0）到（64，80），即每厘米 16 个用户坐标单位。

按照 SVG 的视窗和用户坐标系划分，S-52 符号坐标系实际上包含了一个 327.67 mm×327.67 mm 的视窗坐标系和一个 32 767×32 767 的用户坐标系，然而 SVG 缺乏对 S-52 符号锚点位置和符号框信息的描述，不利于符号的调用；S-52 标准中符号 MBR 是以几何中心线坐标的极值来计算的，未考虑线宽，采用这种方法计算符号框会导致 SVG 符号显示不全，例如对于符号“BCNISD21”（孤立危险立标），如果未考虑线宽，则只能显示出如图 2.37（a）中图案；在大多情况下，符号的锚点位于实际符号图元 MBR 之内，但是锚点有可能远离符号图元，如图 2.38 所示，因而以符号图元的 MBR 作为符号框存在无法包含锚点的情况，难以完整直观表达符号图元与锚点的相对位置关系。

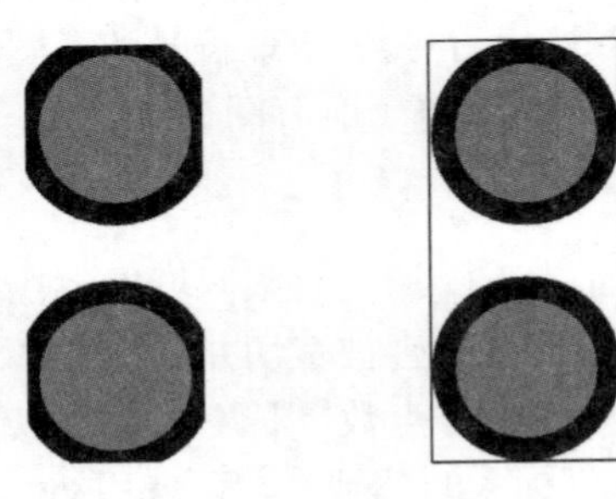

（a）未扩展导致显示不全　（b）扩展后正常显示

图 2.37　符号“BCNISD21”的 SVG 图形显示

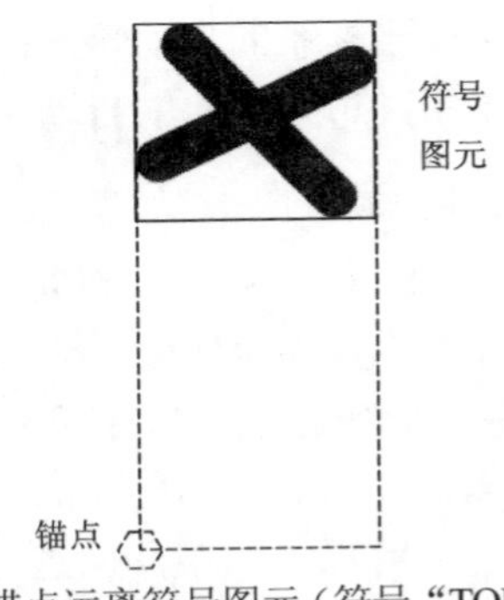

图 2.38　锚点远离符号图元（符号“TOPMAR65”）

虚线为示意线，文字为注释

针对上述问题，提出如下重构方法。

（1）将符号的锚点定在 SVG 坐标系的原点，无须再表示锚点坐标。

（2）SVG 符号框从图元几何的 MBR 向外扩展半个线宽。

（3）SVG 符号框是实际符号图元和锚点的扩展 MBR。

（4）将 SVG 符号框作为 SVG 视窗坐标系的范围。

（5）将 SVG 用户坐标系与视窗坐标系保持一致，并以 mm 作为同一单位，从而简化坐标系变换过程。

（6）将用户坐标系的左上角坐标设置为符号框的左上角。

按照上述重构方法，点符号的 SVG 坐标转换式为

$$\text{SVG 列坐标}=(\text{S-52 列号}-\text{SYCL})\times 0.01 \tag{2.1}$$

$$\text{SVG 横坐标}=(\text{S-52 行号}-\text{SYRW})\times 0.01 \tag{2.2}$$

由于 S-52 符号笔画的单位线宽为 0.32 mm，因而实际线宽=笔宽编号（N）×

笔宽单位，例如图 2.37（b）是图 2.37（a）的 MBR 向外扩展 0.16 mm 的显示状态。

SVG 符号框扩展 MBR 的四个坐标计算公式如下。

$$\min X=\mathrm{Min}(\mathrm{SBXC}-\mathrm{SYCL},0)\times 0.01-N\times 0.16 \tag{2.3}$$

$$\min Y=\mathrm{Min}(\mathrm{SBXR}-\mathrm{SYRW},0)\times 0.01-N\times 0.16 \tag{2.4}$$

$$\max X=\mathrm{Max}(\mathrm{SBXC}-\mathrm{SYCL}+\mathrm{SYHL},0)\times 0.01+N\times 0.16 \tag{2.5}$$

$$\max Y=\mathrm{Max}(\mathrm{SBXR}-\mathrm{SYRW}+\mathrm{SYVL},0)\times 0.01+N\times 0.16 \tag{2.6}$$

那么 SVG 的视窗范围为

$$\mathrm{width}=\max X-\min X,\quad \mathrm{height}=\max Y-\min Y \tag{2.7}$$

用户坐标参数 viewBox 计算公式如下。

$$x=\min X,\quad y=\min Y \tag{2.8}$$

$$\mathrm{width}=\max X-\min X,\quad \mathrm{height}=\max Y-\min Y \tag{2.9}$$

2. 语法与转换

将绘图指令重构为相应的图元几何对象是符号转换的关键。S-52 标准绘制指令是面向绘图仪设计的，适用于机器的控制，而 SVG 采用面向对象的文本描述，适用于阅读和共享。前者是低级语言，后者是高级语言，由低级语言向高级语言的转换相对较难，需要解决图元几何对象的识别问题。通过对表 2.17 的分析，不难发现 S-52 标准绘制指令支持的图元几何对象有折线、圆弧、圆形和多边形。SVG 基于 XML 描述图元，能够实现矢量图形的对象化表达、嵌套与组合，支持的图元类型参见表 2.22，其中，path 描述能力最强，不仅可以描述表 2.22 中除 text 外其他任意一种图形结构，还可以表达圆弧或椭圆弧、二次贝塞尔曲线、三次贝塞尔曲线，并可通过坐标末尾的“z”实现当前路径的闭合并启动子路径。

表 2.22　SVG 图元类型

序号	元素	说明
1	rect	矩形
2	circle	圆或椭圆
3	polygon	多边形
4	polyline	折线
5	line	直线段
6	path	路径
7	text	文本

通过对现有点符号的分析总结，提出对 S-52 标准绘制指令进行重构的流

程，如图2.39所示。在几何对象识别的基础上，将圆转换为SVG的circle元素，将折线、多边形和圆弧等几何对象转换为SVG的path元素；对于笔画和填充，按照表2.23所描述方式即可实现转换；对于颜色值，S-52标准使用的是CIE颜色空间（一种设备无关的颜色模型），为的是便于调整亮度，而SVG支持的是RGB和HSL颜色空间，因而，需要进行颜色空间的转换（为了便于程序计算和电子屏幕显示，建议在SVG中使用RGB颜色）。

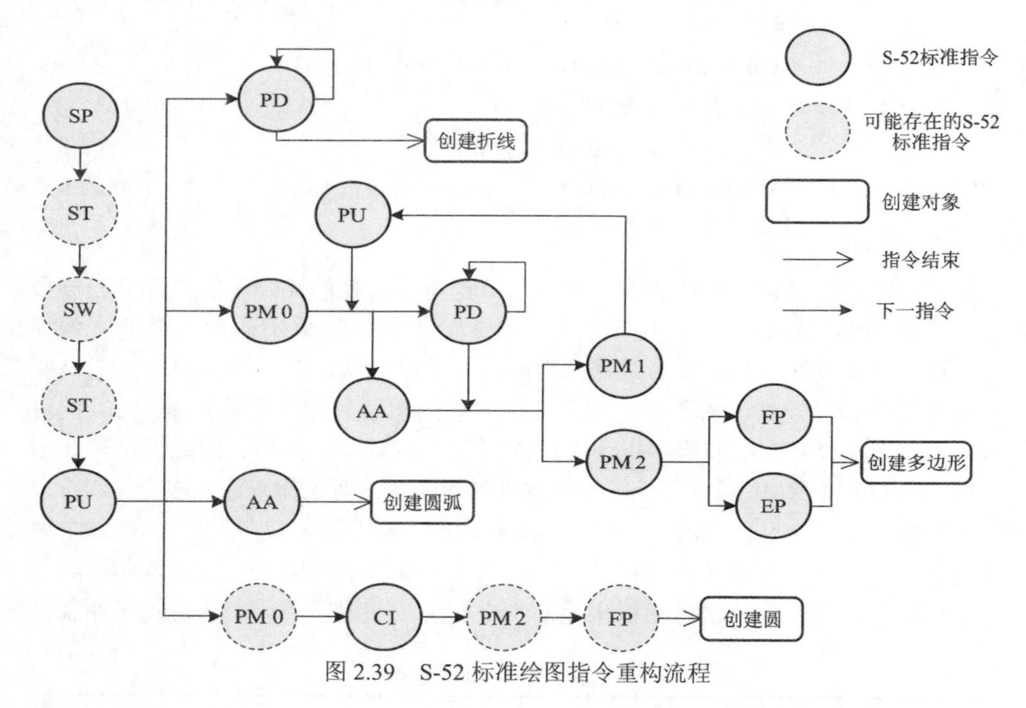

图2.39　S-52标准绘图指令重构流程

表2.23　S-52标准与SVG之间笔画与填充的转换

序号	S-52标准指令	SVG元素/属性	说明
1	SP	xml-stylesheet stroke	SVG通过外部css文件定义，根据用途不同进行颜色空间转换
2	ST	stroke-opacity	ST参数值0、1、2、3分别表示0%、25%、50%、75%透明度，而SVG中使用的是不透明度
3	SW	stroke-width	S-52标准使用逻辑单位（N），SVG使用物理单位（N×0.32 mm）

3. 符号转换实验

以顶标符号“TOPMAR65”为例给出符号转换的主要步骤，该符号的S-52

标准符号文件内容如图 2.40 所示。按照 SVG 扩展 MBR 的计算式，得出该符号的 SVG 符号库范围。

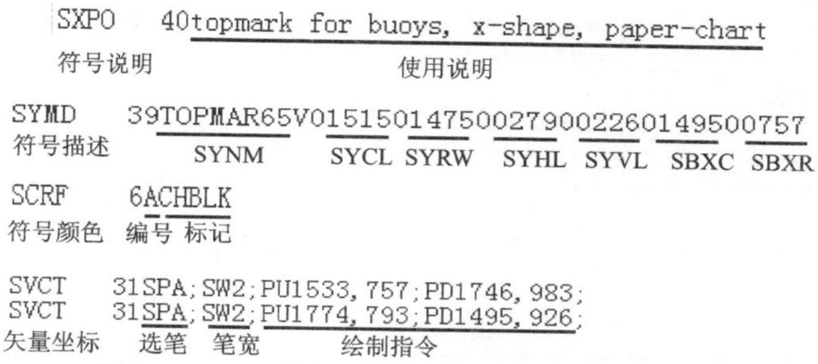

```
SXPO    40topmark for buoys, x-shape, paper-chart
符号说明              使用说明

SYMD    39TOPMAR65V015150147500279002260149500757
符号描述      SYNM       SYCL  SYRW  SYHL  SYVL  SBXC  SBXR

SCRF    6ACHBLK
符号颜色 编号 标记

SVCT    31SPA;SW2;PU1533,757;PD1746,983;
SVCT    31SPA;SW2;PU1774,793;PD1495,926;
矢量坐标   选笔 笔宽      绘制指令
```

图 2.40　S-52 绘制指令（符号“TOPMAR65”）

$$minX=Min(1\ 495-15\ 150)\times 0.01-2\times 0.16=-0.52 \tag{2.10}$$

$$minY=Min(757-14\ 750)\times 0.01-2\times 0.16=-7.5 \tag{2.11}$$

$$maxX=Max(1\ 495-1\ 515+2\ 790)\times 0.01+2\times 0.16=2.91 \tag{2.12}$$

$$maxY=Max(757-1\ 475+2\ 260)\times 0.01+2\times 0.16=0.32 \tag{2.13}$$

该符号的 SVG 视窗范围为

$$width=2.91-(-0.52)=3.43 \tag{2.14}$$

$$height=0.32-(-7.5)=7.82 \tag{2.15}$$

用户坐标范围为：$x=-0.52$，$y=-7.5$，width=3.43，height=7.82。

符号图元坐标为

$$x1=(1\ 533-1\ 515)\times 0.01=0.18 \tag{2.16}$$

$$y1=(757-1\ 475)\times 0.01=-7.18 \tag{2.17}$$

$$x2=(1\ 746-1\ 515)\times 0.01=2.31 \tag{2.18}$$

$$y2=(983-1\ 475)\times 0.01=-4.92 \tag{2.19}$$

$$x3=(1\ 774-1\ 515)\times 0.01=2.59 \tag{2.20}$$

$$y3=(793-1\ 475)\times 0.01=-6.82 \tag{2.21}$$

$$x4=(1\ 495-1\ 515)\times 0.01=-0.2 \tag{2.22}$$

$$y4=(926-1\ 475)\times 0.01=-5.49 \tag{2.23}$$

最终转换得到如图 2.41 所示的 SVG 符号数据。

按照上述方法，本书设计并编写了 S-52 点符号向 SVG 符号的自动转换软件，实现了 443 个 S-52 点符号的自动快速转换，通过免费商业软件“SVGDeveloper”和 IE 等多款网页浏览器进行显示测试，结果表明所有 SVG 符号均能正确显示。表 2.24 列出了转换后部分 SVG 符号及其说明。

```
<?xml version="1.0" encoding="UTF-8"?>
<?xml-stylesheet href="SVGStyle.css" type="text/css"?>
<svg xmlns="http://www.w3.org/2000/svg" version="1.2" baseProfile="tiny"
  xml:space="preserve"  style="shape-rendering:geometricPrecision; fill-rule:evenodd;"
  width="3.43mm" height="7.82mm" viewBox="-0.52 -7.5 3.43 7.82">
    <title>TOPMAR65</title>
    <desc>topmark for buoys, x-shape, paper-chart</desc>
    <path d=" M 0.18,-7.18 L 2.31,-4.92" class="sl f0 sCHBLK" style="stroke-width: 0.64;" />
    <path d=" M 2.59,-6.82 L -0.2,-5.49" class="sl f0 sCHBLK" style="stroke-width: 0.64;" />
</svg>
```

图 2.41　SVG 符号数据（符号“TOPMAR65”）

表 2.24　电子航海图 SVG 符号示例

序号	符号编码	符号说明	图形显示
1	ACHARE02	锚泊点	
2	AIRARE02	飞机场	
3	BCNCAR01	方位立标（北向）	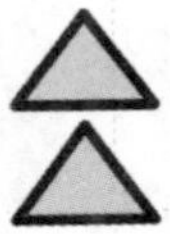
4	BCNGEN01	立标	
5	BCNISD21	孤立危险物立标	
6	BCNLTC01	格状立标	

续表

序号	符号编码	符号说明	图形显示
7	BOYINB01	作业浮标	
8	PRDINS02	矿场	

需要补充说明的是，S-100 标准点符号通过层迭样式表（cascading style sheet，CSS）实现色彩编码切换，即：在 CSS 文件中定义每个颜色标记的实际 RGB 颜色，在 SVG 属性中引用颜色标记，通过加载不同 CSS 文件即可切换不同光照条件对应的颜色方案。此外，S-52 标准中符号颜色填充使用透明度，而 SVG 中使用不透明度，S-52 标准透明度 0、1、2、3 分别对应于 SVG 的 1、0.75、0.5 和 0.25。

2.3.4　S-100 标准复杂符号构建

对于线型符号和面图案符号，如果按照点符号的转换方法，同样可在 SVG 文件中嵌入相应的图形特征，但是存在两个问题：一是难以动态调整线符号和面符号的构造参数，例如复杂线型循环符号单元的偏移或者矢量符号图案的旋转；二是由于复杂线型和矢量符号面图案使用了点符号，往往需要在其 SVG 文件中嵌入点符号图元，这会带来信息冗余问题。针对上述问题，本书在 SVG 点符号的基础上，按照 S-100 标准相关模型，给出线型符号和面图案的 XML 表达方法，并研制了相应的符号编辑器，实现 S-100 标准复杂符号的构建。

1. 线型符号构建

根据 S-100 标准第 9 章“图示表达”，线型符号的 UML 模型如图 2.42 所示，相应参数及说明参见表 2.25，其中“crsType”属性是枚举型，可以是“lineCRS”或者“localCRS”（默认值），示意说明如图 2.43 和图 2.44 所示，两者区别在于前者要求“当定位基线是曲线时，应沿着曲线动态配置符号”，符号化更加精确美观，但相应计算量增大。按照 S-100 标准线型符号模型，本书设计了对应的 XML 结构，主要内容如图 2.45 所示。

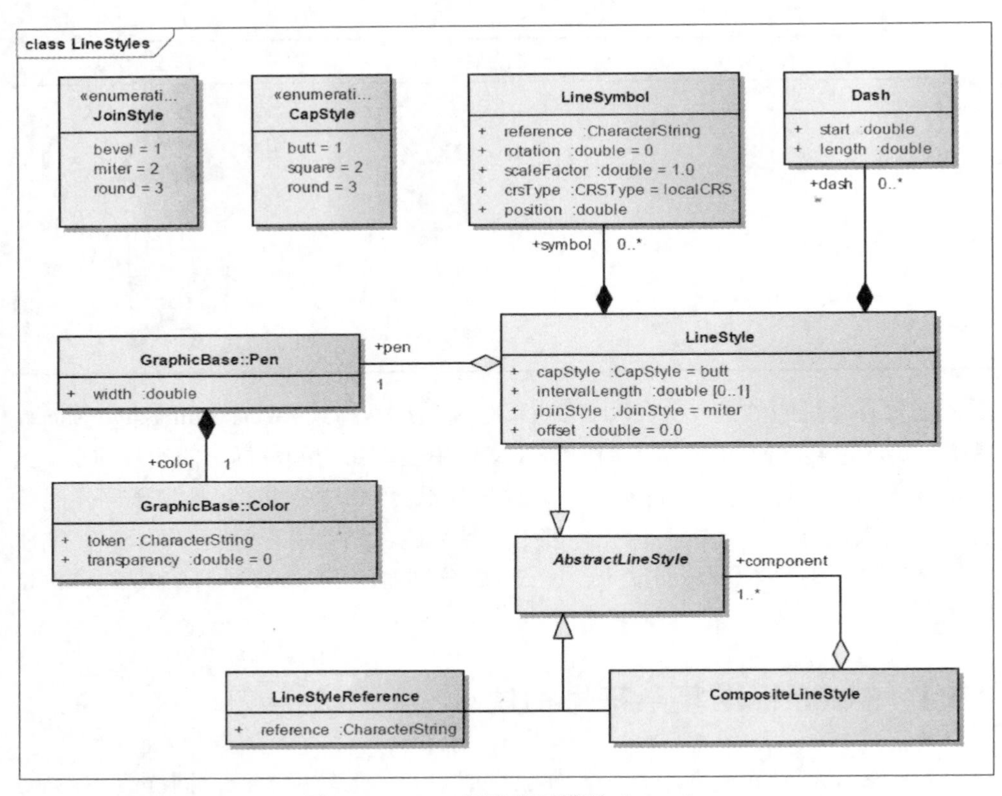

图 2.42　S-100 标准线型模型（UML）

表 2.25　S-100 标准线型主要参数

序号	类名	属性	说明
1	LineStyle	capStyle	线帽形状
		joinStyle	连接形状
		intervalLength	循环段长度
		offset	垂向偏移
2	LineSymbol	reference	外部符号引用
		rotation	旋转角度
		scaleFactor	缩放因子
		crsType	坐标系类型
		position	符号位置

续表

序号	类名	属性	说明
3	Dash	start	虚线起点
		length	虚线长度
4	Pen	width	笔宽
5	Color	token	颜色标记
		transparency	透明度

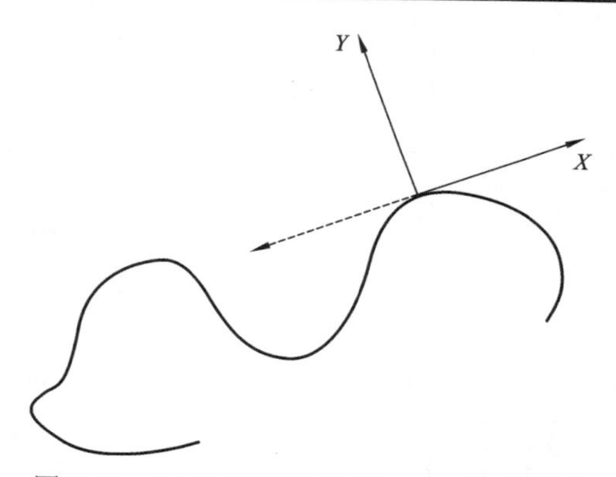

图 2.43　S-100 标准线型“lineCRS”坐标系

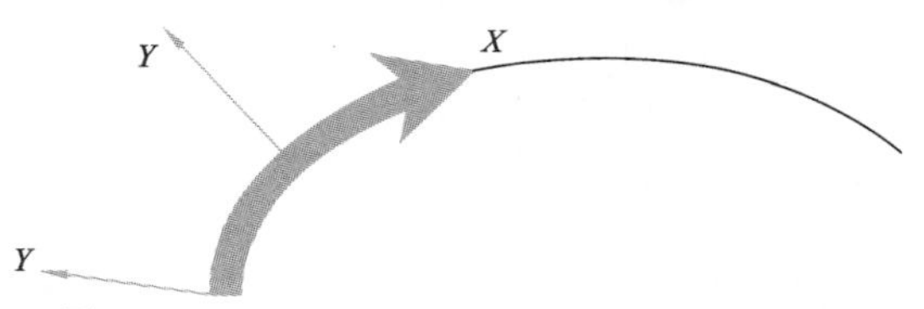

图 2.44　S-100 标准线型“localCRS”坐标系

2. 面图案符号构建

根据 S-100 标准第 9 章“图示表达”，面图案符号的 UML 模型如图 2.46 所示，相应说明参见表 2.26～表 2.27。相比于 S-52 标准，S-100 标准具有更强的面图案结构表达能力，主要体现在：通过 2 个二维偏移向量，不仅可以分别设置横向和纵向间距，而且可以实现符号的倾斜填充；通过外部符号的引用和组合，可实现复杂面图案的构造；通过斜线填充，扩展了面图案的样式；通过面图案填充坐标系，实现对不同应用系统填充方式的兼容表达。按照 S-100 标准面图案符号模型，本书设计了对应的 XML 结构，主要内容如图 2.47 和图 2.48 所示。

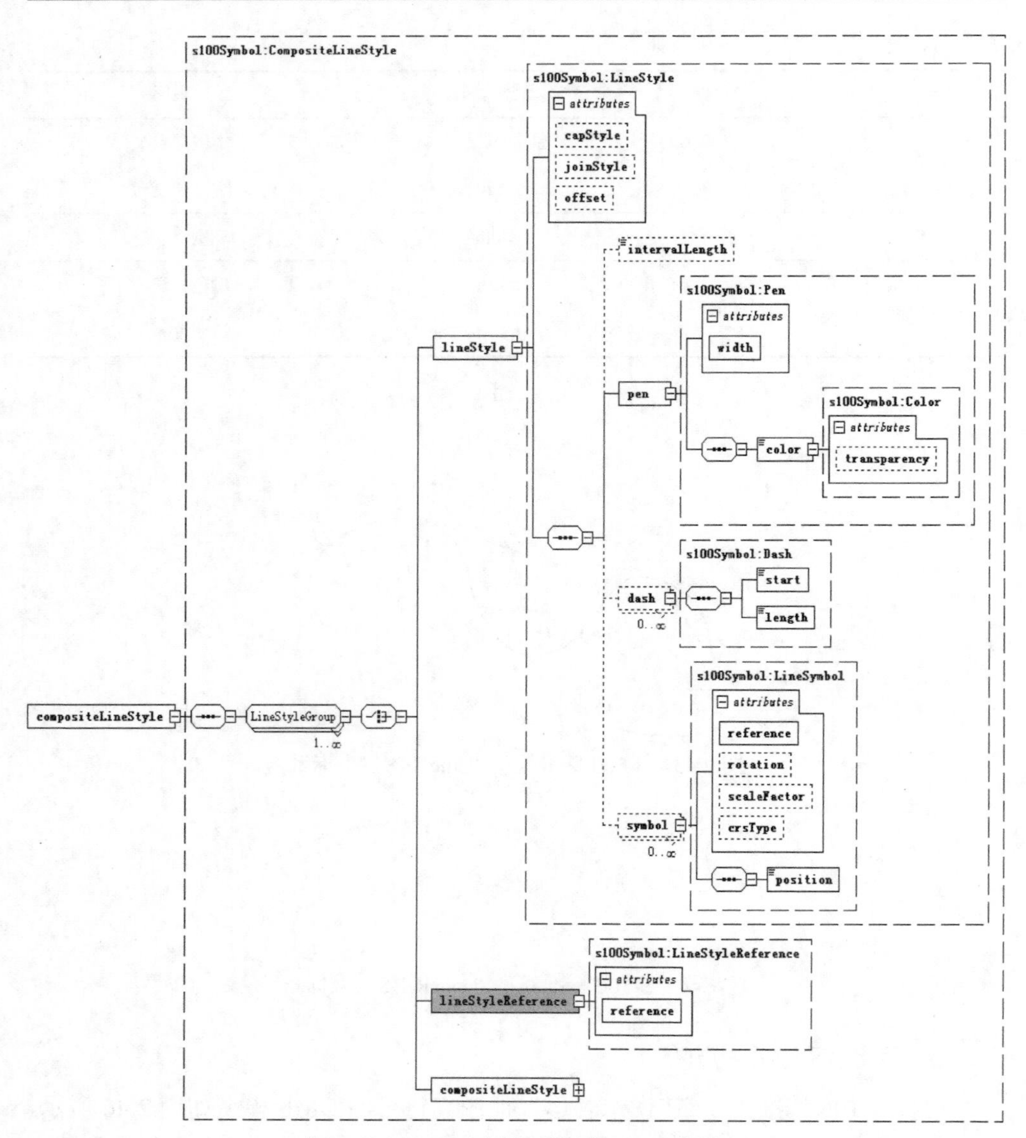

图 2.45　S-100 标准线型结构 XML 表达

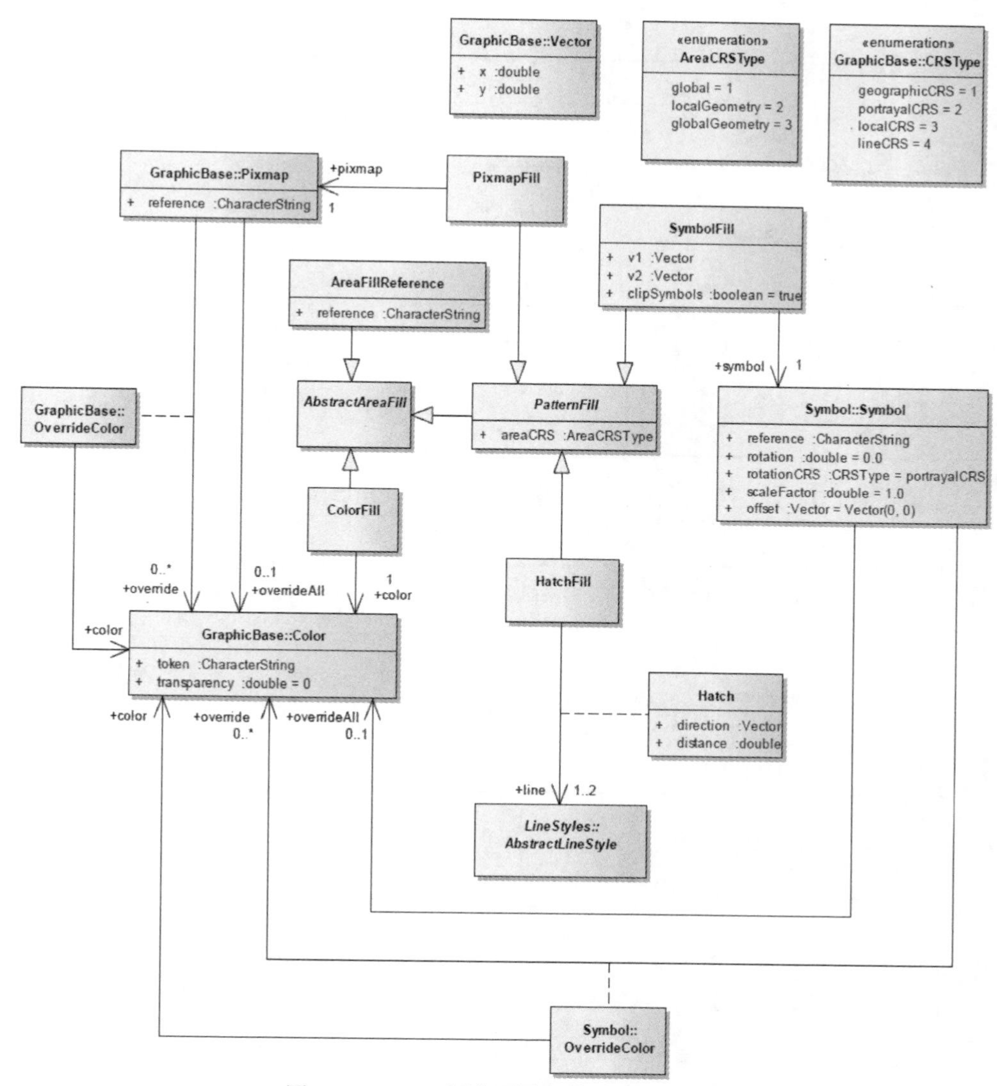

图 2.46　S-100 标准面图案模型（UML）

表 2.26　S-100 标准面图案主要结构

序号	类名	属性	说明
1	PatternFill	areaCRS	面图案填充坐标系
2	SymbolFill	v1	第一偏移向量（2D）
		v2	第二偏移向量（2D）
		clipSymbols	未完整显示是否裁切

续表

序号	类名	属性	说明
3	Symbol	reference	外部符号引用
		rotation	旋转角度
		rotationCRS	旋转坐标系
		scaleFactor	缩放因子
		offset	相对于定位点的偏移
		position	符号位置
4	Hatch	direction	斜线方向
		distance	斜线距离

表 2.27　S-100 标准面图案填充坐标系

序号	类型	说明
1	global	全局坐标系，显示器左上角为原点，图形漫游时会出现面内图案位置变化
2	localGeometry	局部坐标系，面几何 MBR 左上角为原点，相邻面几何的图案很可能不匹配
3	globalGeometry	全局几何，以固定某一位置为原点，显示效果最佳

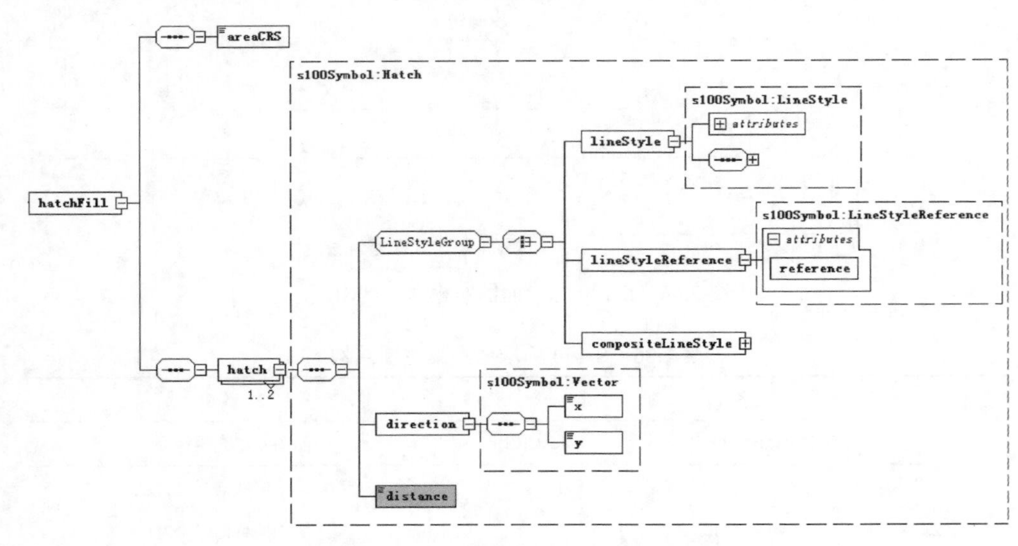

图 2.47　S-100 标准面图案结构 XML 表达（斜线）

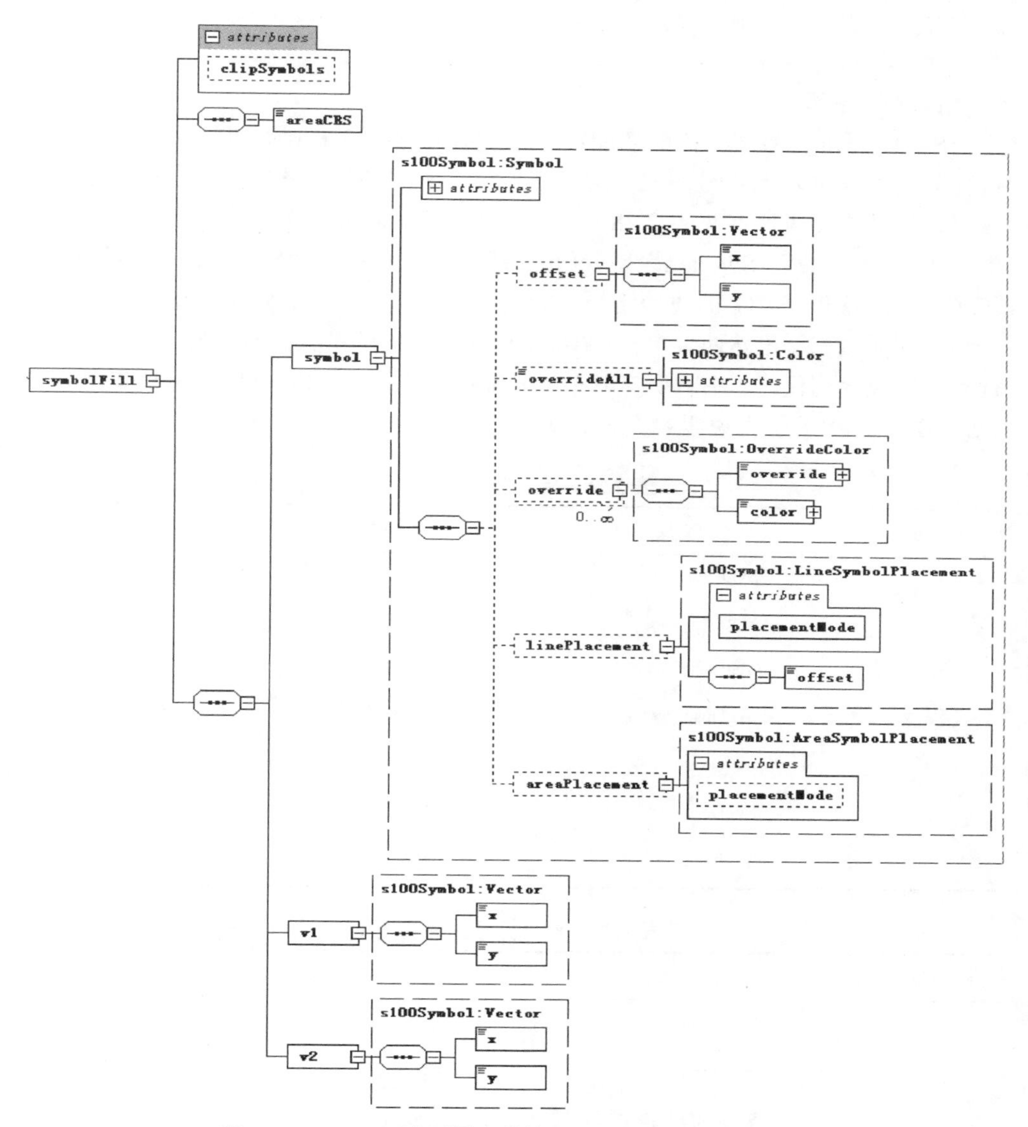

图 2.48　S-100 标准面图案结构 XML 表达（矢量符号）

3. 符号编辑器构建

S-100 标准符号采用通用标准，但是也有一些特定要求，例如色彩标记运用、线型符号配置等。采用通用图形制作软件和 XML 编辑软件能够实现 S-100 标准符号集的制作与编辑，但是由于缺乏针对性，在简易性、适配性和实用性三方面存在短板。为提升效率，迫切需要研制一套符合标准、便捷实用、开放式的海洋地理信息符号编辑器。

1）符号模型

S-100 标准符号编辑器的功能定位在于适配 S-100 标准，并不需要大而全，因而只需考虑基本的符号图元。对于点符号，参照 SVG 基本结构设计相应的实现类，主体类型说明参见表 2.28，其中，“SvgBasicShape”作为图元基类，分别派生出“SvgLine”“SvgPath”“SvgEllipse”“SvgPolygon”“SvgCircle”“SvgRect”等子类，对应于 SVG 的线、路径、椭圆、多边形、圆形、矩形等图元类型；对于线型和面填充，虽然两者在S-100标准中属于不同的概念，但是为了实现统一的序列化和反序列化，本书将所有复杂符号都抽象统一为“ComplexSymbolSetting”（虚基类），相关子类说明参见表 2.29。

表 2.28　点符号主要实现类

序号	类名（英文）	类名（中文）	说明
1	SvgRoot	根节点	
2	SvgText	文本	
3	SvgBasicShape	基本图形	图元基类
4	SvgUnsupported	未支持元素	不处理
5	SvgGroup	组合图元	递归拆分
6	SvgDesc	说明信息	
7	SvgImage	图像	

表 2.29　复杂符号主要实现类

序号	类名（英文）	类名（中文）	说明
1	LineStyle	线型	
2	PatternFill	图案填充	基类
3	SymbolFill	符号填充	图案填充
4	HatchFill	纹样填充	图案填充
5	PitmapFill	图像填充	图案填充
6	ColorFill	颜色填充	
7	CoverageFill	覆盖填充	

2）图形交互

符号编辑系统中最复杂的功能在于图形交互编辑，其关键在于灵活运用继承与重载等面向对象设计方法。本书采用“面向接口”思想，设计了两组核心类：一是动态编辑，类层次结构如图 2.49 所示，主要类说明参见表 2.30；二是动态绘制，类层次结构如图 2.50 所示，主要类说明参见表 2.31。

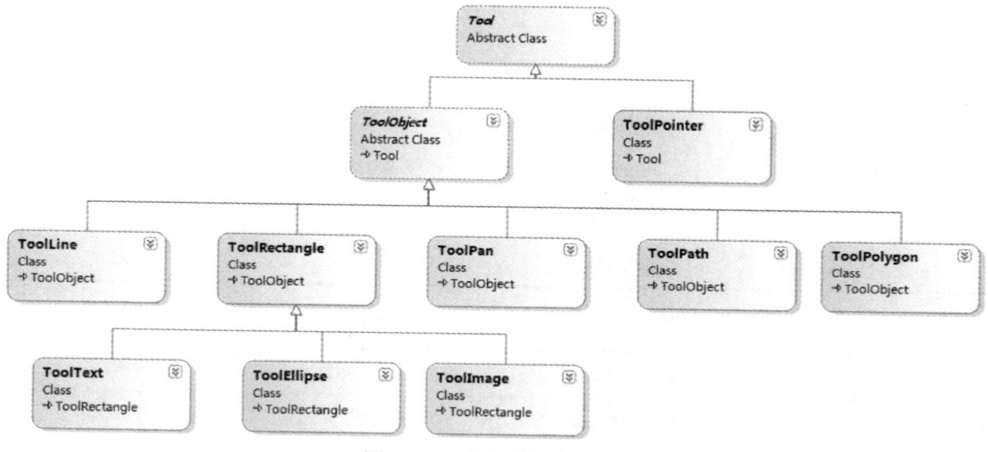

图 2.49　动态编辑相关类

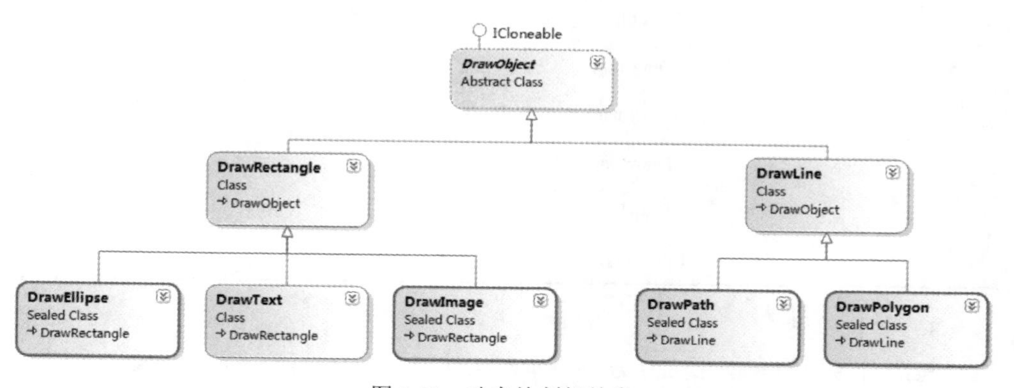

图 2.50　动态绘制相关类

表 2.30　动态编辑主要类说明

序号	类名（英文）	类名（中文）	说明
1	Tool	工具	接口
2	ToolObject	对象工具	父类

续表

序号	类名（英文）	类名（中文）	说明
3	ToolLine	直线工具	子类
4	ToolRectangle	矩形工具	子类
5	ToolPan	漫游工具	子类
6	ToolPath	折线工具	子类
7	ToolPolygon	多边形工具	子类
8	ToolPointer	选取工具	子类
9	ToolText	文本工具	子类
10	ToolEllipse	椭圆工具	子类
11	ToolImage	图像工具	子类

表 2.31　动态绘制主要类说明

序号	类名（英文）	类名（中文）	说明
1	DrawObject	绘制对象	接口
2	DrawRectangle	矩形绘制	父类
3	DrawEllipse	椭圆绘制	子类
4	DrawText	文本绘制	子类
5	DrawImage	图像绘制	子类
6	DrawLine	直线工具	父类
7	DrawPath	折线绘制	子类
8	DrawPolygon	多边形绘制	子类

3）实验效果

按照符号模型和图形交互方案，本书构建符号编辑器原型系统（操作系统为Win7；开发平台为 Visual Studio2010；编程语言为 C#，NetFrameWork4.0），实现了 S-100 标准点符号、线型符号和面图案符号的创建、编辑、存储与可视化。遵照“简约、实用、稳定”设计原则，该原型系统由菜单区、工具条区、工具面板区、属性列表、控制窗口等面板构成，可实现点符号、线型符号和面图案符号的交互式编辑，部分界面如图 2.51～图 2.54 所示。

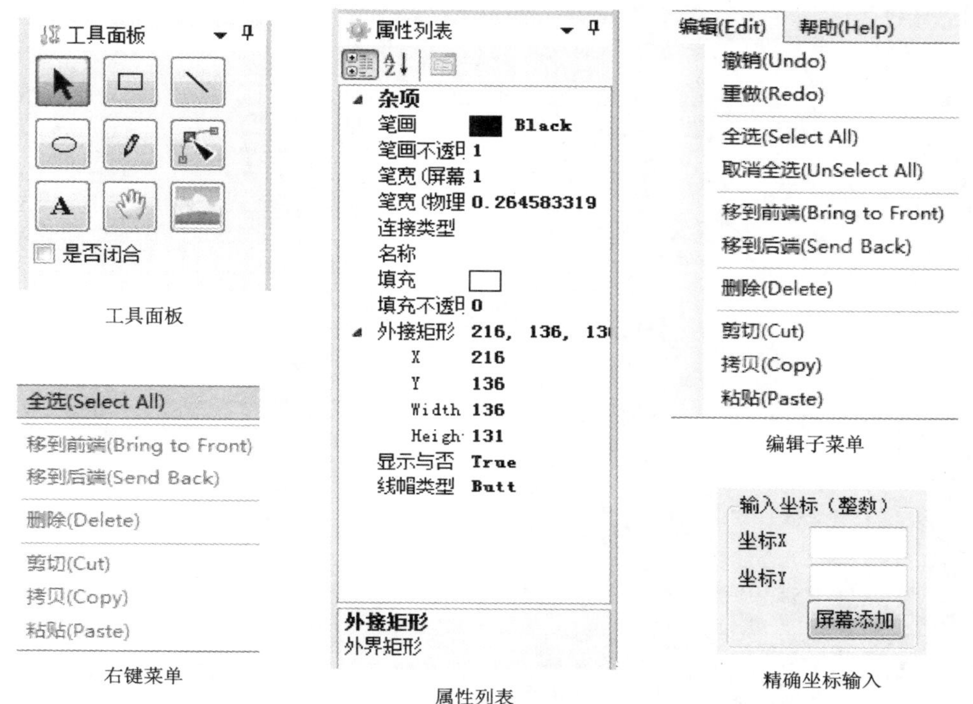

工具面板　　属性列表　　编辑子菜单

右键菜单　　精确坐标输入

图 2.51　多种实用的图形编辑交互方式

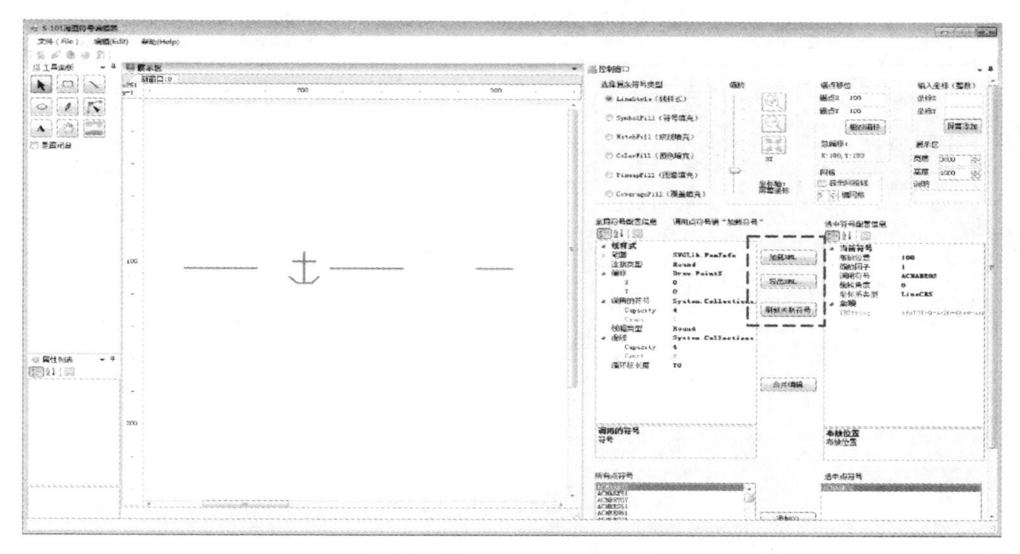

图 2.52　线型符号预览效果

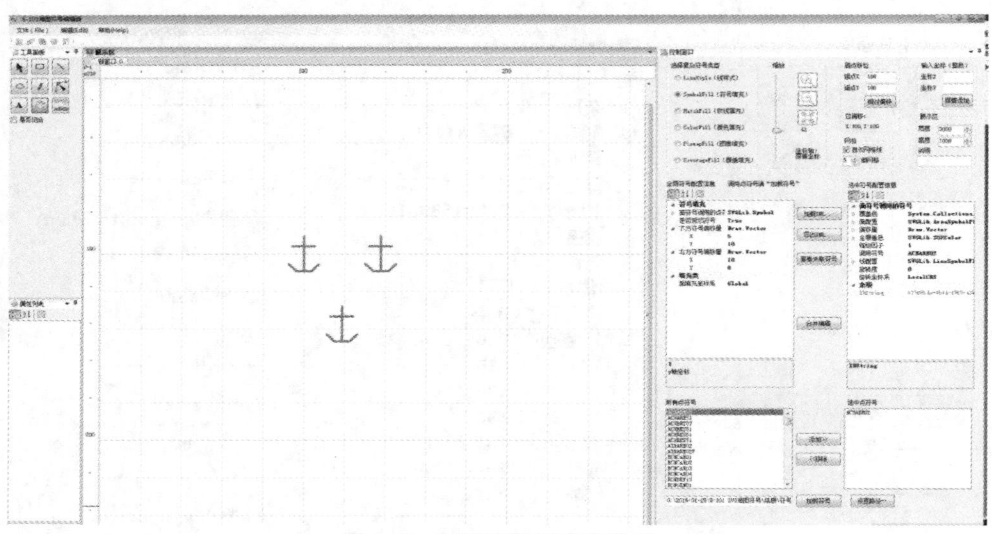

图 2.53　面图案符号预览效果

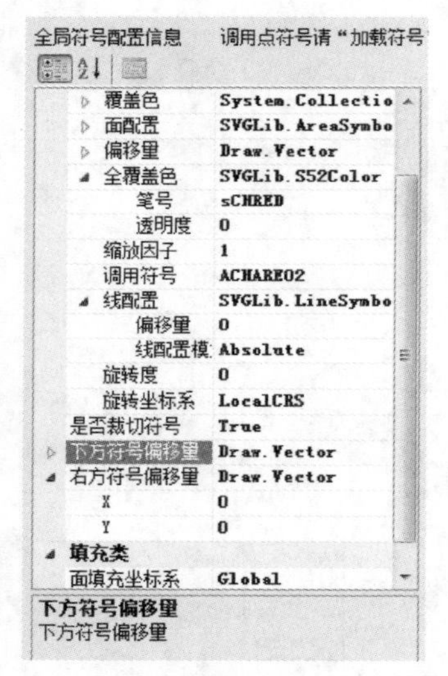

面图案配置主面板

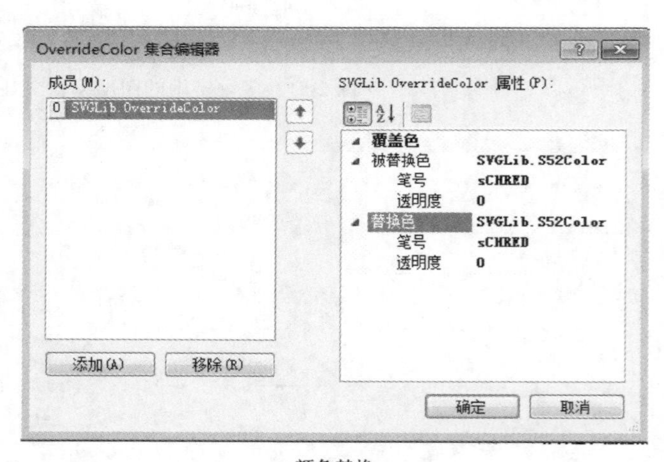

颜色替换

图 2.54　面图案参数配置

2.4　本章小结

S-100 系列标准将于 2030 年在国际范围内正式启用，对于海洋地理信息领域，乃至更为广泛的海洋信息应用领域，将带来广泛、深刻、长远的影响。由于 S-100 系列标准仍处于修改完善过程中，且国内较少参与其制定工作，难以掌握其体系全貌，也缺乏足够的技术方法研究。

本章在 S-100 系列标准梳理分析、语义映射变换、符号图元变换三方面取得了一些研究进展，主要成果如下。

（1）针对 S-100 系列标准缺乏整体宏观描述的问题，本章总结其体系组成、配套资源和相关应用系统的现状，分析存在的问题，并针对国内具体情况给出发展建议。

（2）针对多源异构数据转换困难的问题，本章重点分析 S-57 标准 ENC 文件与 S-101 标准语义模型的差异，提出一种“对象”和“规则”混合的语义映射规则表达模型，实现了 S-57 标准 ENC 数据向 S-101 数据的自动转换。

（3）针对符号数据集转换与编辑缺乏配套工具的问题，重点分析 S-52 标准点符号、线型和面图案结构，提出 S-52 标准点符号向 S-100 标准的自动转换方法，研制完成 S-100 标准符号编辑器原型系统，实现了 S-100 标准符号的创建、编辑、存储与可视化。

第3章

基于开放架构的海洋地理信息服务与应用

多源异构数据组织管理与服务应用是海洋地理信息服务与应用面临的常见问题，既有空间分布的差异，又有专题维度的不同，既有数据结构的差异，又有显示标准的不同。本章从三个角度分别开展研究：一是引入网格剖分理论，提出一套多尺度网格剖分方案，为数字海洋、透明海洋、智慧海洋建设提供空间基础框架，以期实现多源异构数据的统一封装与访问操作；二是选用开源 QGIS 作为通用平台，研究电子海图标准在 QGIS 平台下的改造与应用方法，为各类海洋地理信息的统一集成与应用提供示范；三是适应海洋地理信息国际标准推进应用形势，按照 S-100 标准，引入更具通用性的图示表达模型，并以 XSL 脚本语言为例开展电子海图标准化显示实验验证，以期实现符号库的动态扩展。

3.1 二三维一体地理网格剖分

3.1.1 概述

经过多年的发展，我国海洋信息化建设取得了显著成效，信息获取能力不断增强，数据家底不断厚实，成果应用不断拓展，但与世界上海洋发达国家相比，我国海洋信息体系建设总体上能力不强，存在资源散弱、标准不统一、共享机制不畅等问题（姜晓轶 等，2018）。海洋地理信息是海洋信息化的重要方面，涉及海洋测绘、水文、气象、地质等众多学科领域，多源异构特征明显，主要体现在各类产品的数据组织管理方式各不相同，缺乏统一表达与交互的集成应用模型。

各类海洋应用都需要地理信息作为支撑，且应用需求往往是多要素、综合一体的，仅靠单一数据类型往往无法有效满足需求，例如在搜救或者反潜过程中，用户往往需要特定范围的网格化数据，包括海图、海底地形、海洋水文等；同时，对于用户而言，用户并不想了解各类数据的内容结构和组织管理细节，往往需要的是规则化的、统一的、精简的数据组织形式。然而，由于涉及地理、水文、气象、生物、地质等多个专业，数据类型多种多样，即使是同一类型，不同国家、不同单位，甚至不同时期产品数据的组织方式都可能不一样，因此，目前各类产品数据的组织框架是不统一的。这就对用户的认识和处理水平提出了很高要求，导致了信息共享、集成与融合的困难。

为提升海洋地理信息共享与互操作能力，本书引入地理网格剖分的理念开展探索应用。地理网格剖分是地理信息领域的一个重要研究方向（赵学胜 等，2016；Zhou et al.，2013；程承旗 等，2012；Goodchild，2012；童晓冲 等，2007；李德仁 等，2006）。所谓地理网格剖分，就是把地球表面剖分成形状近似、空间无缝无叠、尺度连续的多层次网格，通过对剖分网格进行有序的地理时空递归编码，使得大到地球、小到厘米的网格都有唯一的地理编码。地理网格剖分具有可标识、可定位、可索引、多尺度和自动空间关联等特性，可为全球空间信息存储和管理提供统一的多尺度索引结构，为空间信息表达提供一致的编码基础及表达模型，进而提升空间信息管理与应用能力。

3.1.2　国内外研究进展

从理论研究层面来看，各类地理网格剖分模型普遍注重空间形状、粒度和分布的均匀性和数学严密性，而从应用层面来看，实际采用的地理网格剖分模型通常注重简单实用。

1. 地学研究

经过近二十年的发展，地理网格剖分研究与推广应用已经从二维走向三维，典型代表如退化八叉树网格（吴立新 等，2013；余接情 等，2012）、GeoSOT-3D（孙忠秋 等，2016；孙忠秋，2012）和圈层空间网格（曹雪峰，2012）等。大多数三维网格剖分模型采用的是先建立初始圈体，再进行八叉树分割的剖分方法，即在二维网格剖分基础上进一步拓展实现。

1）球体经纬网格

球体经纬网格是最早使用的一种三维网格剖分模型，如图 3.1 所示，其构建方法为：首先，以经度面按一固定间距对球体进行切割；然后，再以纬度面（锥面）对上述结果同样按一固定间距再次进行切割；最后，以一固定间距沿径向用球面对结果进行划分。一般地，经度方向间距与纬度方向间距保持一致，而径向的间距则可以与上述两间距不同。

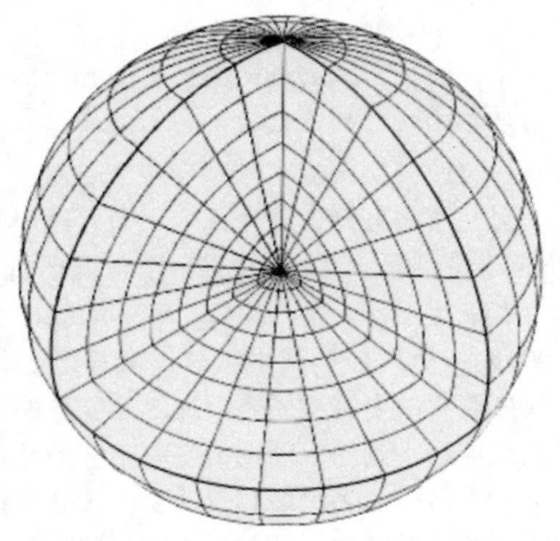

图 3.1　球体经纬网格剖分示意图

球体经纬网格具有经纬一致性及正交性等特点。经纬一致性指网格的球面边均为经纬弧，符合地球系统空间的经纬分布特征，同时可使现有大量基于经纬坐标系的数据及算法很容易向其转化；正交性即网格的各面相互垂直，可提高数值模拟的计算效率。每种网格剖分模型都有其优缺点，相比于其他网格剖分模型，球体经纬网格的优点在于简单易理解，缺点在于其网格粒度朝着两极和球心方向不断收敛。球体经纬网格广泛应用于地球物理、地质、大气等领域。

2）QTM 模型

Dutton（1984）使用正八面体将地球剖分为若干单元，以建立一个全球数字高程模型，并提出了编码方法，后来发展成球面四元三角网（quaternary triangular mesh，QTM），如图 3.2 所示。

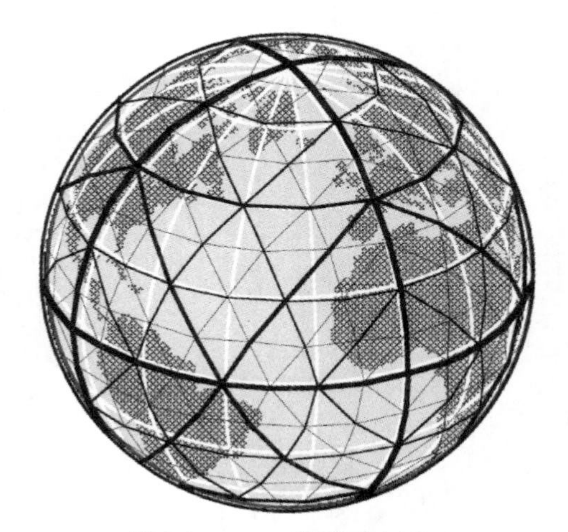

图 3.2　QTM 模型示意图

3）其他模型

国内开展三维网格剖分模型研究起步较晚，但是后续投入较多。国内学者吴立新等（2013）、余接情等（2012）提出球体退化八叉树网格模型，可以减少不同网格单元之间面积和体积差异过大的问题，如图 3.3 所示。曹雪峰等（2012）提出圈层立体网格模型，引入地球圈层的理念，提出在不同圈层同步进行网格剖分，如图 3.4 所示。基于 2^n 及整型一维数组全球经纬度剖分网格（geographical coordinate subdividing grid with one dimension integer coding on 2^n-tree，GeoSOT）是北京大学程承旗等（2012）提出的基于地理经纬网的剖分体系，其在对地球表面进行网格剖分时，通过 3 次地球经纬度空间扩展（将地球地理空间扩展为 512°，将 1° 扩展为 64′，将 1′扩展为 64″），实现了整度、整分的整型四叉树剖分网格，如图 3.5 所示。在此基础上，2016 年之后又在高度维上进行拓展，先后提出了多个 GeoSOT 3D 方案，最后采用的高维度拓展参考了圈层的理念（孙忠秋 等，2016）。

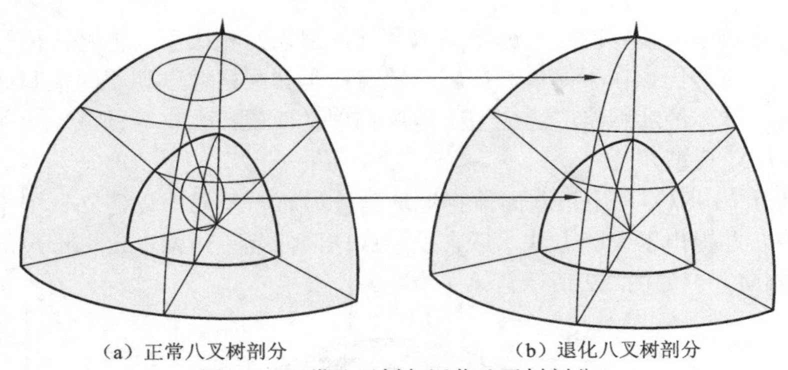

（a）正常八叉树剖分　　（b）退化八叉树剖分

图 3.3　正常八叉树与退化八叉树剖分

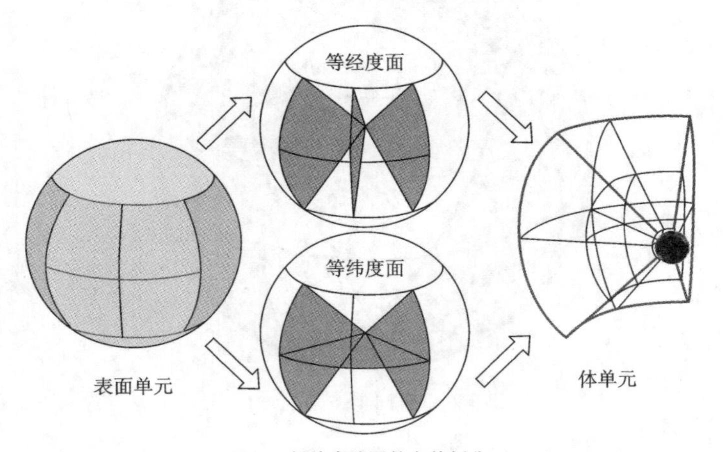

（a）低纬度地区的立体剖分

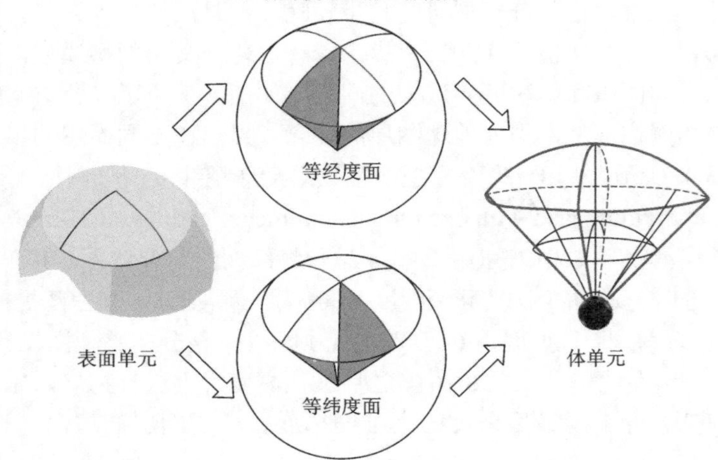

（b）高纬度地区的立体剖分

图 3.4　圈层立体网格模型的三维网格剖分

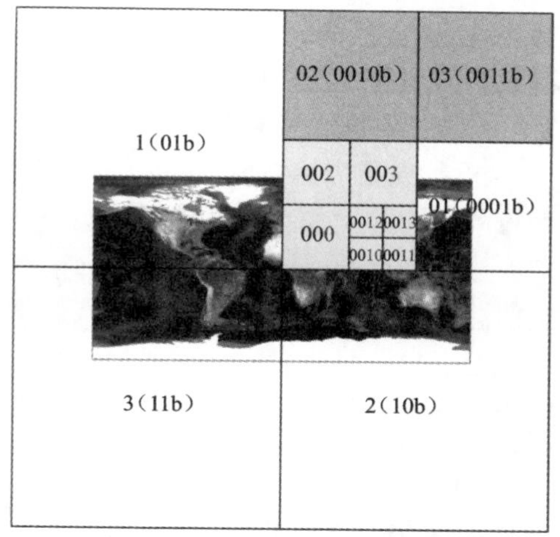

图 3.5　GeoSOT 二维剖分方案

2. 标准规范

地理网格剖分属测绘地理空间框架范畴，而国家层面的标准规范通常只关注二维球面的网格剖分，直到 2021 年颁布的《地球空间网格编码规则》（GB/T 40087—2021），将 GeoSOT 和 GeoSOT 3D 作为推荐性国家标准。以下内容仅介绍国家地图分幅标准和地理格网标准，作为二维网格剖分实际应用的典型代表。

1）国家地图分幅标准

我国现行地图中有 8 种基本比例尺，分别是：1∶100 万、1∶50 万、1∶25 万、1∶10 万、1∶5 万、1∶2.5 万、1∶1 万和 1∶5000。目前使用的地图分幅编号方法是基于 1∶100 万地图基础，按照规定的经度差、纬度差采用主次加密划分方法进行分幅。采用国际 1∶100 万地图分幅标准，每幅 1∶100 万地图范围经差 6°、纬差 4°；纬度在 60°～76°，经差 12°、纬差 4°；纬度在 76°～88°，则经差 24°、纬差 4°（我国范围内没有纬度在 60° 以上需要合幅的图幅）。即从赤道起，向两极每纬度 4° 为一行，依次以字母 A，B，C，…，V 表示；从西经 180°（−180°）起，向东每 6° 为一列，依次以数字 1，2，3，…，60 表示。每幅图的编号由该图幅所在的行号（字符码）和列号（数字码）组成，列号在前，行号在后。我国地图纬度编号在 A～N，经度编号在 43～53。如北京在 1∶100 万图上处于第 J 列第 50 行，故编号为 J50。

比例尺大于 1∶100 万的图幅编号由 1∶100 万图幅编号后增加三位数行号、三位数列号组成，行号从北至南依次编号，列号自西向东依次编号。根据 1∶100 万比例尺经差 6°、纬差 4° 可以将全国地图分为 77 幅，最南端为 A49，最西端为 J43，最东端为 M53，最北端为 N51。

2）地理格网标准

地理格网是一种科学、简明的定位参照系统，是对现有测量参照系、行政区划参照系和其他专用定位系统的补充。地理格网采用经纬坐标格网（以经纬网划分的格网）和高斯-克吕格投影直角坐标格网（以公里网划分的格网）相结合的方式，这两类格网间具有较严密的数学关系，可相互转换。格网层级由不同间隔的格网构成，层级间可实现信息的合并或细分。经纬坐标格网面向大范围（全球或全国），适用于较概略信息的分布和粗略定位的应用；直角坐标格网面向较小的范围（省区或城乡），适用于较详尽信息的分布和相对精确定位的应用。

分级规则：各层级的格网间隔为整倍数关系，同级格网单元的经差、纬差间隔相同。经纬坐标格网基本层级分为 5 级，参见表 3.1。

表 3.1　经纬坐标格网分级

格网间隔	1°	10′	1′	10″	1″
格网名称	一度格网	十分格网	分格网	十秒格网	秒格网

经纬坐标格网代码由 5 类元素组成，分别为象限代码、格网间隔代码、间隔单位代码、纬经度代码和格网代码，后 2 类元素根据经纬度数值计算生成。象限代码由南北、东西代码组成，分别由 1 位字母码组成；格网间隔代码用 2 位数字码表示；间隔单位代码用 1 位字母码表示；经纬度代码由纬度代码和经度代码组成，分别取经度、纬度的整度数值计算生成，用 2 位数字码表示纬度、3 位数字码表示经度；格网代码取经度、纬度的非整度数值计算生成，由于采用的格网间隔不同，格网代码长度为 0 位、4 位或 8 位。经纬坐标格网编码结构如图 3.6 所示。

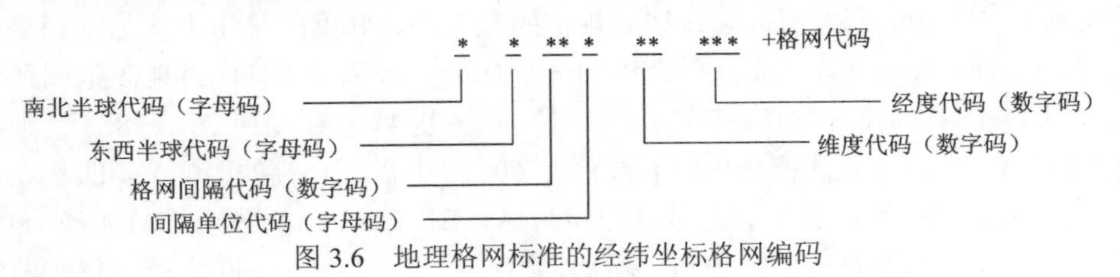

图 3.6　地理格网标准的经纬坐标格网编码

3. 军事应用

1）美军 Georef 标准

Georef 标准由美国国家地理空间情报局（NGA）提出，是一个基于经纬度坐标的地球表面位置描述系统，主要用于飞行导航，特别是空军各作战单元之间的位置报告。Georef 网格层级划分方式如下。

（1）第一级网格尺寸为 15°×15°，经度方向划分为 24 个带，纬度方向划分为12个带。经度方向网格从180° E开始向东顺序编码，从A到Z(跳过I和O)。纬度方向从南极开始向北依次编码，从A到M（跳过I）。

（2）每个15° ×15° 一级网格进一步划分为1° ×1° 的第二级网格。

（3）每个1° ×1° 的面片划分为1′×1′的第三级网格。

（4）每个1′×1′的网格在经度和纬度方向上可以划分为10个或100个区域，这样就可以得到0.1′×0.1′或0.01′×0.01′两级网格。

2）我军九九格网

《军用海图编绘规范》(GJB 4632A—2006）对九九格网的间隔和编号进行了规定，如图3.7所示，摘录如下。

GJB

中华人民共和国国家军用标准

FL3200

GJB 4632A—2006

代替 GJBz 20159—1993

军用海图编绘规范

Compilation specifications for military charts

6.3.2　九九格网的间隔和编号如下：

a）经线从东经107° 36′ 开始，向东每6′ 为一纵行，纬线从北纬41° 开始，向南每6′ 为一横行，并按次序编号：01，02……100（写成00）。超过100时，再从头编号；

b）大方格间再按经纬度每2′ 进行加密。

图3.7　《军用海图编绘规范》(GJB 4632A—2006）中“九九格网”规定

（1）经线从东经107° 36′开始，向东每6′为一纵行，纬线从北纬41° 开始，向南每6′ 为一横行，并按次序编号：01，02，……，100(写成00)。超过100时，再从头编号。

（2）大方格间再按经纬度每2′进行加密。

本书引入网格剖分目的在于提升数据共享与互操作能力，需要重点考虑实用性，希望以较小代价实现对现有各类产品数据的组织管理，因而不能采用现有的空间立体剖分模型。经过对现有地理网格剖分模型的综合比较分析，本书认为宜选用经纬网格作为二维框架，并在分析“球体经纬网格剖分”基础上，改用参考椭球面进行球面剖分，通过球面剖分和径向剖分的解耦合，得到一种新的地理网格剖分模型——HYGrid 模型，以此为基础研制网格剖分处理相关模块，最后结合水下航行规划应用对 HYGrid 模型进行演示验证。

3.1.3　HYGrid 网格剖分模型

传统三维网格剖分模型包括球体经纬网格，其球面剖分通常是建立在圆球体基础上的，虽简化了模型，但是与地理信息数据通常采用的参考椭球面存在较大偏差；其径向剖分通常会限定第一级的起点和终点，且与球面剖分同步进行。为满足“空-天-岸-海-潜”海洋地理信息数据一体化应用需求，HYGrid 模型以参考椭球面为基础，沿椭球面法线方向（大地高）作为径向剖分方向，两者灵活组合构成二三维一体网格剖分方案。

1. 椭球面剖分规则

椭球面经纬网格剖分需考虑不同层级网格单元的间距设置和字符编码。在参考美军 Georef 标准和我国地理格网相关标准的基础上，制定如下二维椭球面地理网格剖分规则：

（1）以经纬度（−180°，−90°）作为坐标原点，经度（*X* 轴）向右为正，纬度（*Y* 轴）向上为正，构建经纬正交网格。

（2）以 1°×1°、1′×1′、1″×1″ 为基础框架，向上拓展为 15°×15°（第一级），向下拓展为 6′、6″、1/10″、1/60″和 1/600″，总共九级。

（3）使用字母进行编码，对于第一级 15°×15°，经度码从 A 到 Z（跳过 I 和 O），纬度码从 A 到 M（跳过 I）。

（4）每一级别编码按照“先经度码后纬度码”的顺序，不同级别网格码之间以字符“-”分隔，即“经纬码-经纬码 2……”。

（5）二维网格编码与左下角经纬度对应。

上述地理网格剖分对应的一级、二级、三级和九级网格单元显示如图 3.8～图 3.11 所示。

2. 径向剖分规则

海洋地理信息数据类型多种多样，数据分辨率千差万别，例如对于海洋水文数据，其水平分辨率通常以度或分作为单位，而径向上则通常以米或千米为单位。本书 HYGrid 模型采用椭球面剖分与径向剖分两者解耦合的方式，即球面剖分与径向剖分相对独立，根据需要从两种剖分中灵活选取相应层级并组合运用。

AM	BM	CM	DM	EM	FM	GM	HM	JM	KM	LM	MM	NM	PM	QM	RM	SM	TM	UM	VM	WM	XM	YM	ZM
AL	BL	CL	DL	EL	FL	GL	HL	JL	KL	LL	ML	NL	PL	QL	RL	SL	TL	UL	VL	WL	XL	YL	ZL
AK	BK	CK	DK	EK	FK	GK	HK	JK	KK	LK	MK	NK	PK	QK	RK	SK	TK	UK	VK	WK	XK	YK	ZK
AJ	BJ	CJ	DJ	EJ	FJ	GJ	HJ	JJ	KJ	LJ	MJ	NJ	PJ	QJ	RJ	SJ	TJ	UJ	VJ	WJ	XJ	YJ	ZJ
AH	BH	CH	DH	EH	FH	GH	HH	JH	KH	LH	MH	NH	PH	QH	RH	SH	TH	UH	VH	WH	XH	YH	ZH
AG	BG	CG	DG	EG	FG	GG	HG	JG	KG	LG	MG	NG	PG	QG	RG	SG	TG	UG	VG	WG	XG	YG	ZG
AF	BF	CF	DF	EF	FF	GF	HF	JF	KF	LF	MF	NF	PF	QF	RF	SF	TF	UF	VF	WF	XF	YF	ZF
AE	BE	CE	DE	EE	FE	GE	HE	JE	KE	LE	ME	NE	PE	QE	RE	SE	TE	UE	VE	WE	XE	YE	ZE
AD	BD	CD	DD	ED	FD	GD	HD	JD	KD	LD	MD	ND	PD	QD	RD	SD	TD	UD	VD	WD	XD	YD	ZD
AC	BC	CC	DC	EC	FC	GC	HC	JC	KC	LC	MC	NC	PC	QC	RC	SC	TC	UC	VC	WC	XC	YC	ZC
AB	BB	CB	DB	EB	FB	GB	HB	JB	KB	LB	MB	NB	PB	QB	RB	SB	TB	UB	VB	WB	XB	YB	ZB
AA	BA	CA	DA	EA	FA	GA	HA	JA	KA	LA	MA	NA	PA	QA	RA	SA	TA	UA	VA	WA	XA	YA	ZA

图 3.8　HYGrid 一级网格

	VG-AQ	VG-BQ	VG-CQ	VG-DQ	VG-EQ	VG-FQ	VG-GQ	VG-HQ	VG-JQ	VG-KQ	VG-LQ	VG-MQ	VG-NQ	VG-PQ	VG-QQ	
	VG-AP	VG-BP	VG-CP	VG-DP	VG-EP	VG-FP	VG-GP	VG-HP	VG-JP	VG-KP	VG-LP	VG-MP	VG-NP	VG-PP	VG-QP	
	VG-AN	VG-BN	VG-CN	VG-DN	VG-EN	VG-FN	VG-GN	VG-HN	VG-JN	VG-KN	VG-LN	VG-MN	VG-NN	VG-PN	VG-QN	
	VG-AM	VG-BM	VG-CM	VG-DM	VG-EM	VG-FM	VG-GM	VG-HM	VG-JM	VG-KM	VG-LM	VG-MM	VG-NM	VG-PM	VG-QM	
	VG-AL	VG-BL	VG-CL	VG-DL	VG-EL	VG-FL	VG-GL	VG-HL	VG-JL	VG-KL	VG-LL	VG-ML	VG-NL	VG-PL	VG-QL	
	VG-AK	VG-BK	VG-CK	VG-DK	VG-EK	VG-FK	VG-GK	VG-HK	VG-JK	VG-KK	VG-LK	VG-MK	VG-NK	VG-PK	VG-QK	
	VG-AJ	VG-BJ	VG-CJ	VG-DJ	VG-EJ	VG-FJ	VG-GJ	VG-HJ	VG-JJ	VG-KJ	VG-LJ	VG-MJ	VG-NJ	VG-PJ	VG-QJ	
UG	VG-AH	VG-BH	VG-CH	VG-DH	VG-EH	VG-FH	VG-GH	VG	VG-JH	VG-KH	VG-LH	VG-MH	VG-NH	VG-PH	VG-QH	WG
	VG-AG	VG-BG	VG-CG	VG-DG	VG-EG	VG-FG	VG-GG	VG-HG	VG-JG	VG-KG	VG-LG	VG-MG	VG-NG	VG-PG	VG-QG	
	VG-AF	VG-BF	VG-CF	VG-DF	VG-EF	VG-FF	VG-GF	VG-HF	VG-JF	VG-KF	VG-LF	VG-MF	VG-NF	VG-PF	VG-QF	
	VG-AE	VG-BE	VG-CE	VG-DE	VG-EE	VG-FE	VG-GE	VG-HE	VG-JE	VG-KE	VG-LE	VG-ME	VG-NE	VG-PE	VG-QE	
	VG-AD	VG-BD	VG-CD	VG-DD	VG-ED	VG-FD	VG-GD	VG-HD	VG-JD	VG-KD	VG-LD	VG-MD	VG-ND	VG-PD	VG-QD	
	VG-AC	VG-BC	VG-CC	VG-DC	VG-EC	VG-FC	VG-GC	VG-HC	VG-JC	VG-KC	VG-LC	VG-MC	VG-NC	VG-PC	VG-QC	
	VG-AB	VG-BB	VG-CB	VG-DB	VG-EB	VG-FB	VG-GB	VG-HB	VG-JB	VG-KB	VG-LB	VG-MB	VG-NB	VG-PB	VG-QB	
	VG-AA	VG-BA	VG-CA	VG-DA	VG-EA	VG-FA	VG-GA	VG-HA	VG-JA	VG-KA	VG-LA	VG-MA	VG-NA	VG-PA	VG-QA	
UF								VF								WF

图 3.9　HYGrid 二级网格

VG-JG-AK	VG-JG-BK	VG-JG-CK	VG-JG-DK	VG-JG-EK	VG-JG-FK	VG-JG-GK	VG-JG-HK	VG-JG-JK	VG-JG-KK
VG-JG-AJ	VG-JG-BJ	VG-JG-CJ	VG-JG-DJ	VG-JG-EJ	VG-JG-FJ	VG-JG-GJ	VG-JG-HJ	VG-JG-JJ	VG-JG-KJ
VG-JG-AH	VG-JG-BH	VG-JG-CH	VG-JG-DH	VG-JG-EH	VG-JG-FH	VG-JG-GH	VG-JG-HH	VG-JG-JH	VG-JG-KH
VG-JG-AG	VG-JG-BG	VG-JG-CG	VG-JG-DG	VG-JG-EG	VG-JG-FG	VG-JG-GG	VG-JG-HG	VG-JG-JG	VG-JG-KG
VG-JG-AF	VG-JG-BF	VG-JG-CF	VG-JG-DF	VG-JG-EF	VG-JG-FF	VG-JG-GF	VG-JG-HF	VG-JG-JF	VG-JG-KF
VG-JG-AE	VG-JG-BE	VG-JG-CE	VG-JG-DE	VG-JG-EE	VG-JG-FE	VG-JG-GE	VG-JG-HE	VG-JG-JE	VG-JG-KE
VG-JG-AD	VG-JG-BD	VG-JG-CD	VG-JG-DD	VG-JG-ED	VG-JG-FD	VG-JG-GD	VG-JG-HD	VG-JG-JD	VG-JG-KD
VG-JG-AC	VG-JG-BC	VG-JG-CC	VG-JG-DC	VG-JG-EC	VG-JG-FC	VG-JG-GC	VG-JG-HC	VG-JG-JC	VG-JG-KC
VG-JG-AB	VG-JG-BB	VG-JG-CB	VG-JG-DB	VG-JG-EB	VG-JG-FB	VG-JG-GB	VG-JG-HB	VG-JG-JB	VG-JG-KB
VG-JG-AA	VG-JG-BA	VG-JG-CA	VG-JG-DA	VG-JG-EA	VG-JG-FA	VG-JG-GA	VG-JG-HA	VG-JG-JA	VG-JG-KA

图 3.10　HYGrid 三级网格

需要说明的是，某些领域地理信息数据对高度或深度的起算并非严格采用参考椭球面，而是以海面为起算面。对于起算面不一致问题，如果对高度/深度的精度有较高要求，应使用相应的转换模型归化到参考椭球面上；如果对高度/深度的精度没有严格要求，例如海洋水文数据，则将其起算面等同于参考椭球面。

根据前述思想，进一步制定径向剖分规则（图 3.12），具体如下。

（1）径向剖分第一级的起点限定为参考椭球面，终点无限定。

（2）参考椭球面（或海面）高度为 0 m，水上为正，高度越高数值越大，水下为负，深度越低数值越小。

（3）分为 10 000 m、1 000 m、100 m、10 m、1 m、0.1 m、0.01 m 共 7 个层级。

（4）至多可采用 8 段数字用于标识层级。第 0 段用于区分水上水下，水上为 1，水下为 0；第 1 段编码使用 0～N（N 是自然正整数，可大于 10）；第 2 段～第

BB-AK	BB-BK	BB-CK	BB-DK	BB-EK	BB-FK	LB-GK	BB-HK	BB-JK	BB-KK
BB-AJ	BB-BJ	BB-CJ	BB-DJ	BB-EJ	BB-FJ	BB-GJ	BB-HJ	BB-JJ	BB-KJ
BB-AH	BB-BH	BB-CH	BB-DH	BB-EH	BB-FH	BB-GH	BB-HH	BB-JH	BB-KH
BB-AG	BB-BG	BB-CG	BB-DG	BB-EG	BB-FG	BB-GG	BB-HG	BB-JG	BB-KG
BB-AF	BB-BF	BB-CF	BB-DF	BB-EF	BB-FF	BB-GF	BB-HF	BB-JF	BB-KF
BB-AE	BB-BE	BB-CE	BB-DE	BB-EE	BB-FE	BB-GE	BS-HE	BB-JE	BB-KE
BB-AD	BB-BD	BB-CD	BB-DD	BB-ED	BB-FD	BB-GD	BB-HD	BB-JD	BB-KD
BB-AC	BB-BC	BB-CC	BB-DC	BB-EC	BB-FC	BB-GC	BB-HC	BB-JC	BB-KC
BB-AB	BB-BB	BB-CB	BB-DB	BB-EB	BB-FB	BB-GB	BB-HB	BB-JB	BB-KB
BB-AA	BB-BA	BB-CA	BB-DA	BB-EA	BB-FA	BB-GA	BB-HA	BB-JA	BB-KA

图 3.11　HYGrid 九级网格

前七位编码为：VJ-KH-DB-AA-FA-FD-FG，图中未绘制

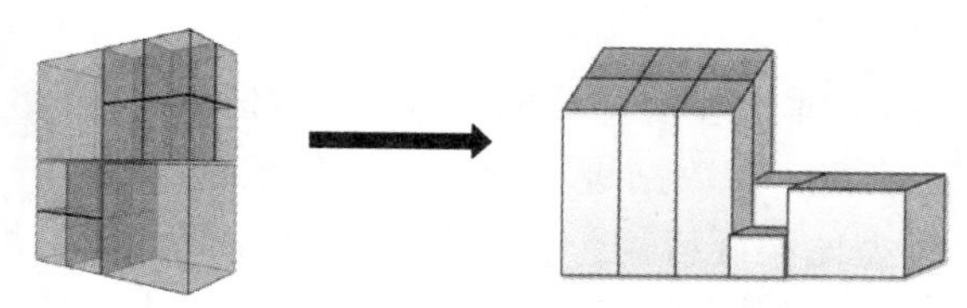

图 3.12　径向与球面剖分不同组合方式

7 段编码均使用 0～9；编码为高度范围或深度范围的左边界，即 0 表示[0～1)，9 表示[9～10)。径向剖分编码分段与层级的对应关系如下。

第 0 段：表示水下/水上；

第 1 段：表示 10 000 m 级；

第 2 段：表示 1 000 m 级；

第 3 段：表示 100 m 级；

第 4 段：表示 10 m 级；

第 5 段：表示 1 m 级；

第 6 段：表示 0.1 m 级；

第 7 段：表示 0.01 m 级。

HYGrid 模型与传统三维网格剖分模型中的径向处理方法对比如图 3.13 和图 3.14 所示。

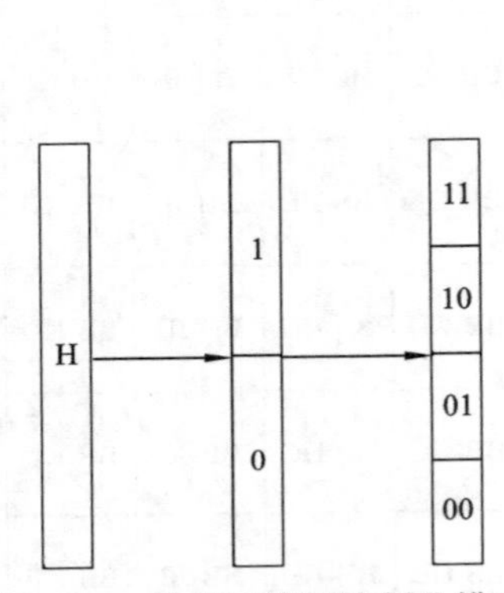

图 3.13　传统三维网格剖分模型中径向剖分方法

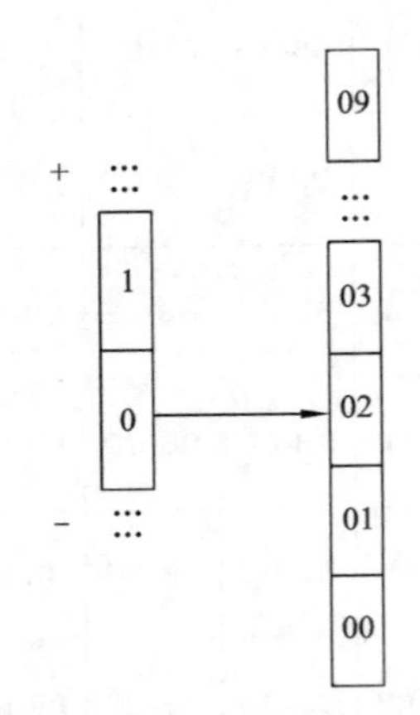

图 3.14　HYGrid 网格剖分模型中径向剖分方法

3.1.4　HYGrid 网格剖分处理

对于复杂多样的海洋地理信息数据而言，HYGrid 网格剖分模型是一种折中方案，需要对现有各类产品数据进行处理后才能实现组织方式的统一。为实现 HYGrid 网格剖分模型的实际应用，需要解决网格编码运算、地理信息数据（矢量、栅格、多维）处理及查询检索等关键技术。本书以数据文件为例进行示范说明。

1. 网格编码运算

网格编码运算用于实现坐标数据与网格剖分编码之间的相互转换（编码转坐标、坐标转编码、位移运算等）和拓扑关系计算（包含、邻接、相离、重合等）。为方便上层应用开发，将网格编码运算功能以动态库方式封装，并对外提供接口，其中，椭球面网格剖分编码运算示例如图 3.15 所示，径向网格剖分编码运算示例如图 3.16 所示。

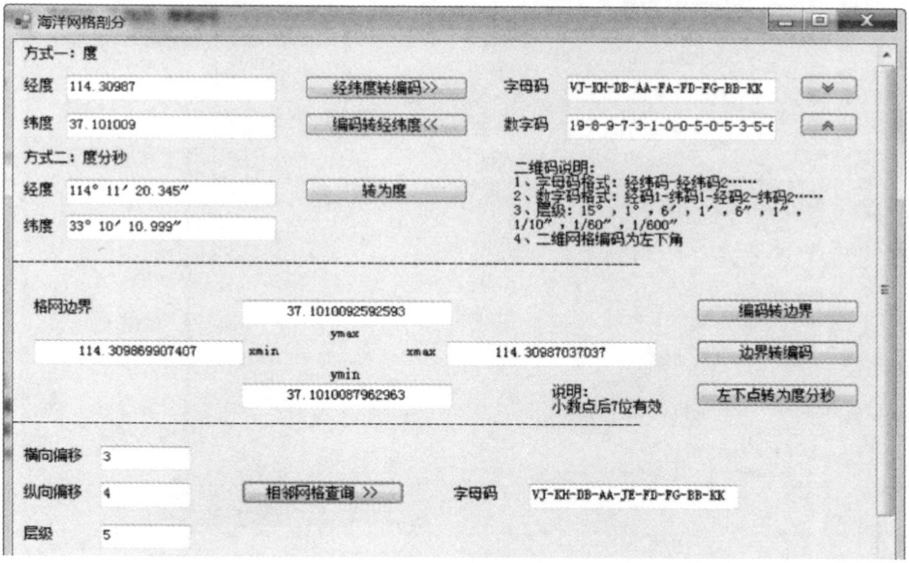

图 3.15　椭球面网格剖分编码运算示例

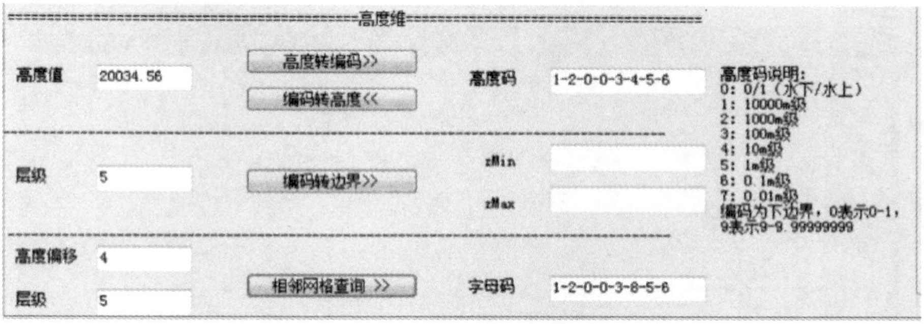

图 3.16　径向网格剖分编码运算示例

2. 矢量数据处理

利用网格编码运算库，结合 GDAL 地理信息处理开源中间件，可编制矢量数据处理模块，实现常见类型矢量数据文件的网格剖分处理。以海图 000 格式数据为例，依次通过数据选择、读取、网格编码计算和网格剖分导出等处理，可以在指定文件目录下生成一系列规格化的数据集，处理过程如图 3.17～图 3.21 所示。

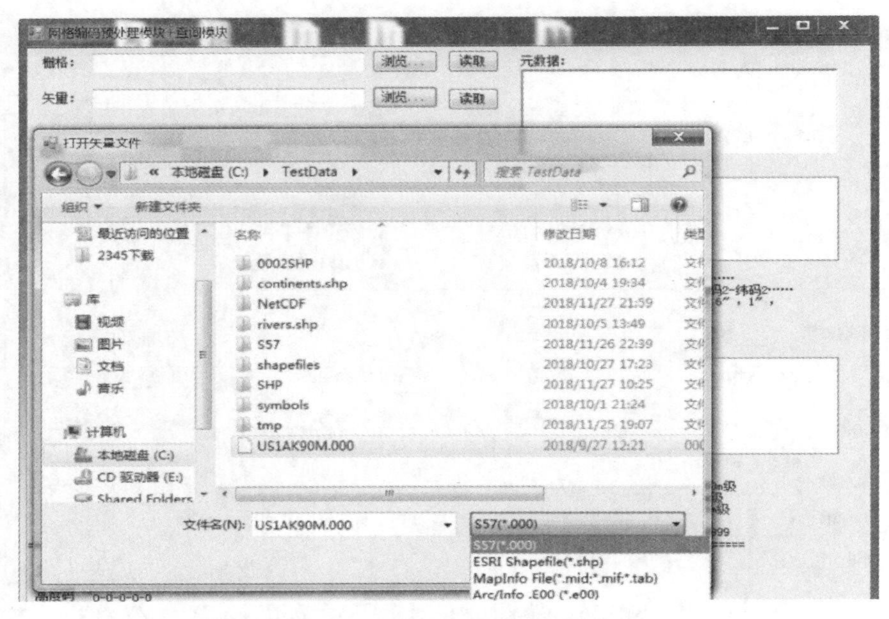

图 3.17　加载 000 格式海图数据

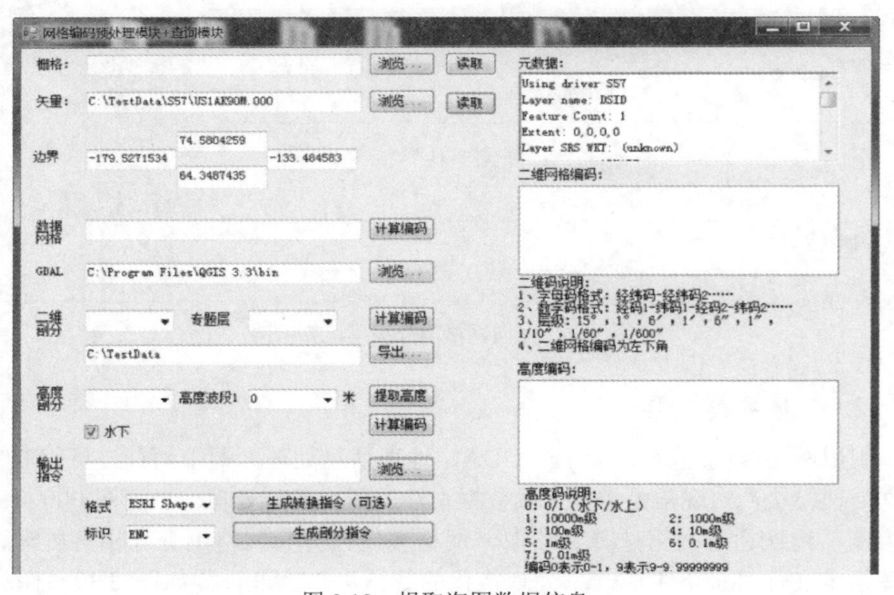

图 3.18　提取海图数据信息

网格编码预处理模块+查询模块

栅格：　浏览…　读取

矢量：C:\TestData\S57\US1AK90M.000　浏览…　读取

边界　74.5804259　-179.5271534　-133.484583　64.3487435

数据网格　Global　计算编码

GDAL　C:\Program Files\QGIS 3.3\bin　浏览…

二维剖分　1　专题层　计算编码

C:\TestData　导出…

高度剖分　高度波段1　0　米　提取高度　计算编码

水下

输出指令　C:\TestData\S57\out.txt　浏览…

格式　ESRI Shape　生成转换指令（可选）

标识　ENC　生成剖分指令

元数据：

Using driver S57
Layer name: DSID
Feature Count: 1
Extent: 0,0,0,0
Layer SRS WKT: (unknown)

二维网格编码：

AL　BL　CL
BL

二维码说明：
1、字母码格式：经纬码-经纬码2……
2、数字码格式：经码1-纬码1-经码2-纬码2……
3、层级：15°，1°，6′，1′，6″，1″，1/10″，1/60″，1/600″
4、二维网格编码为左下角

高度编码：

高度码说明：
0: 0/1（水下/水上）
1: 10000m级　2: 1000m级
3: 100m级　4: 10m级
5: 1m级　6: 0.1m级
7: 0.01m级
编码0表示0-1，9表示9-9.99999999

图 3.19　生成椭球面网格编码

▸ 计算机 ▸ 本地磁盘 (C:) ▸ TestData ▸ S57 ▸ Global ▸ BL

组织 ▾　包含到库中 ▾　共享 ▾　新建文件夹

收藏夹：下载、桌面、最近访问的位置、2345下载
库：视频、图片、文档、音乐
计算机：本地磁盘 (C:)、CD 驱动器 (E:)、Shared Folders (\\vr

名称	修改日期	类型	大小
ENC_US1AK90M_ADMARE_BL.dbf	2018/11/28 8:48	DBF 文件	3 KB
ENC_US1AK90M_ADMARE_BL.prj	2018/11/28 8:48	PRJ 文件	1 KB
ENC_US1AK90M_ADMARE_BL.shp	2018/11/28 8:48	SHP 文件	62 KB
ENC_US1AK90M_ADMARE_BL.shx	2018/11/28 8:48	SHX 文件	1 KB
ENC_US1AK90M_BCNSPP_BL.dbf	2018/11/28 8:48	DBF 文件	12 KB
ENC_US1AK90M_BCNSPP_BL.prj	2018/11/28 8:48	PRJ 文件	1 KB
ENC_US1AK90M_BCNSPP_BL.shp	2018/11/28 8:48	SHP 文件	1 KB
ENC_US1AK90M_BCNSPP_BL.shx	2018/11/28 8:48	SHX 文件	1 KB
ENC_US1AK90M_BOYSPP_BL.dbf	2018/11/28 8:48	DBF 文件	6 KB
ENC_US1AK90M_BOYSPP_BL.prj	2018/11/28 8:48	PRJ 文件	1 KB
ENC_US1AK90M_BOYSPP_BL.shp	2018/11/28 8:48	SHP 文件	1 KB
ENC_US1AK90M_BOYSPP_BL.shx	2018/11/28 8:48	SHX 文件	1 KB
ENC_US1AK90M_BUAARE_BL.dbf	2018/11/28 8:48	DBF 文件	56 KB
ENC_US1AK90M_BUAARE_BL.prj	2018/11/28 8:48	PRJ 文件	1 KB

图 3.20　网格剖分海图数据文件生成

经过网格剖分后的数据文件命名方式为："产品类型_数据名称_图层名称_椭球面网格编码.扩展名"，例如"ENC_US1AK90M_DEPARE_BL.shp"，其中，ENC（电子航海图）为产品类型，US1AK90M 为数据名称，DEPARE 为图层名称，BL 表示椭球面网格编码，shp 为文件扩展名。

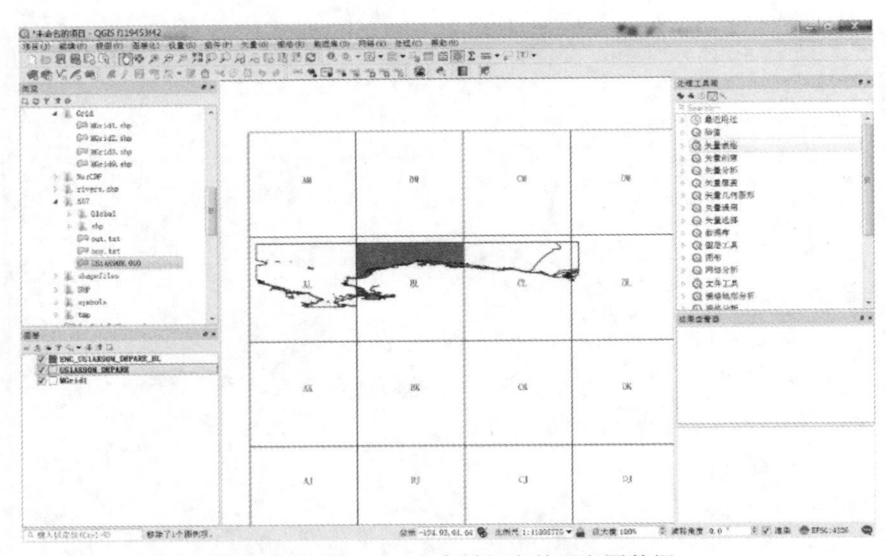

图 3.21　在 QGIS 中查看相应单元海图数据

3. 栅格数据处理

栅格数据处理方法与矢量数据相似，可支持大多数常见数据类型，包括 GeoTiff 和 IMG 格式等，处理过程如图 3.22～图 3.25 所示。经过网格剖分后的数

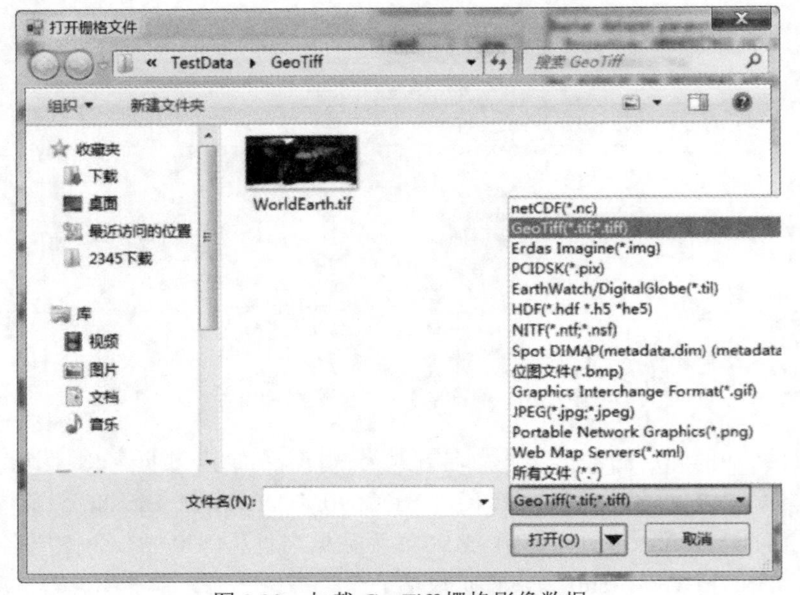

图 3.22　加载 GeoTiff 栅格影像数据

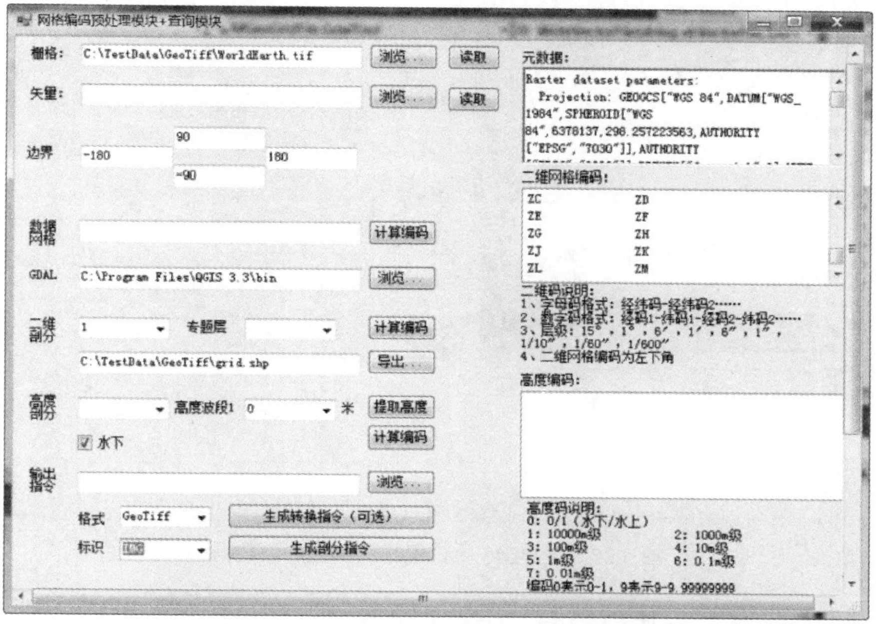

图 3.23　提取影像信息并生成二维网格编码

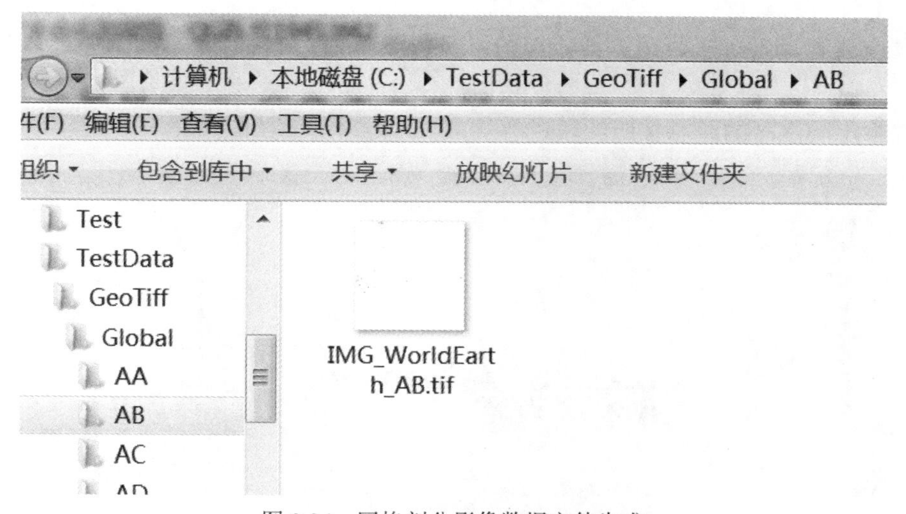

图 3.24　网格剖分影像数据文件生成

据文件命名方式为："产品类型_数据名称_二维网格编码.扩展名"。以"IMG_WorldEarth_AC.tif"为例，其中，IMG 为产品类型或数据格式，WorldEarth 为数据名称，AC 表示二维网格编码，tif 为文件扩展名。

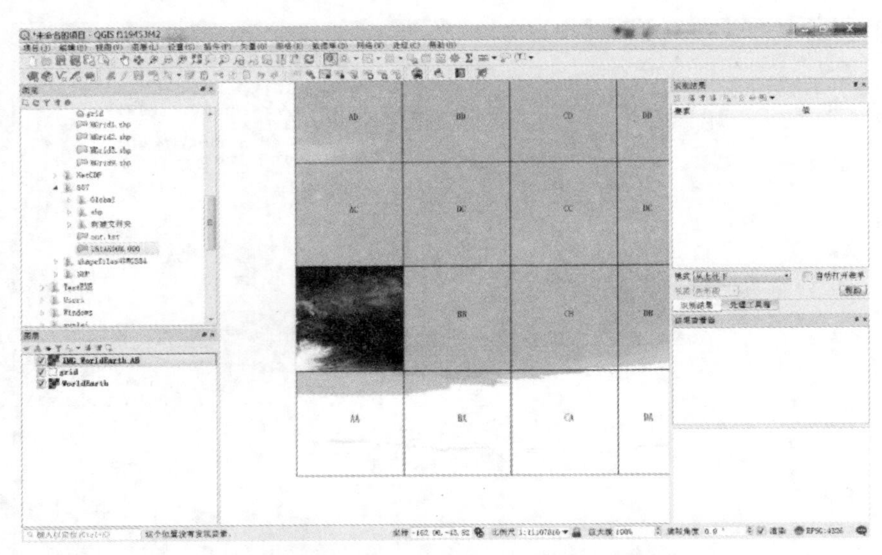

图 3.25　在 QGIS 中查看相应单元影像数据

4. 三维数据处理

海洋领域数据往往具有空间立体特征，例如温、盐、密、流等类型，通常按照高度或者深度进行分层；主流数据格式为 netCDF，数据内部可能分为多个专题，也就是子数据集，每一子数据集内部包含不同深度的调查测量信息（在 GIS 软件中不同深度的信息按照波段进行管理）。处理过程如图 3.26～图 3.31 所示。

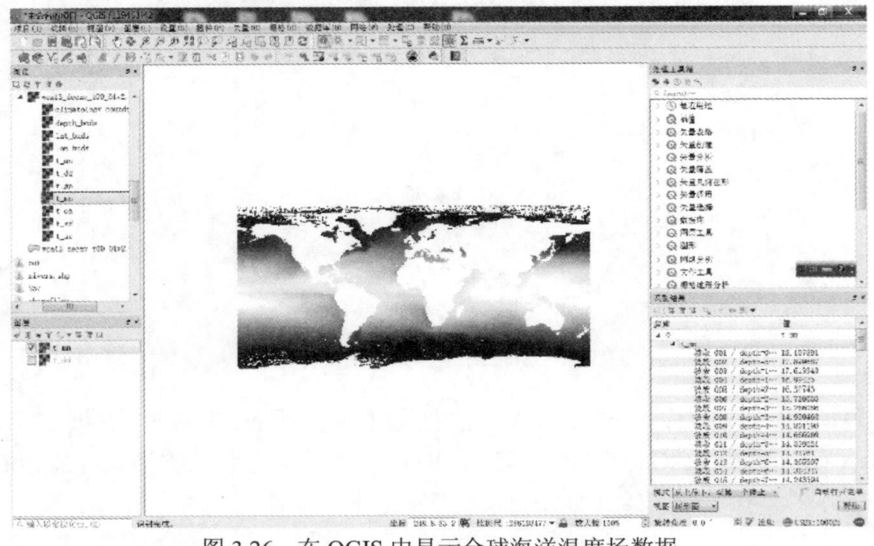

图 3.26　在 QGIS 中显示全球海洋温度场数据

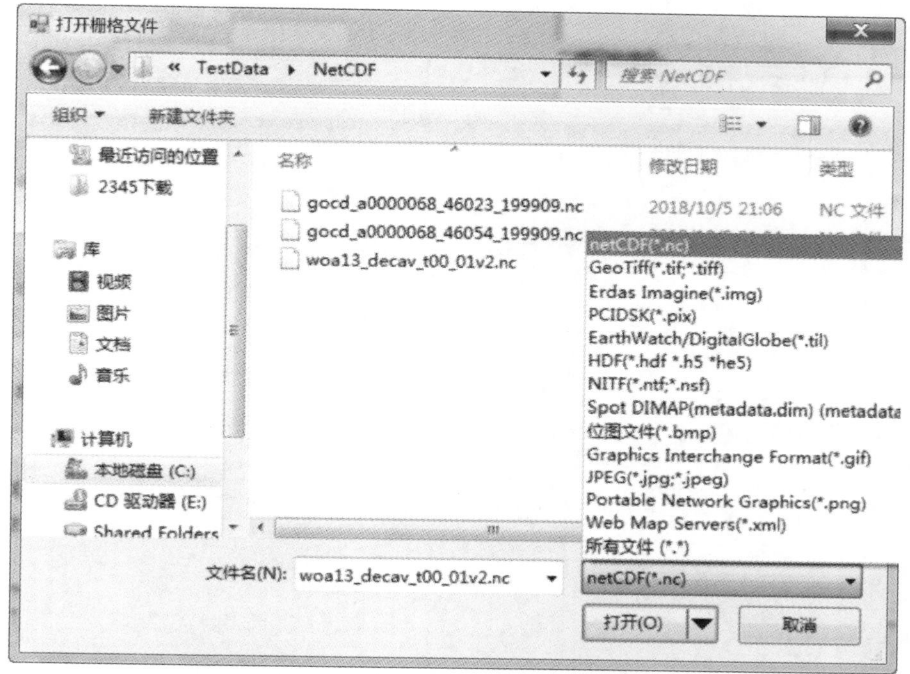

图 3.27　加载 netCDF 海洋数据集

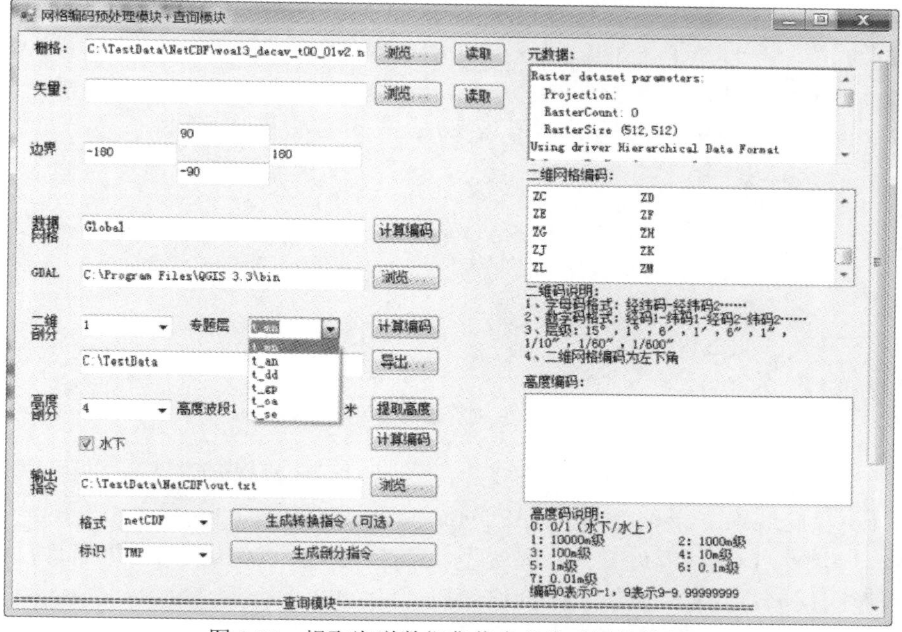

图 3.28　提取海洋数据集信息并生成网格编码

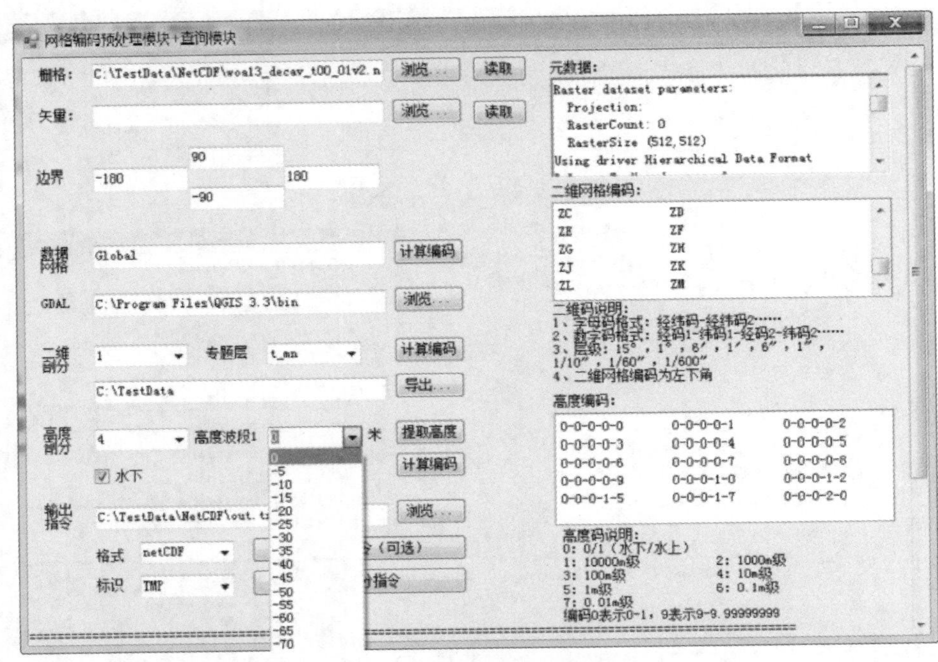

图 3.29　加载海洋专题数据的深度信息

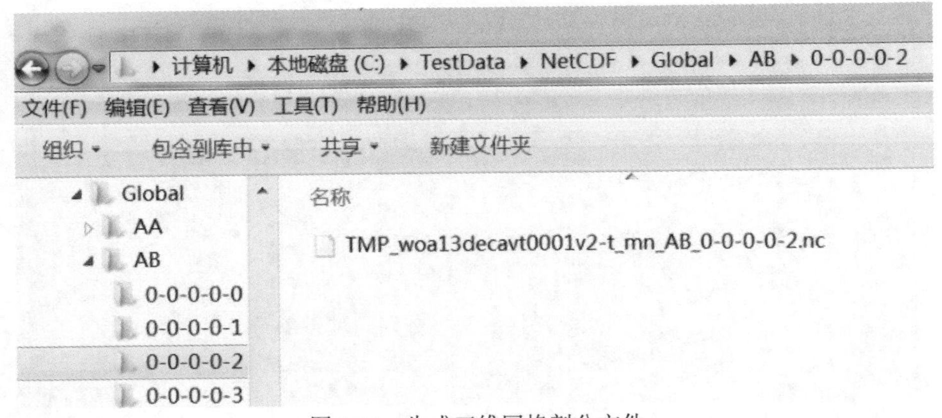

图 3.30　生成三维网格剖分文件

经过网格剖分后的数据组织方式为："产品类型_数据名称-图层名称_二维网格编码_径向编码.扩展名"，以"TMP_woa13decavt0001v2-t_mn_AA_0-0-0-0- 0.nc"为例，其中，TMP（温度）为产品类型，woa13decavt0001v2 为数据名称，t_mn 为专题图层名称，AA 表示二维网格编码，0-0-0-0-0 表示高度编码，nc 为文件扩展名。

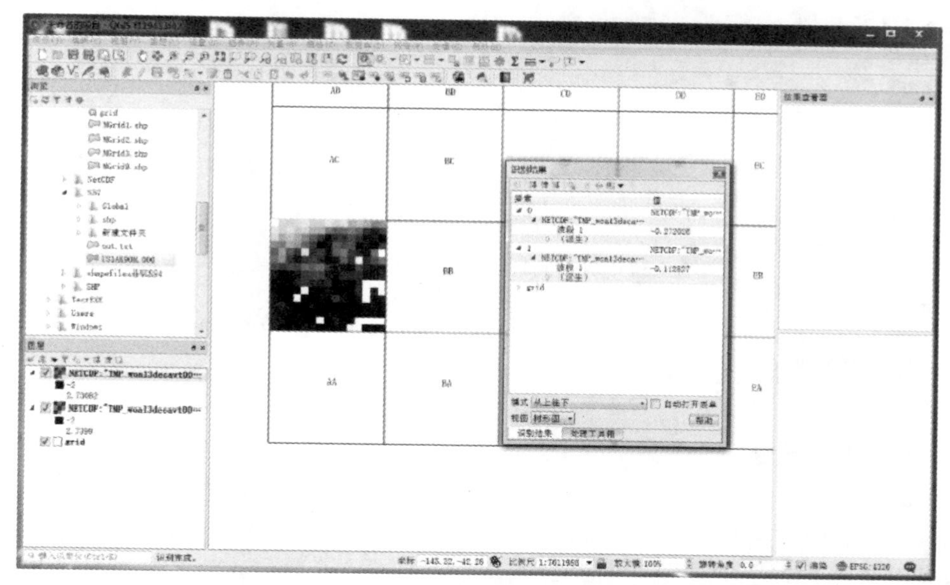

图 3.31　在 QGIS 查看相应单元的海洋数据集

5. 数据查询检索

按照 HYGrid 网格剖分模型对各类数据进行规范化组织后，可使用椭球面编码或者径向编码对各类数据进行快速统一的查询、提取和汇聚，处理过程如图 3.32～图 3.34 所示。

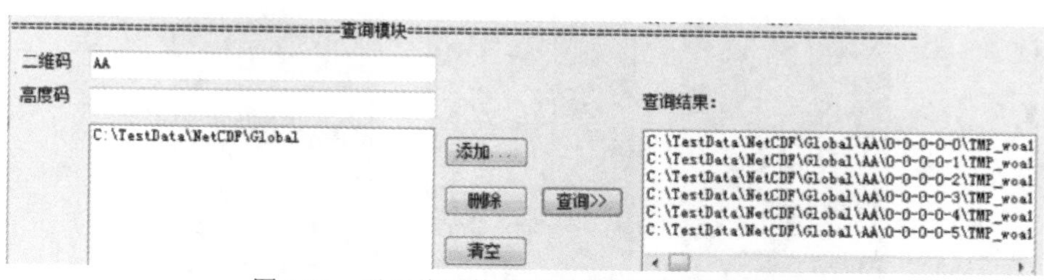

图 3.32　以二维网格编码对数据进行快速检索

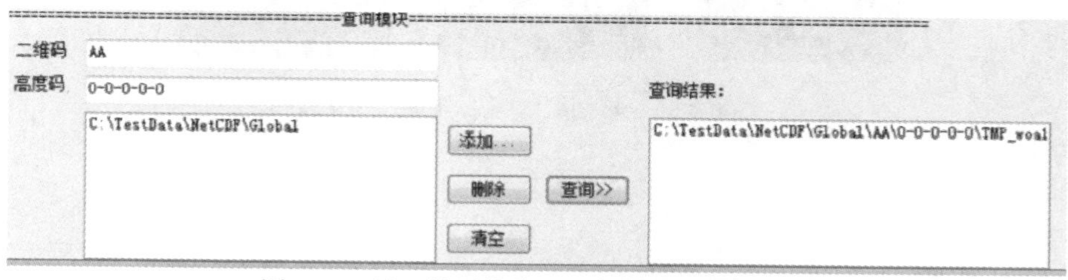

图 3.33　以三维网格编码对数据进行快速检索

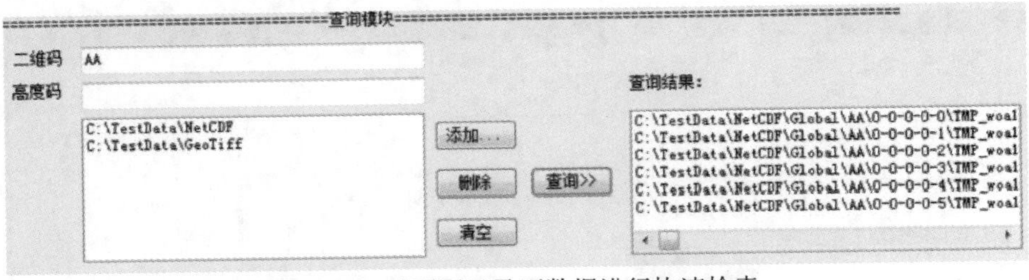

图 3.34　对不同目录下数据进行快速检索

3.1.5　实验与结论

地理网格剖分的一个典型应用是水下潜器航行规划或实时查询，用户可根据水下潜器规划航线或实时查询当前实际位置对应的网格单元序列，快速关联或调取具有相同网格编码的海洋环境数据。结合 HYGrid 网格剖分模型，利用多指标约束综合评估方法（刘厂 等，2022），分别针对安全性（水深、海流、密度梯度）、隐蔽性（海水透明度、海浪、声速跃层）和经济性（海流、海温、盐度）三个适宜性评价指标，对规划航线进行评估分级。航线评估分级类别如图 3.35 所示，航线评估示例如图 3.36～图 3.39 所示。从航线评估应用案例不难发现，HYGrid 网格剖分模型实用性强，可为多源异构信息查询关联和复杂空间分析提供统一框架。

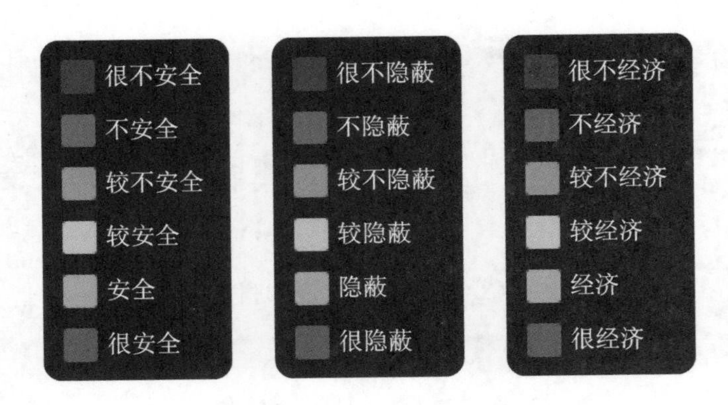

图 3.35　规划航线评估分级类别

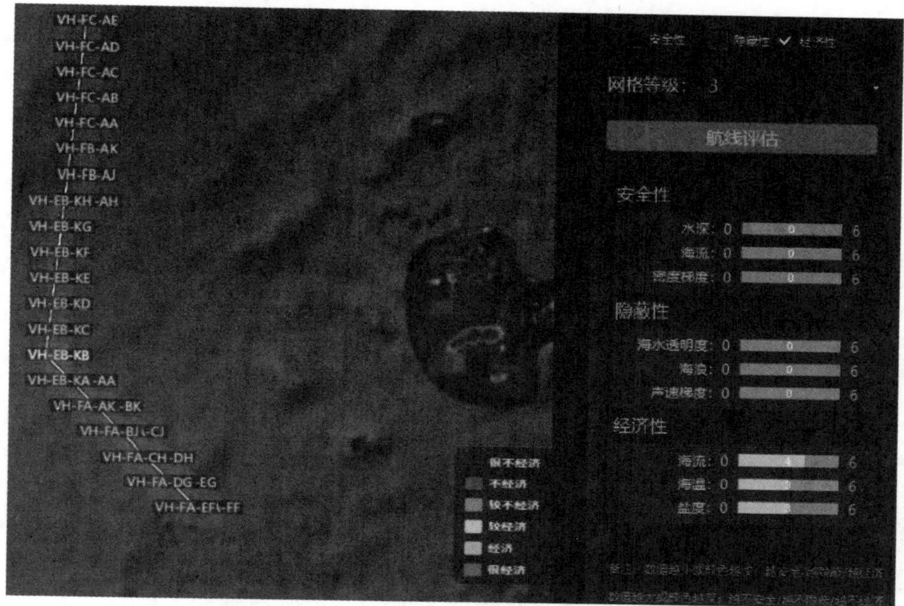

图 3.36　基于 HYGrid 模型评估航线经济性

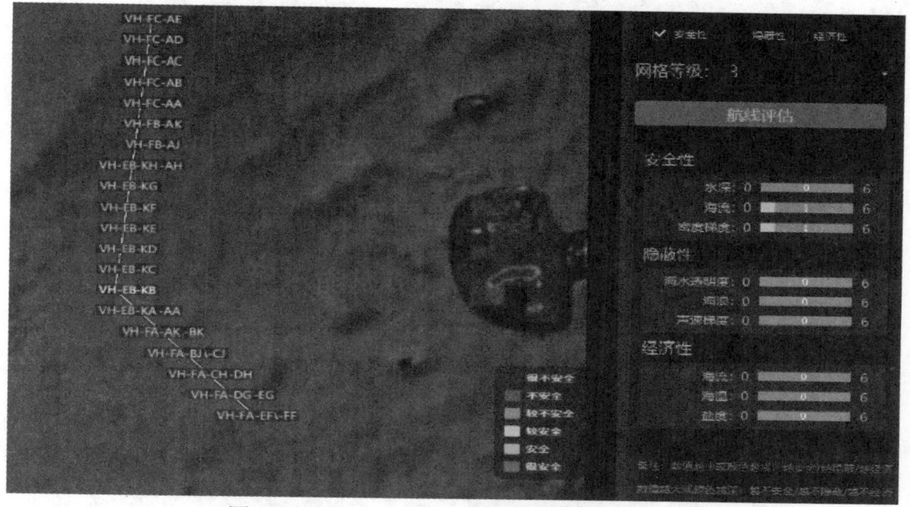

图 3.37　基于 HYGrid 模型评估航线安全性

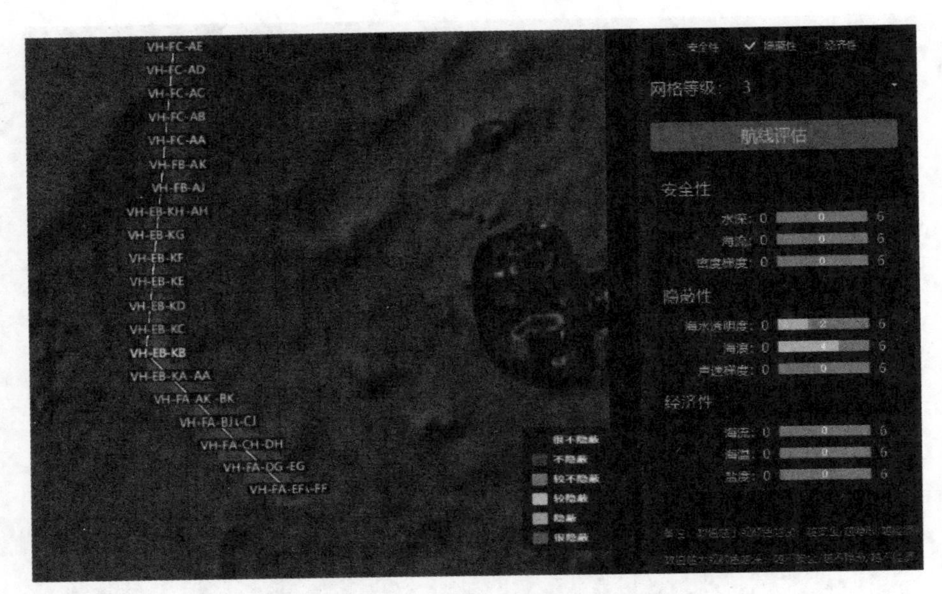

图 3.38　基于 HYGrid 模型评估航线隐蔽性

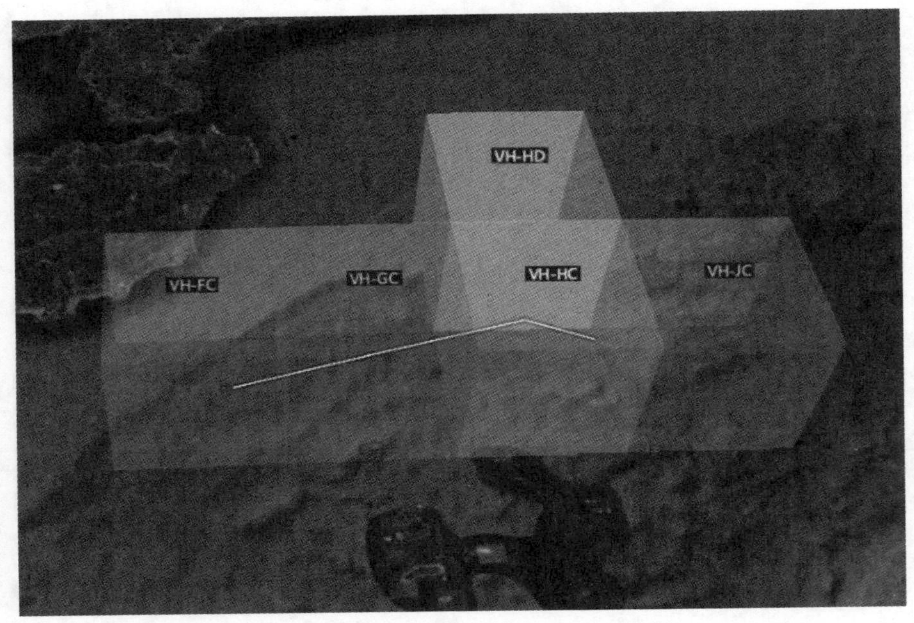

图 3.39　三维视角查看航线 HYGrid 网格单元

3.2　电子海图 QGIS 集成应用

3.2.1　概述

海图作为海上各类要素的承载体，被视为认识海洋的“眼睛”，是开发海洋必不可少的工具。与陆地地图相比，海图也通过符号语言来表达现实世界，但是其符号自成体系，具有较强的专业性。电子海图为各类海洋地理信息系统提供了重要基础信息，但是 S-52 标准显示规范相对封闭、资料难以获取、门槛较高，需要专门开发相应的信息系统方能实现标准化显示（徐文坤 等，2019；孟婵媛 等，2003），一定程度上限制了海洋地理信息系统的技术发展与行业应用。

针对现有电子海图规范不易使用的问题，近些年已有多篇文献探讨开放式解决思路，取得了一定的效果。在符号图元方面，现有 S-52 标准使用 HPGL 指令，构造与解析复杂，极少有软件支持，改进方法有 TrueType（董箭 等，2009）、PostScript（李雅彦 等，2018）、SVG（陈长林，2018）等；在符号化指令方面，S-52 标准显示包括基本符号化和条件符号化两部分内容，前者是一组能够直接实现“要素→符号”的映射规则，后者则是一组通过较为复杂的嵌套/跳转函数才能实现的映射规则，现有文献主要探索利用 SLD 进行改造的方法（亢孟军 等，2022；曹红俊 等，2018；刘天尧 等，2016），然而这些方法都只关注基本符号化，忽略了条件符号化，且 SLD 本身的符号化表达能力相对有限（Bocher et al.，2018）。

本节首先分析电子海图符号化的机制，给出最新版 S-52 标准的主要内容，然后对 SLD、QML 和 S-100 标准等相关符号化模型进行分析总结，最后将 QGIS 及其 QML 作为工具，实现对电子海图符号化方案的改造和验证。

3.2.2　电子海图符号化机制

IHO 电子海图符号化机制及其配套资源是以 S-52 标准的附件 A “S-52_Presentation Library”对外提供的，主要包括指令说明文档和符号库，目前版本是 V4.02。根据复杂度，电子海图符号库以 DAI 文件和 EAP 文件存储，前者包含所有海图要素与符号化指令的映射关系（即查找表，包括基本符号化和条件符号化）及涉及的所有符号，后者则以 UML 工程文件单独表示每个条件符号化的框架流程（需要由开发者自行实现）。

1. 基本符号化

IHO 在 S-52 标准的 DAI（V4.02）符号库文件中，根据光照条件设计了 3 套调色板（白天、黄昏、黑夜），根据视觉习惯设计了 562 个点符号、55 个线型和 23 个面图案，查找表包含传统点符号、简单点符号、传统面符号、简单面符号和简单线符号 5 类共计 1 276 条记录，其中每条记录包含 7 个字段，分别是："要素编码""属性条件""符号指令""显示优先级""雷达叠加标记""显示分类""可选显示组"，以深水航道中心线（DWRTCL）为例，其在简单线符号中对应记录如图 3.40 所示，指令说明参见表 3.2。

物标类	属性组合	符号指令	§	显示类别	可选显示组
DWRTCL		LC(DWLDEF01);TE('%03.01f deg','ORIENT',3,1,2,'15110',1,-1,CHBLK,11)	6	DISPLAYBASE	15010
DWRTCL	CATTRK1TRAFIC1	LC(DWRTCL08);TE('%03.01f deg','ORIENT',3,1,2,'15110',1,-1,CHBLK,11)	6	DISPLAYBASE	15010
DWRTCL	CATTRK1TRAFIC2	LC(DWRTCL08);TE('%03.01f deg','ORIENT',3,1,2,'15110',1,-1,CHBLK,11)	6	DISPLAYBASE	15010
DWRTCL	CATTRK1TRAFIC3	LC(DWRTCL08);TE('%03.01f deg','ORIENT',3,1,2,'15110',1,-1,CHBLK,11)	6	DISPLAYBASE	15010
DWRTCL	CATTRK1TRAFIC4	LC(DWRTCL06);TE('%03.01f deg','ORIENT',3,1,2,'15110',1,-1,CHBLK,11)	6	DISPLAYBASE	15010
DWRTCL	CATTRK2TRAFIC1	LC(DWRTCL07);TE('%03.01f deg','ORIENT',3,1,2,'15110',1,-1,CHBLK,11)	6	DISPLAYBASE	15010
DWRTCL	CATTRK2TRAFIC2	LC(DWRTCL07);TE('%03.01f deg','ORIENT',3,1,2,'15110',1,-1,CHBLK,11)	6	DISPLAYBASE	15010
DWRTCL	CATTRK2TRAFIC3	LC(DWRTCL07);TE('%03.01f deg','ORIENT',3,1,2,'15110',1,-1,CHBLK,11)	6	DISPLAYBASE	15010
DWRTCL	CATTRK2TRAFIC4	LC(DWRTCL05);TE('%03.01f deg','ORIENT',3,1,2,'15110',1,-1,CHBLK,11)	6	DISPLAYBASE	15010
DWRTCL	TRAFIC1	LC(DWRTCL07);TE('%03.01f deg','ORIENT',3,1,2,'15110',1,-1,CHBLK,11)	6	DISPLAYBASE	15010
DWRTCL	TRAFIC2	LC(DWRTCL07);TE('%03.01f deg','ORIENT',3,1,2,'15110',1,-1,CHBLK,11)	6	DISPLAYBASE	15010
DWRTCL	TRAFIC3	LC(DWRTCL07);TE('%03.01f deg','ORIENT',3,1,2,'15110',1,-1,CHBLK,11)	6	DISPLAYBASE	15010
DWRTCL	TRAFIC4	LC(DWRTCL05);TE('%03.01f deg','ORIENT',3,1,2,'15110',1,-1,CHBLK,11)	6	DISPLAYBASE	15010

图 3.40　深水航道中心线（DWRTCL）符号化规则

表 3.2　S-52 标准基本符号化指令说明

序号	名称	用法说明
1	SY	适用于点符号或区域中央符号，用法示例：SY(RCTLPT52,ORIENT)，其中 RCTLPT52 为点符号名称，ORIENT 为符号旋转角度
2	LC	复杂线型，适用于锚地边界等，用法示例：LC(RANSP01)，其中 RANSP01 为复杂线型符号名称
3	LS	简单线型，适用于等深线等，用法示例：LS(DOTT,1,TRFCD)，各参数说明依次如下 （1）基本线型，可以是 SOLD、DASH 或 DOTT，分别对应直线、虚线和点线；虚线长 3.6 mm，间距 1.8 mm；点线圆点直径 0.6 mm，间距 1.2 mm （2）线宽参数，表示线宽为 0.32 mm 的整倍数，限定为 1～8 （3）颜色代号
4	AC	颜色填充区域，如陆地等，用法示例：AC(CHBRN)，其中，CHBRN 为颜色代号
5	AP	纹样填充区域，如飞机场等，用法示例：AP(VEGATN04)，其中，VEGATN04 为面图案名称
6	TX	简单文本标注，用法示例：TX(OBJNAM,1,2,3,'15110',0,0,CHBLK,26)，各参数说明依次如下 （1）用于显示文本的 S-57 属性名称 （2）水平对齐："1"为中心对齐，"2"为右对齐，"3"为左对齐 （3）垂直对齐："1"为底部对齐，"2"为中心对齐，"3"为顶端对齐 （4）字符间距："1"为适中间距，"2"为标准间距，"3"为带限制标准间距，间距由第 5 个参数限定 （5）5 位数字，分别表示字符的字体、粗细、方向（直体或斜体）以及大小（2 位） （6）*X* 轴偏移量 （7）*Y* 轴偏移量

续表

序号	名称	用法说明
6	TX	（8）颜色代号 （9）文本分组
7	TE	带前缀文本标注，用法示例：TE('by %s', 'OBJNAM',2,1,2, '15110',-1,-1,CHBLK,21)，共 10 个参数，第 1 个参数用于规范前后缀和格式，其余 9 个参数参见 TX 指令

2. 条件符号化

条件符号化是一种针对多层次分支结构的图示表达规则，并且与环境参数相关，例如船舶安全水深、当前时间、不同要素之间的空间关系或者关联关系。S-52标准给出了流程图和相应的C语言代码框架，开发者据此可开发出符合标准的条件符号化程序。IHO 在 S-52 标准的 EAP 文件中给出了 21 个条件符号化过程，参见表 3.3。条件符号化具有复杂的条件判断，难以用简单规则进行表述，例如："UDWHAZ05"需要识别位于安全等深面范围内，且水深浅于等深面深度范围的障碍物；"LIGHTS06"需要识别灯标下方的平台是固定的还是浮动的；"QUAPNT02"需要识别要素空间几何不同部分的精度。部分条件符号化指令之间存在调用关系，例如"OBSTRN07"调用了"UDWHAZ05"，"WRECKS05"调用了"QUAPNT02"，等等。特定电子海图系统需要遵照 S-52 标准给出的流程框架进行编程实现，图 3.41 示例说明了"SEABED01"条件符号化流程。

表 3.3　S-52 标准条件符号化指令说明

序号	名称	用法说明
1	DEPARE03	深度填充区或疏浚区填充
2	DEPCNT03	等深线，包括安全等深线
3	DEPVAL02	障碍物或沉船符号化的子程序
4	LIGHTS06	光弧、闪光覆盖范围
5	LITDSN02	灯质描述
6	OBSTRN07	障碍物和礁石
7	QUAPOS01	点状物标的位置精度
8	QUALIN01	线状物标的位置精度
9	QUAPNT02	低精度点或面几何的额外可视化
10	RESARE04	限制区要素
11	RESTRN01	带有"RESTRN"（限制）属性的相关要素符号化程序入口
12	RESCSP02	子程序，用于带有"RESTRN"（限制）属性的相关要素
13	SAFCON01	等深线值的标注

续表

序号	名称	用法说明
14	SLCONS04	岸线建筑物的位置质量
15	SEABED01	深度区的颜色填充
16	SNDFRM04	水深数字及安全等深线的子程序
17	SOUNDG03	水深数字的程序入口
18	SYMINS02	IMO 指定的符号指令
19	TOPMAR02	顶标
20	UDWHAZ05	危及本船安全的孤立危险物
21	WRECKS05	沉船

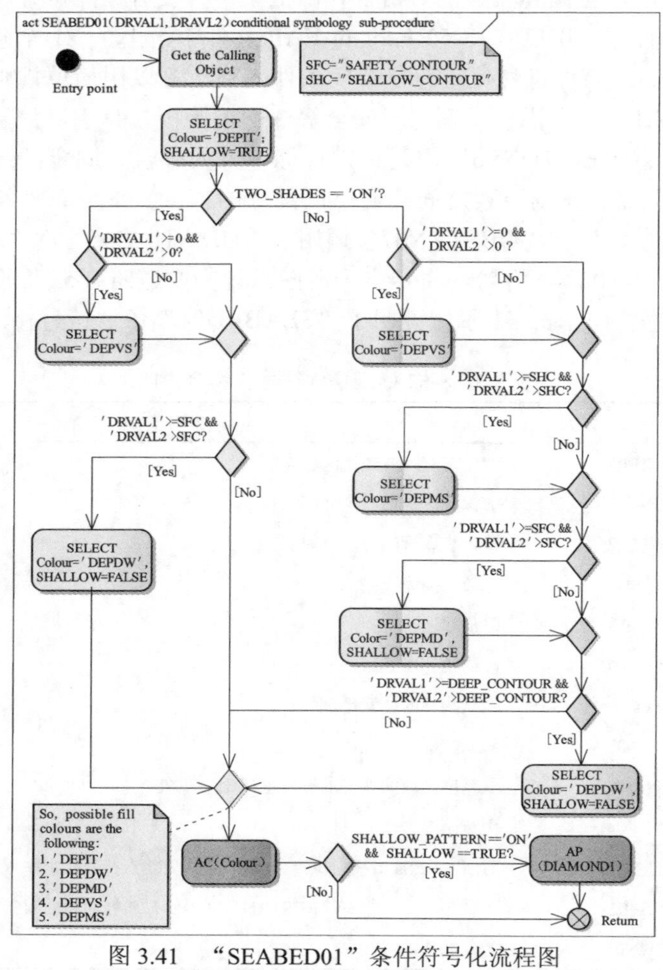

图 3.41　“SEABED01”条件符号化流程图

3.2.3　SLD&QML 模型对比

符号化模型的本质在于实现“要素→符号”的映射，其表达能力取决于过滤器（filter）和符号器（symbolizer），前者类似于 SQL“WHERE”子句，用于查找待处理的要素，后者用于将相应的符号样式应用到匹配的要素。

1. SLD 符号化模型

SLD 过滤器运用了 OGC 标准定义的三种运算符：空间运算符（spatial operators）、比较运算符（comparison operators）和逻辑运算符（logical operators）。过滤器可由一个“空间运算符”或“比较运算符”指定，也可通过“逻辑运算符”将两个或多个空间运算符/比较运算符进行组合/嵌套。

SLD 过滤器主要运算符参见表 3.4，除此之外，SLD 过滤器还可实现对要素属性和数值的加减乘除或特定函数（function）运算，可通过 XPath 方式实现对复杂要素和复杂属性的成员定位与引用。需要说明的是，过滤器特定函数并无统一规定，依赖于特定软件系统的实现，例如 GeoServer 扩展实现了环境变量设置与调用。

表 3.4　SLD 过滤器主要运算符

序号	英文名称	中文名称	说明
1	BBOX	边界框内	空间运算符
2	Beyond	缓冲区外	
3	Contains	包含	
4	Crosses	穿越	
5	Disjoint	相离	
6	DWithin	缓冲区内	
7	Equals	重合	
8	Intersects	相交	
9	Overlaps	叠加	
10	Touches	相接	
11	Within	被包含	
12	PropertyIsEqualTo	等于	比较运算符
13	PropertyIsNotEqualTo	不等于	
14	PropertyIsLessThan	小于	

续表

序号	英文名称	中文名称	说明
15	PropertyIsLessThanOrEqualTo	小于或等于	比较运算符
16	PropertyIsGreaterThan	大于	
17	PropertyIsGreaterThanOrEqualTo	大于或等于	
18	PropertyIsLike	类似	
19	PropertyIsNull	空值	
20	PropertyIsBetween	之间	
21	And	且	逻辑运算符
22	Or	或	
23	Not	非	

SLD 符号器主要分为点（PointSymbolizer）、线（LineSymbolizer）、多边形（PolygonSymbolizer）、文本（TextSymbolizer）和栅格（RasterSymbolizer）5 类，主要属性及说明具体参见表 3.5。

表 3.5　SLD 符号器主要属性

序号	类别	属性	说明
1	点	Geometry	适用于为线要素和面要素提供定位点
		Graphic	可设置符号名称(本地或者远程)、尺寸、不透明度、旋转角度、定位点、偏移量、笔画、填充等参数
2	线	Geometry	适用于具有多个空间属性的要素
		Stroke	分为实心、图案填充和图案笔画 3 种
		PerpendicularOffset	平行偏移
3	多边形	Geometry	适用于具有多个空间属性的要素
		Fill	分为实心和图案 2 种
		Stroke	笔画，含颜色、宽度、线帽、连接样式、虚线图案、不透明度等
		Displacement	偏移量
		PerpendicularOffset	平行偏移
4	文本	Geometry	适用于具有多个空间属性的要素
		Label	注记内容
		Font	字体

续表

序号	类别	属性	说明
4	文本	LabelPlacement	分为点状、线状、面状 3 种布放模式
		Halo	光环
		Fill	分为实心、图案填充和图案笔画 3 种
5	栅格	Geometry	其定义依赖于特定系统
		Opacity	其定义依赖于特定系统
		ChannelSelection	波段选择，分红、绿、蓝、灰 4 种
		OverlapBehavior	叠加次序
		ColorMap	颜色分配表，分为类属和插值 2 种
		ContrastEnhancement	对比增强，分为直方图、正态化和伽马值 3 种
		ShadedRelief	晕渲，可设置亮度和夸大效果
		ImageOutline	图像轮廓

2. QGIS&QML 符号化模型

目前并无专门对 QML 进行介绍的文档，但是其本质上是 QGIS 符号样式的 XML 配置文件，核心内容与 QGIS 样式内置 API 对应。从 QGIS 当前样式表达能力可以看出，QML 具备强大的过滤器表达能力，支持表达式/函数并可快速扩展（支持 Python），也可获得/设置环境变量。QML 运算符十分丰富，其分组信息参见表 3.6，其中的几何函数组完全涵盖 SLD 空间运算符，算子组则完全涵盖 SLD 的比较运算符和逻辑运算符。

表 3.6　QML 过滤器运算符分组（QGIS 3.22）

序号	英文名称	中文名称
1	Aggregates Functions	集合函数
2	Array Functions	数组函数
3	Color Functions	颜色函数
4	Conditional Functions	条件函数
5	Conversions Functions	转换函数
6	Custom Functions	自定义函数
7	Date and Time Functions	日期时间函数
8	Fields and Values	字段/值

续表

序号	英文名称	中文名称
9	Files and Paths Functions	文件和路径函数
10	Form Functions	表单函数
11	Fuzzy Matching Functions	模糊匹配函数
12	General Functions	一般函数
13	Geometry Functions	几何函数
14	Layout Functions	布局函数
15	Map Layers	地图图层
16	Maps Functions	地图函数
17	Mathematical Functions	数学函数
18	Meshes Functions	网格函数
19	Operators	算子
20	Processing Functions	处理函数
21	Rasters Functions	栅格函数
22	Record and Attributes Functions	记录与属性函数
23	Relations	关系
24	String Functions	字符串函数
25	User Expressions	用户表达式
26	Variables	变量

由于 QML 运算符十分丰富，内容众多，此处只罗列其概要信息，参见表 3.7。QML 符号器主要分为标记（marker）、线（line）、填充（fill）、标注（label）和栅格（raster）5 类，每种符号器又可细分出很多子类，其中单一符号和基于规则的符号是 QML 的核心，其矢量数据表达能力完全能够覆盖 SLD 符号器。

表 3.7　QML 符号器主要类别

序号	类别	子类	说明
1	标记	分为“单一”“分类”“渐进”“基于规则”4 种基本子类型及“点位移”“点聚类”“热力图”3 种复合子类型	可设置标记符号、尺寸、不透明度、旋转角度、定位点、偏移量、笔画、填充等参数。其中，单一符号又可分为简单、椭圆、实心、掩膜、文字符号、SVG、栅格图像等标记

续表

序号	类别	子类	说明
2	线	分为“单一”“分类”“渐进”“基于规则”4 种基本子类型及“合并要素”复合子类型	可根据子类设置不同参数，大多子类具备标记符号、尺寸、不透明度、旋转角度、偏移量、笔画、填充等参数。其中，单一符号又可分为简单线、标记线、箭头、散列线、内插线、线突发、几何生成器等线型
3	填充	分为“单一”“分类”“渐进”“基于规则”4 种基本子类型及“合并要素”“反转多边形”“2.5 维”3 种复合子类型	可根据子类设置不同参数，大多子类具备标记符号、尺寸、不透明度、旋转角度、偏移量、笔画、填充等参数；其中，单一符号又可分为简单、质心、渐变、线图案、点图案、随机标记、栅格图像、SVG、迸发状等填充，以及简单线、标记线、箭头、散列线、内插线、线突发等轮廓
4	标注	分为“单一”和“基于规则”2 种	可设置标注的文本、格式、描边、掩膜、背景、阴影、牵引线、位置等信息
5	栅格	分为“多波段彩色”“调色板”“单波段灰度”“单波段”“山体阴影”“等高线”6 种	可根据子类设置不同参数，例如波段选择、颜色分配表、晕渲光照等；可调整亮度、对比度、饱和度、伽马值、色相、重采样等参数

3. S-100&XSL 符号化模型

S-100 标准给出了统一的符号化框架，其过滤器可由 XSL 进行实现（陈长林 等，2020a），其符号器主要包括点符号、线型、面填充和文本 4 种。

XSL 过滤器以 XML 数据作为处理对象，其主要运算符参见表 3.8，除此之外，还可实现对要素属性和数值的加减乘除，具备一定的遍历和排序能力（xsl:for-each、xsl:choose 和 xsl:sort 等），可自定义函数并支持嵌套调用（xsl:template）。XSL 并不包含专门的空间运算符，所有空间运算都需要依托现有运算符进行组合构造。

表 3.8　XSL 过滤器主要运算符

序号	语法	中文名称	说明
1	/	路径运算符（下一级）	匹配运算符
2	//	路径运算符（任一级）	
3	.	当前上下文	
4	..	父级	
5	*	元素通配符	
6	@	属性	

续表

序号	语法	中文名称	说明
7	@*	属性通配符	匹配运算符
8	:	命名空间分隔符	
9	()	分组	
10	[]	筛选器	
11	= 或 eq 或 ieq	等于	比较运算符
12	!= 或 ne 或 ine	不等于	
13	< 或 lt 或ilt	小于	
14	<= 或 le 或 ile	小于或等于	
15	> 或 gt 或 igt	大于	
16	>= 或 ge 或 ige	大于或等于	
17	all	所有	
18	any	任意	
19	|	并集	
20	and 或 and 或 &&	且	逻辑运算符
21	or 或 or 或 ||	或	
22	not 或 $	非	

陈长林等（2020b）在构建 S-100 符号编辑器的过程中，以视觉变量角度对点符号、线型、面填充 3 种符号类型进行了分析，本书补充介绍文本和覆盖（除栅格之外，还有 TIN、变分格网等类型）符号化需要用到的主要属性信息。文本符号器分为点文本（TextPoint）和线文本（TextLine）共 2 类，详见表 3.9；覆盖符号器分为数值注记（NumericAnnotation）、覆盖颜色（CoverageColor）和符号注记（SymbolAnnotation）3 类，其主要属性详见表 3.10。

表 3.9　文本符号器主要属性

序号	子类	主要属性名称	说明
1	点文本	TextElement	文本、字体、背景等
		offset	偏移
2		rotation	旋转
3		linePlacement	线布放模式
4		areaPlacement	面布放模式

续表

序号	子类	主要属性名称	说明
5	线文本	TextElement	文本、字体、背景等
		startOffset	起始点
6		endOffset	不终止点
7		placementMode	线布放模式

表 3.10　覆盖符号器主要属性

序号	子类	主要属性名称	说明
1	数值注记	decimals	整数
		bodySize	字体大小
2		buffer	冲突缓冲
3		champion	冲突优先
4		font	字体
5		color	颜色
6	覆盖颜色	penWidth	笔宽
		token	笔号
7		transparency	透明度
8		placementMode	线布放方式
9	符号注记	symbolRef	符号引用
10		defaultRotation	旋转角度
11		rotationCRS	旋转坐标系
12		defaultScale	缩放
13		rotationAttribute	旋转属性
14		rotationFactor	旋转因子
15		scaleAttribute	缩放属性
16		scaleFactor	缩放因子

4. 综合比较

SLD 是 OGC 制定的标准，面向 openGIS 领域，目前已经在众多开源 GIS 和部分商业 GIS 中获得支持，应用生态较为广泛，但是表达能力有限；QML 是 QGIS 采用的一种强大的符号化模型，面向各类地理信息可视化需求，功能最为强大，但是目前仅在 QGIS 中使用，尚未形成标准；S-100&XSL 是专门面向海洋地理信息的符号化模型，但是目前尚无成熟系统支持。

3.2.4　实验与结论

考虑到 QGIS 及其 QML 在符号化表达能力方面的优势，本书利用 QGIS 作为基本支撑平台，通过符号转换、规则构建、脚本开发和显示验证，实现标准化海图显示。

1. 符号转换

QGIS 不支持 S-52 标准提供的 HPGL 符号图元，但是支持 SVG 标准，因此可参考 S-101 电子海图，采用人工编辑（陈长林 等，2020b）或自动转换方式进行创建。考虑到 IHO 官方公布的 S-101 电子海图 SVG 符号集在内容上与 S-52 标准相比并无本质变化，本书对前者进行适配改造后嵌入 QGIS 内。S-101 电子海图 SVG 点符号使用层叠样式表（daySvgStyle、duskSvgStyle 和 nightSvgStyle 共 3 个）表示调色板，在 SVG 符号中加以引用，实现“白天、黄昏和黑夜”光照条件的快速切换。然而，QGIS 暂不支持层叠样式表，因此无法实现同一 SVG 符号的多种版本切换。本书根据 3 种光照条件下每种符号对应的 RGB 值，替换至 SVG 文件中，进而形成 3 套符号化方案，改造后的点符号显示效果如图 3.42 所示。

图 3.42　白天光照条件下的电子海图点符号

S-101 电子海图线型和面填充图案使用 XML 配置文件进行存储，其主要参数在 QGIS 中都可以找到对应项，考虑到其数量不多，因而可利用 QGIS 依照原有配置手动完成创建。为方便统一管理线型和面填充图案，可通过 QGIS 的“样式管理器”进行维护，效果如图 3.43 所示；在创建线型和面填充图案，以及构建条件符号化过程中，往往需要重复用到 S-52 标准中调色板颜色，因此仍然需要在 QGIS 中等同创建，如图 3.44 所示。

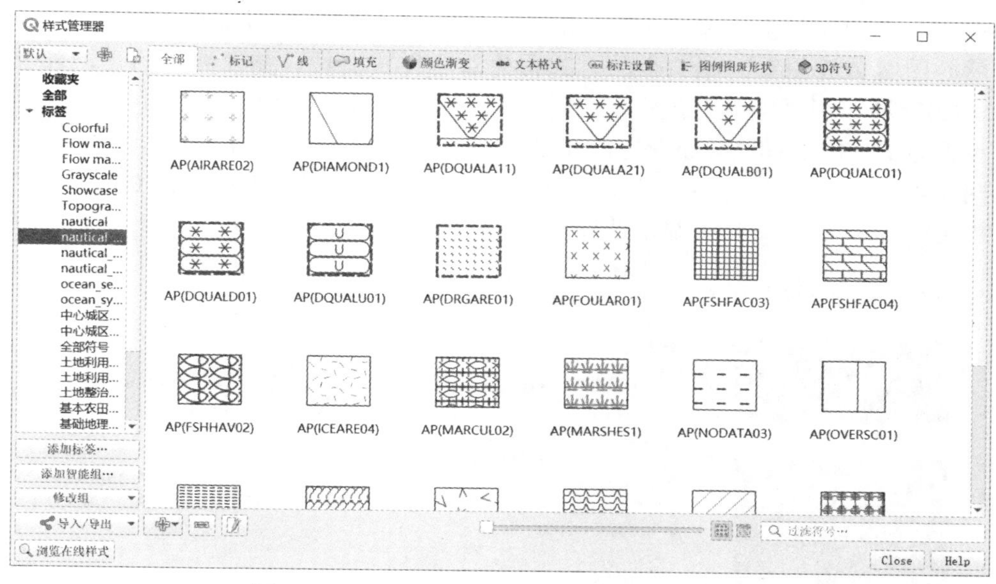

图 3.43　QGIS 样式管理器中的面填充图案样式

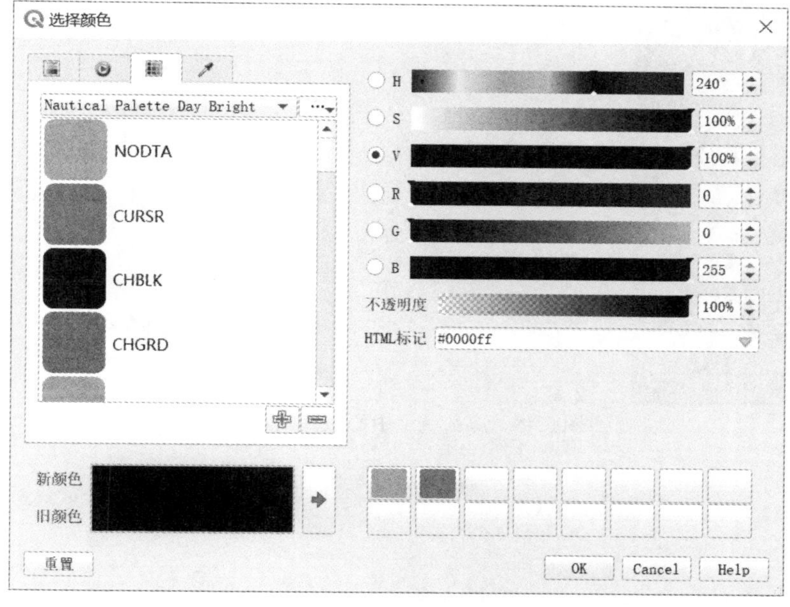

图 3.44　利用 QGIS 创建电子海图调色板

2. 规则构建

对于电子海图基本符号化，针对查找表中每一项记录，在符号转换成果基础上，在 QGIS 中采用“基于规则”和“单一符号”(简单线、标记线、简单图案、质心图案、线图案）相结合的方式构建对应样式文件。需要注意的是，部分 S-101 线样式中循环段长度小于实际长度，需要根据循环段中所有分段的总长来设置 QGIS 中的“间隔分布”参数。以深水航道中心线(DWRTCL)为例，图 3.45～图 3.48 给出了其基本配置信息，图 3.49 给出了 S-52 测试数据集“AA400002.000”中相应要素在 QGIS 中的显示效果。

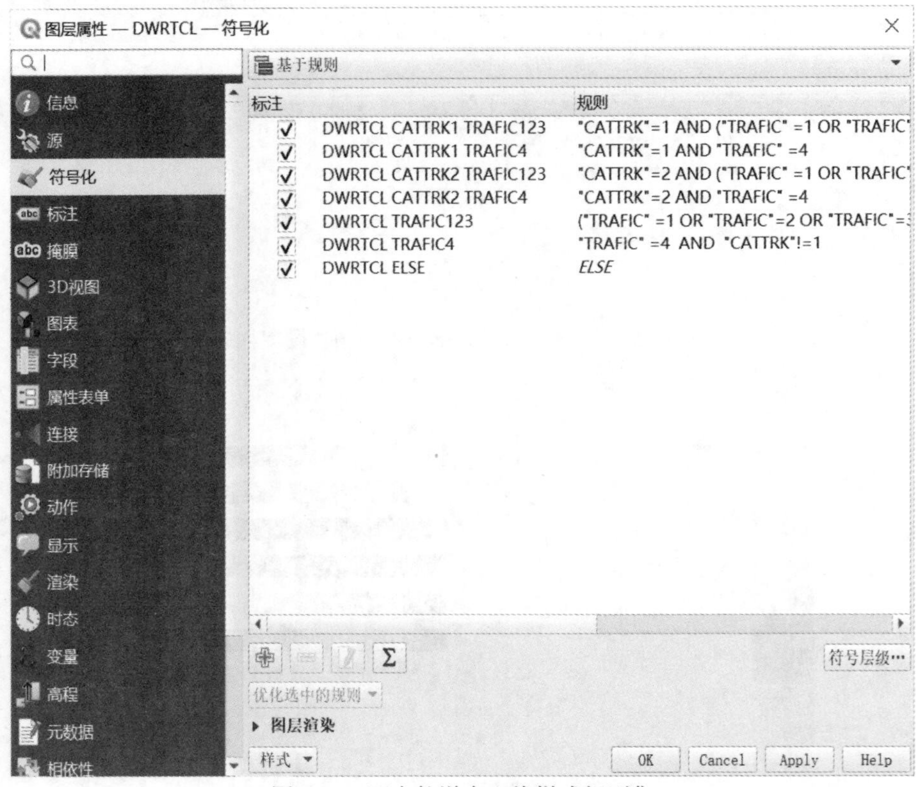

图 3.45　深水航道中心线样式规则集

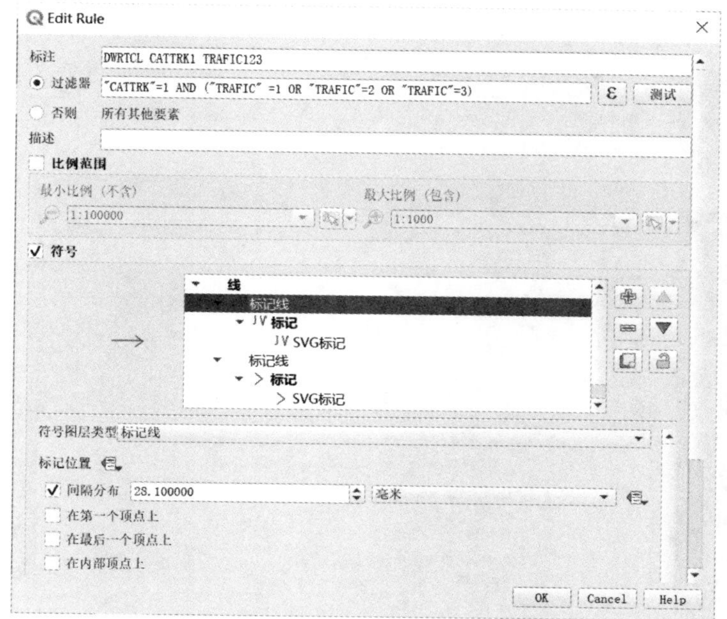

图 3.46　深水航道中心线样式中的标记线

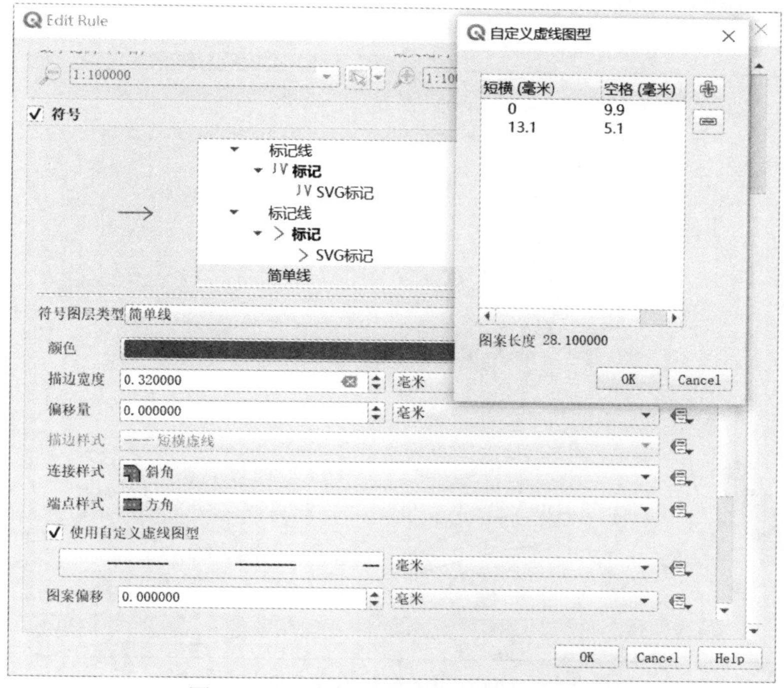

图 3.47　深水航道中心线样式中的虚线

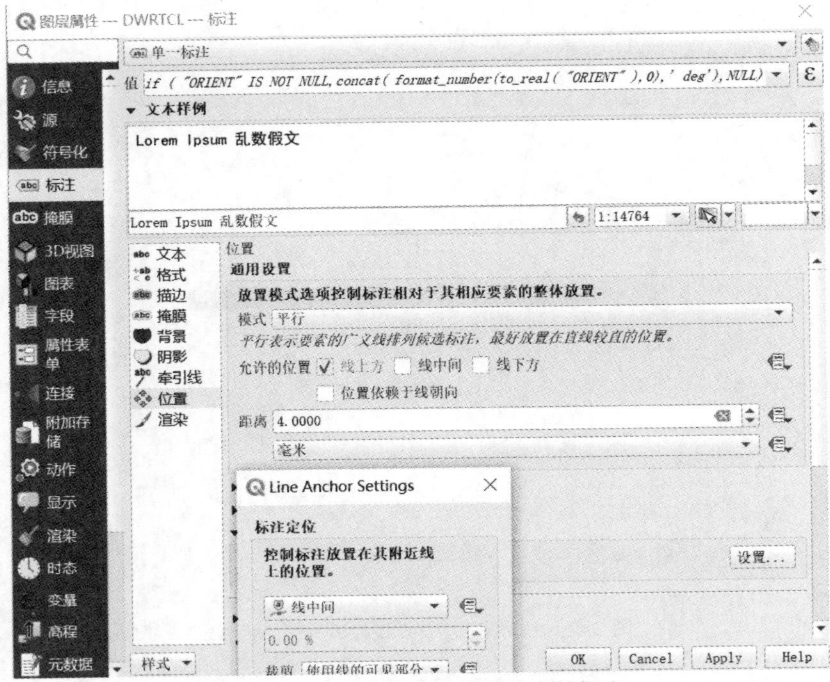

图 3.48　深水航道中心线样式中的标注

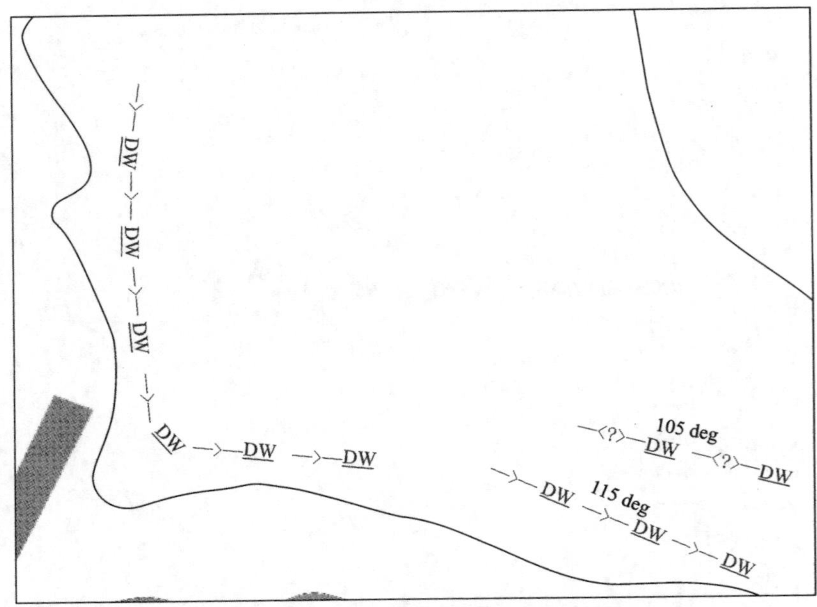

图 3.49　QGIS 中深水航道中心线显示效果

3. 脚本开发

电子海图条件符号化在QGIS中应当以Python方式进行扩展，同时需要综合利用符号转换、规则构建和全局变量等工作。以电子海图深度区（DEPARE）要素使用的“DEPARE03”条件符号化为例，由于用到深水等深线（DEEP_CONTOUR）、安全等深线（SAFETY_CONTOUR）、浅水等深线（SHALLOW_CONTOUR）、浅水模式（SHALLOW_PATTERN）和双色深浅（TWO_SHADES）5 个变量，需在 QGIS 变量中创建并赋予默认值，如图 3.50 所示；与 S-52 标准查找表对应，深度区（DEPARE）要素的条件符号化在 QGIS 中同样是通过“基于规则”作为入口的，在每个“规则”的表达式中调用相应的 Python 函数“SEABED01”，如图 3.51～图 3.52 所示。

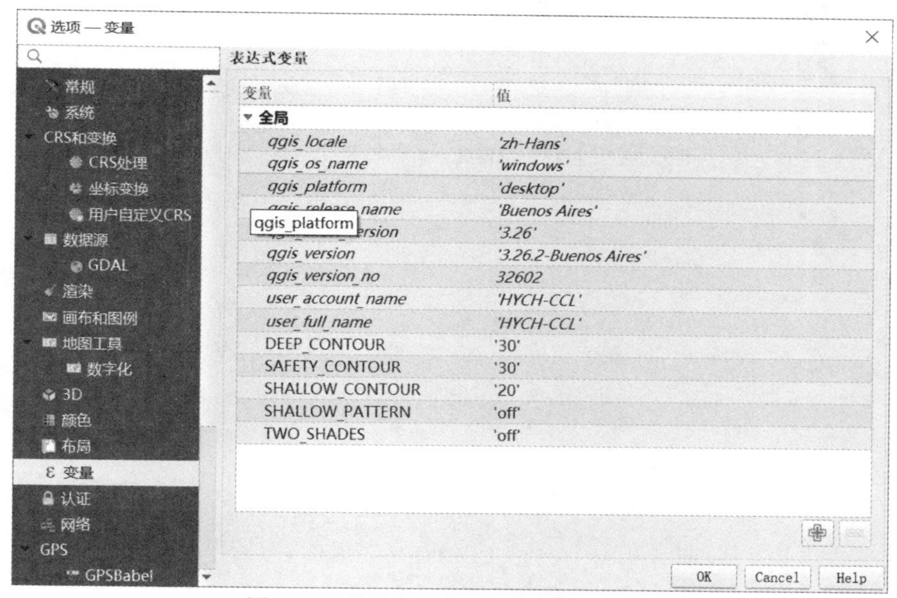

图 3.50　利用全局变量设置深度区参数

4. 显示验证

对照 5 类查找表，按照同一查找表内同一要素对应一个 QML 文件的方式，区分 3 种光照条件，分别构建 QML 文件，最终形成 1 350 个 QML 文件。

按照表 3.11 所述方案对上述 QML 进行验证。从显示效果来看，QGIS 具备实现电子海图标准化显示的能力，以 C1100104.000 海图数据为例，其对比效果如图 3.53～图 3.54 所示，不难看出，两者整体上无明显差异，仅存在的细微差别（原因有待进一步核查），差别有以下 2 种。

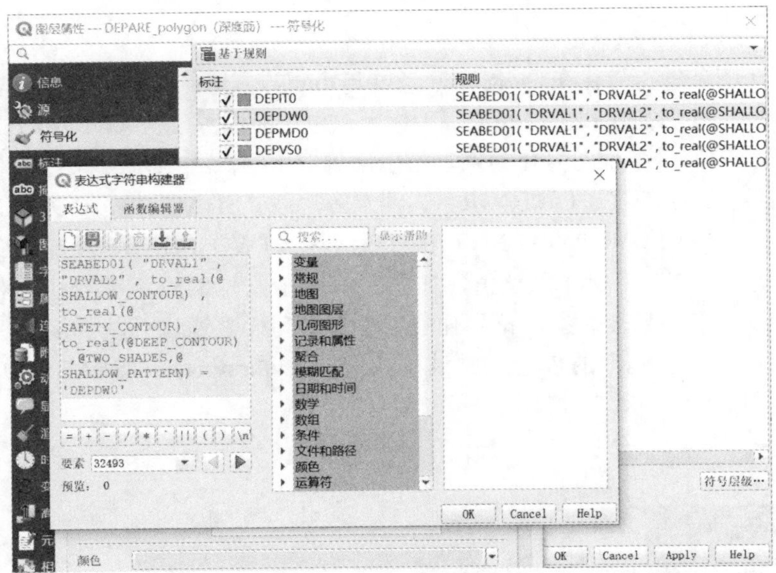

图 3.51　“DEPARE03”条件符号化对应规则

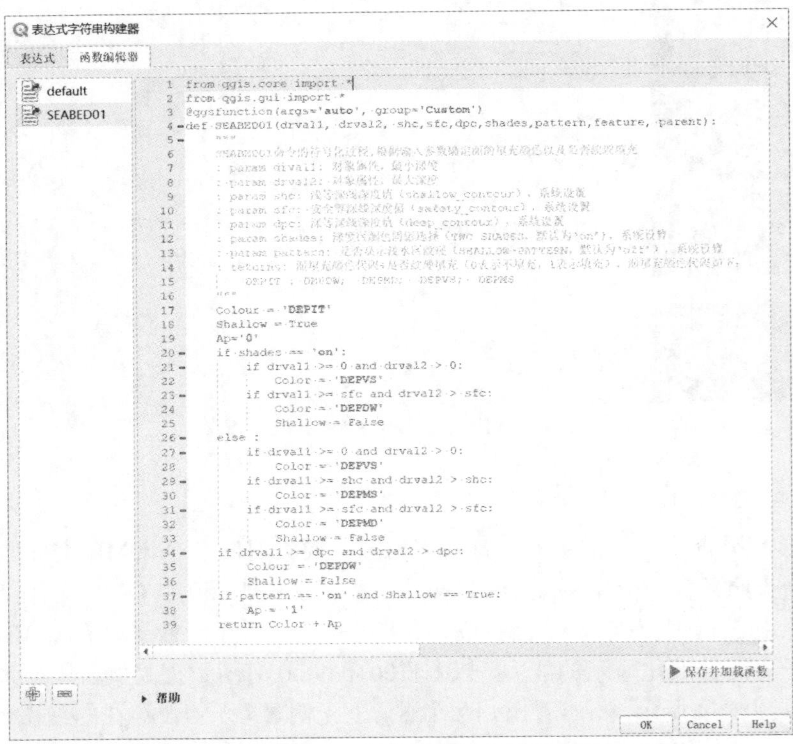

图 3.52　“SEABED01”条件符号化对应 Python 实现

表 3.11　QGIS&QML 实现电子海图显示验证实验方案

类别	说明
实验数据	C1100101、C1100102、C1100103、C1100104
硬件环境	CPU：Intel Core i7-6500U 2.50 GHz 内存：8 G 硬盘：SSD
软件环境	操作系统：Win10 家庭版 显示验证软件：QGIS 3.26 参考比对软件：eLaneViewer 2.0
验证内容	显示效果 显示效率

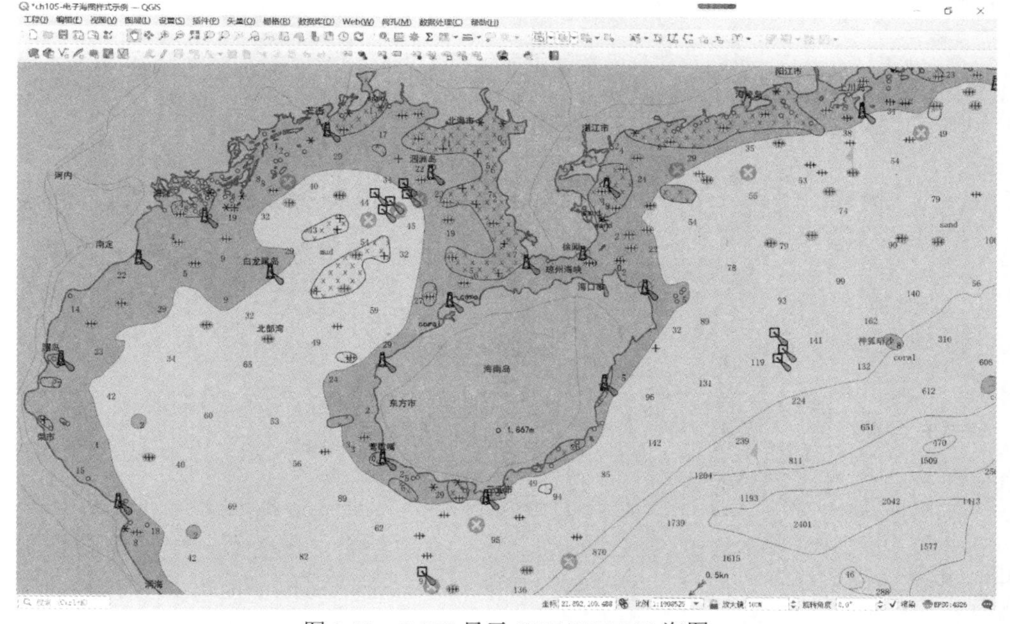

图 3.53　QGIS 显示 C1100104.000 海图

（1）图 3.53 中部分“深度小于安全等深线的孤立危险物”（图形符号为 ）在图 3.54 中显示为“深度不明的危险沉船”（图形符号为 ）。

（2）图 3.53 中较深海域的普染颜色比图 3.54 中相应颜色要淡。

从显示效率上来看，QGIS 对于单幅海图数据的刷新时间在 1～2 s，而 eLaneViewer 刷新时间在 0.5 s 以内。因此，利用 QGIS 实现电子海图显示在效率上存在较大提升空间，主要原因是 QGIS 使用了动态规则解析和 Python 脚本，在执行效率上弱于将符号化规则内嵌于系统内部的方式。

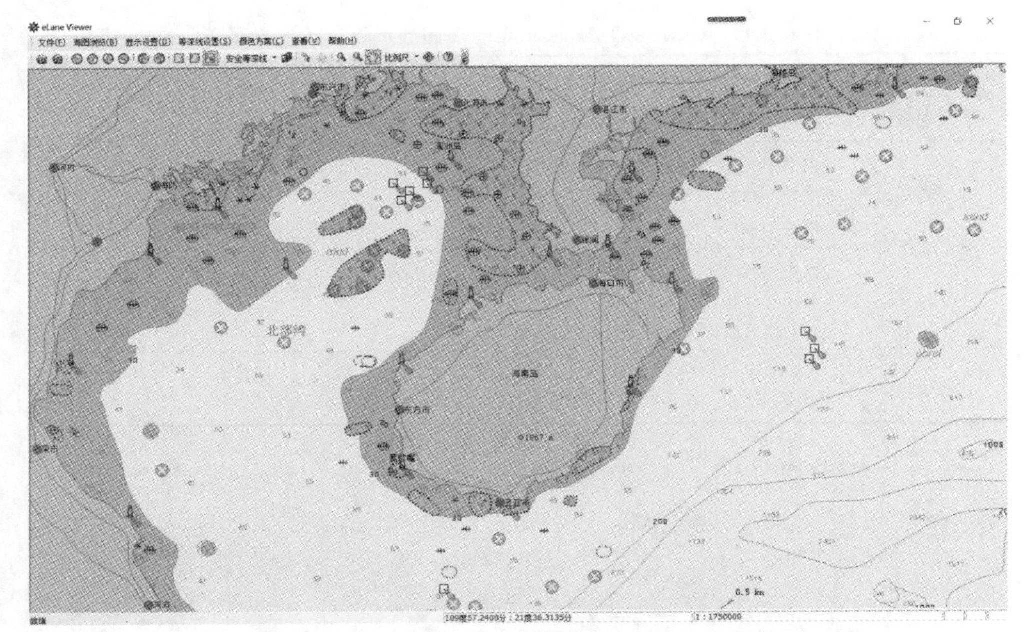

图 3.54　eLaneViewer 2.0 显示 C1100104.000 海图

3.3　插件式图示表达引擎构建

3.3.1　概述

电子海图是广义地图中的一个分支，是一类非常基础的海洋地理信息产品，符合地图学基本理论，但又独具特色。在网络发达的今天，电子地图呈现出丰富多彩的样式，但是，电子海图目前几乎只呈现出电子航海图（electronic navigational chart，ENC）这一单一样式，很难看到根据不同用户和不同用途设计的新样式，问题的根源在于：一方面，现行电子海图显示标准 S-52 面向 ENC，缺乏一个面向海洋地理信息全域的显示标准，而且 S-52 标准过于复杂，对普通开发者而言实现标准化海图显示并不容易；另一方面，海图数据和图示表达规则的耦合限制了电子海图不同样式的扩展。

3.2 节对 QGIS 软件平台下实现电子海图的集成应用进行了探索，但是由于目前尚无其他软件平台支持 QML 模型，因而该方法存在一定的限制性。S-100 标准引入了地理信息领域“图示表达”（Portrayal）的抽象理念，用于表示要素从数据变换为图形显示这一通用过程，涉及地理信息数据、地图符号及两者之间的映射规则（即图示表达函数或图示表达规则），可根据应用需求灵活构造要素模型、符号集和图示表达函数。关于要素模型和符号集，已有专门论述，此处仅讨论图示表达函数。图示表达函数来源于 ISO/TC 211 于 2005 年颁布的《地理信息图示表达》国际标准（代号 ISO 19117）。虽然有部分学者对 ISO 19117 图示表达函数开展了研究，例如 Nikkilä 等（2013）、Klausen（2006）、尹章才等（2005）分别构建了基于可扩展样式表转换语言（extensible stylesheet language transformation，XSLT）的图示表达函数，但总体上，由于 ISO 19117 标准过于抽象，且无实际成熟应用，因而并未引起足够重视，也未能得到推广应用。

S-100 标准对图示表达模型的实现方法进行了细化，并推荐使用 XSLT 和 Lua 两种脚本语言作为图示表达函数的描述方法，为图示表达函数的共享与互操作提供了明确方向，同时由于脚本语言的特性，使得符合 S-100 标准的图示表达引擎具备即插即用的扩展支持能力。

3.3.2　地理信息图示表达模型

1. 图示表达通用流程

图示表达从地理要素数据开始，使用图示表达函数将符号与海图地理要素数据中的要素实例关联起来，最后在显示媒介上渲染符号化的要素。本质上符号大多数情况下是图形，当然，其他的媒体（音频的、触觉的等）也可以用于图示表达地理要素数据。虽然图示表达实现方式千差万别，但是具备通用流程，如图 3.55 所示。

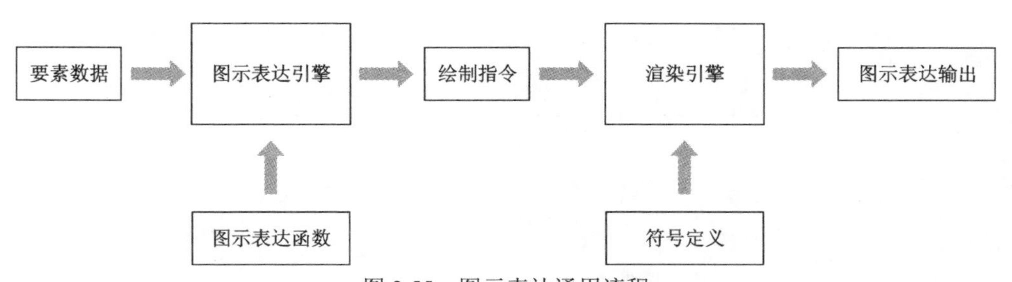

图 3.55　图示表达通用流程

2. 图示表达函数与符号定义

除要素数据外，图示表达还有两个重要的输入，即图示表达函数和符号定义。图示表达的第一步是将地理要素数据中的每个要素实例与一个符号定义映射或者关联起来，使用的是图示表达函数。图示表达函数定义了从地理要素到符号的映射，是与地理要素数据相分离的。对于每一个要素，图示表达函数会引用若干个符号定义，并且依赖于应用模式和要素数据的要素目录。

地理要素数据中的一个要素类型可以映射到一个符号，也可以基于要素实例的不同属性值映射到多个不同的符号。以“桥梁”要素为例，数据中含有要素属性“桥孔类型”，但是桥梁符号可能没有开口或者用于标识升降吊桥、旋桥、吊桥和“其他”敞口式桥的对应图形；多对一的映射也是可能的，例如“障碍”要素类型和“树桩”要素类型都可能被映射到一个“混杂水下要素”组合符号里。

3. 图示表达引擎

图示表达引擎可实现对海图数据的查询，并以得到的数据集作为输入，以图示表达函数作为控制方法，输出一组分解的符号或者绘制指令（包含了一个空间几何及其对应的符号定义）。如果使用了参数化的符号，那么还需要针对每个需要符号化的要素实例提供参数输入。参数化符号的一个典型应用示例是电子海图显示中的调色板（白天、黄昏、夜晚）和符号风格（简化符号和纸海图符号），其中，调色板切换的本质是颜色参数值的更换，具体用途如下。

（1）白天调色板：主要应用于晴天环境下，深水域使用白色普染，看起来最像传统的纸质海图。

（2）黄昏调色板：深水域使用黑色普染，色彩较为柔和，比夜晚颜色表中使用的颜色略亮。

（3）夜晚调色板：主要应用于最黑暗的环境下，深水域使用黑色普染，其他要素使用暗色普染。

表 3.12 给出了上海港海图数据在 ECDIS 三种调色板下的渲染效果对比。

表 3.12　不同调色板电子海图渲染效果示例

序号	调色板	渲染效果示例（简化符号）	渲染效果示例（纸海图符号）
1	白天	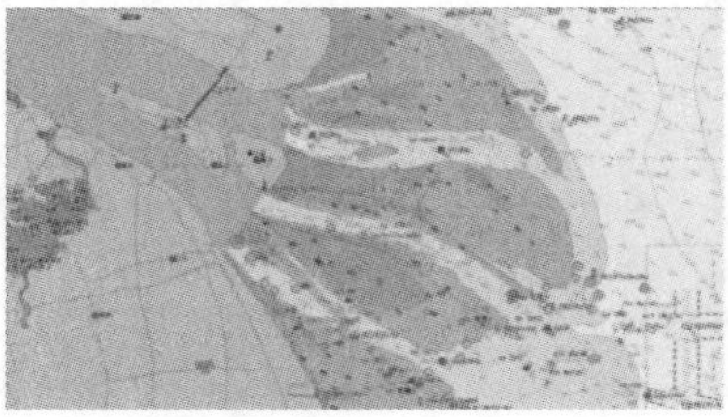	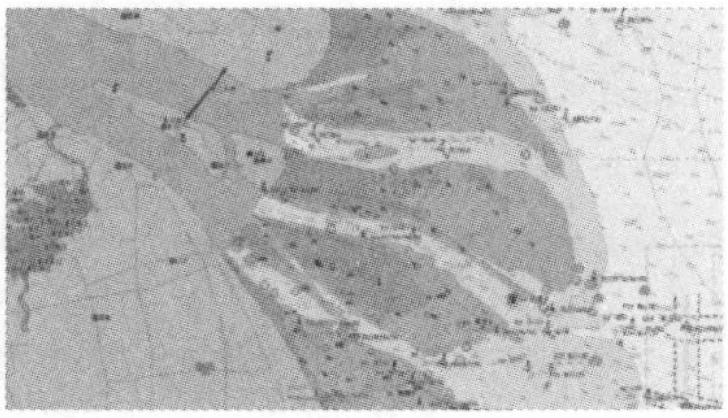

续表

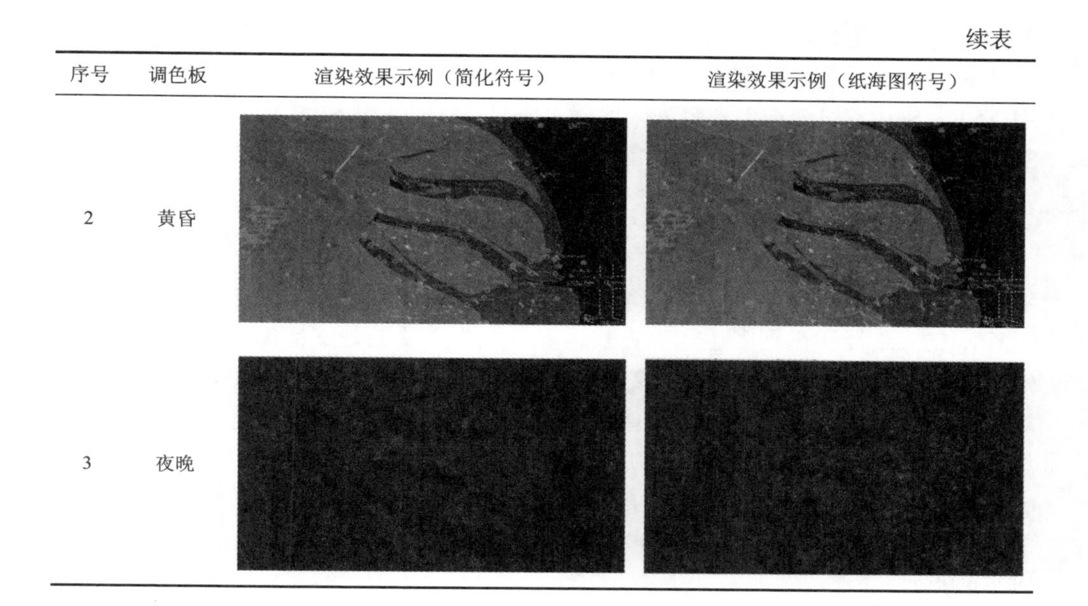

序号	调色板	渲染效果示例（简化符号）	渲染效果示例（纸海图符号）
2	黄昏		
3	夜晚		

3.3.3　S-100 标准图示表达模型

S-100标准第9章专门描述图示表达，与S-52标准不同的是，S-100标准对图示表达的规定源于 ISO 19117 标准，具有通用性和灵活性，且具备图示表达函数和符号定义集合两者“即插即用”能力。S-100 标准图示表达模型如图 3.56 所示，

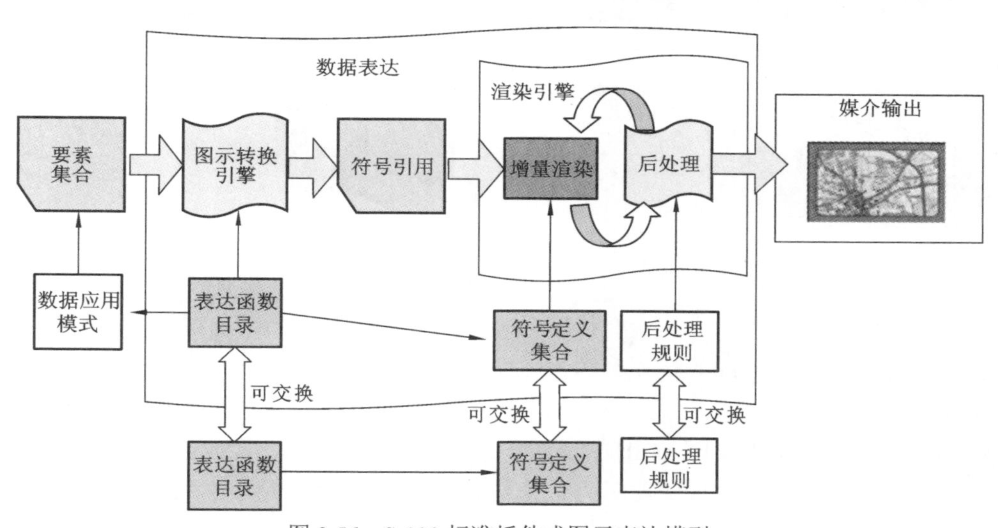

图 3.56　S-100 标准插件式图示表达模型

其中符号定义集合建议使用 SVG，图示表达函数实现方法主要依赖于产品规范所选用的动态编译语言，例如 S-101 规范使用 XSL 或 Lua，S-102 和 S-111 规范使用 XSL，S-121 和 S-412 规范尚未明确，S-411 规范使用 SLD 样式语言。相比于 SLD，XSL 和 Lua 具备函数调用能力，因而具有更加复杂的表达能力。本小节分别对 XSL 和 Lua 两种脚本语言进行分析介绍。

1. 基于 XSL 的地理信息图示表达

XSL 支持“与”“或”“非”等基本逻辑运算及其组合，支持加减乘除等代数运算，支持路径和正则表达式等查找运算，尤为重要的是支持模板（子过程）的定义与调用，因而可以替代 S-52 标准图示表达中的基本符号化和条件符号化。对应于图 3.56 所示的 S-100 标准通用图示表达模型，基于 XSL 的地理信息图示表达流程如图 3.57 所示，其中可扩展样式表转换语言（extensible stylesheet language transformations，XSLT）是 XSL 的重要组成部分，用于将 XML 数据转换为另外的 XML 或其他格式。它是 S-100 标准通用图示表达模型的定制化，主要区别在以下两点。

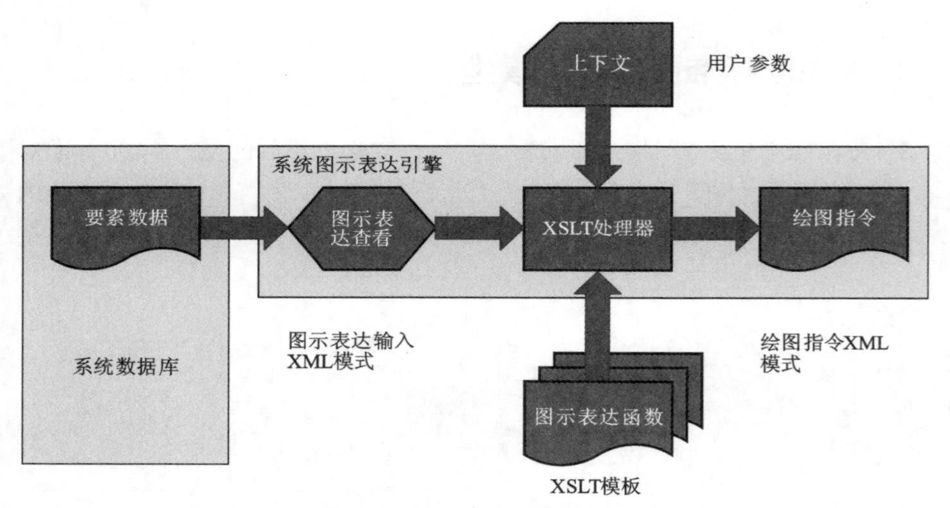

图 3.57　基于 XSL 的地理信息图示表达流程

（1）系统数据库，内部含有待图示表达的要素数据。“系统图示表达引擎”（system portrayal engine）将要素数据转换为绘图指令。绘图指令包括引用符号定义、优先级和过滤信息。绘图指令由渲染引擎进一步处理，生成最终显示。在此过程中，要素数据需要以 XML 的形式传递给 XSLT 处理器。XSLT 处理器在每个要素中应用最佳匹配模板或图示表达函数。图示表达函数使用定义的逻辑将输入要素内容和相关上下文信息转换为绘图指令，并以 XML 格式输出。

（2）系统图示表达引擎，其函数根据 XSLT 定义。XSLT 是一种声明性语言。XSLT 处理器将 XML 输入转换为 XML 输出。上下文参数和用户参数都可以输入 XSLT 处理器，供图示表达函数使用。XSLT 中的图示表达范围包括简单的查找、最佳匹配模板及复杂的条件逻辑。XSLT 根据其定义可以在 XML 节点树上工作，也有些实现将 XSLT 处理器直接与内部结构或相关数据库表连接。

XSLT 使用模板（template，可理解为开发语言中的函数）来处理输入 XML 树中的节点，并将节点生成为输出 XML 甚至纯文本。模板有两种类型：匹配模板和命名模板。

（1）匹配模板使用 XPath 匹配表达式来指定该模板应处理输入文档中的哪些元素。XPath（XML 路径语言，XML path language）是一种表达语言，用于寻址或查找 XML 文档中的部件。路径功能使其在处理诸如嵌套的复杂属性类的内容层次结构时特别有用。只有一个匹配模板可以匹配输入文档中的元素。匹配模板具有内置的优先级计算和冲突解决方法，该方法用于确定多个模板与同一元素匹配时使用哪个模板。优先级编号可以显式指定为匹配模板的属性，重载默认的冲突解决行为。

（2）命名模板由另一个模板及要处理的数据调用。命名模板也可以具有参数，这对格式转换或转换中常用的其他操作很有用。命名模板甚至可以调用自身（递归），对字符串标记解析之类的操作很有用。

模板可以使用“xsl:apply-templates”或“xsl:for-each”指令元素在与 XPath 表达式匹配的一组节点上循环，还可以在处理节点之前对节点进行排序。通过使用简单的“xsl:if”指令或“xsl:choose”指令，可以进行条件处理。选择指令允许对一组表达式进行测试，只处理第一个匹配项，如果找不到匹配项，则使用可选的其他语句来处理缺省值。这对测试枚举数据很有用，可以根据枚举值生成不同的输出。

2. 基于 Lua 的地理信息图示表达

Lua 是一种交互能力强、执行效率高、应用领域广泛的脚本语言，其运行流程如图 3.58 所示。Lua 实现方法要求在主机代码中嵌入相应接口，并依次调用，S-100 标准明确了 Lua 接口及其调用顺序，如图 3.59 所示，具体说明如下。

（1）“图示表达主体”（PortrayalMain）用于生成一组要素实例的绘图指令。在一个要素集中，通过主机 ID 进行“图示表达主体”；图示表达脚本在要素 ID 上进行遍历操作，逐个生成绘图指令。

（2）图示表达引擎。在处理每个要素实例时，图示表达引擎将调用主机接口函数，根据需要获取属性、空间或其他信息。处理完要素实例后，图示表达引擎

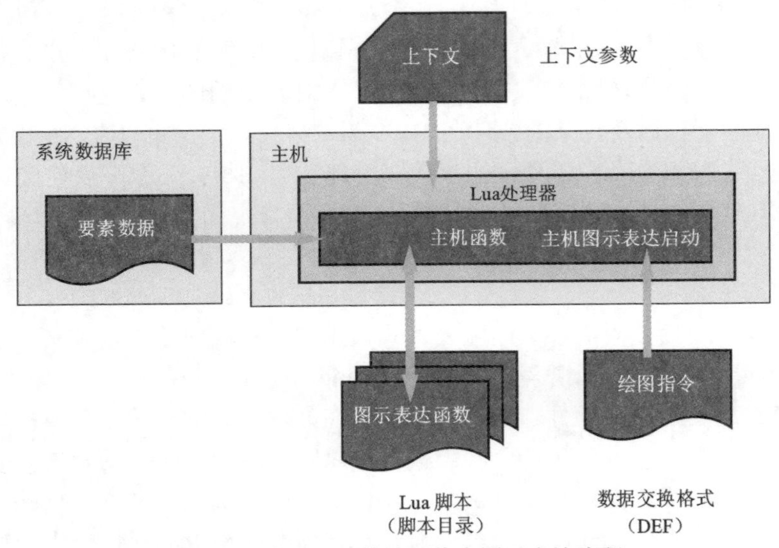

图 3.58　基于 Lua 的地理信息图示表达流程

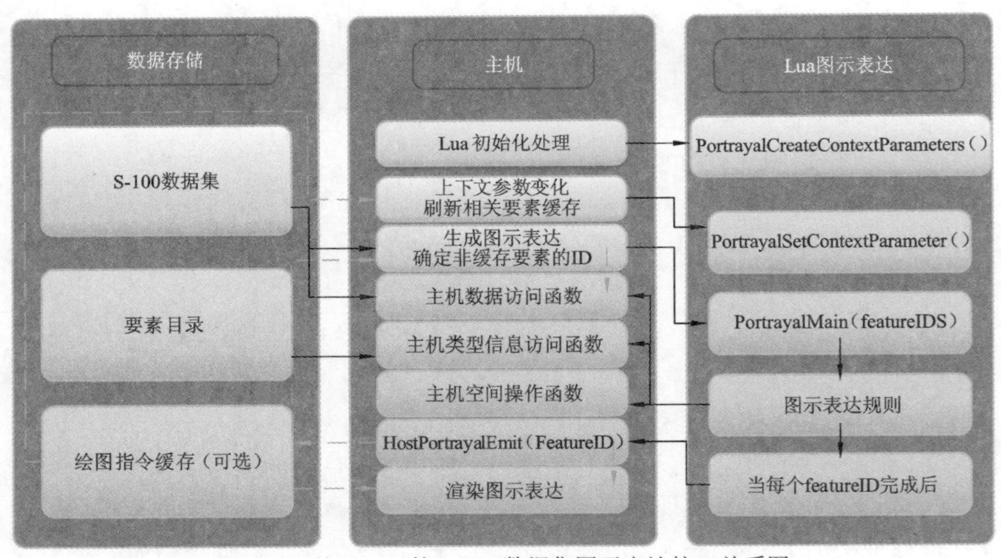

图 3.59　基于 Lua 的 S-100 数据集图示表达接口关系图

将调用“主机图示表达启动”（HostPortrayalEmit），将该要素实例的绘图指令提供给主机应用。

（3）实现图示表达缓存。为加快渲染过程，主机可以选择实现图示表达缓存。图示表达缓存用于缓存图示表达输出的绘图指令。通过缓存每个要素实例的绘图指令，主机可以重新渲染要素实例，无须重新生成其图示表达。仅当用于生成绘图指令的一个或多个上下文参数发生更改时，才需要重新生成缓存绘图指令。

（4）上下文参数（环境参数）。对上下文参数进行任何更改，都要求主机使用匹配的监控上下文参数重新生成所有要素实例的绘图指令。主机也可以使用缓存前期的绘图指令，非参数敏感的要素可以在缓存中保留，除非使用新的图示表达目录。

3.3.4 实验与结论

本书采用图 3.57 所示的 XSL 方案构建 S-100 标准图示表达引擎。为更加简洁直观地表达相互关系，对图 3.57 进一步改造，形成简化版流程，如图 3.60 所示，其中图示表达引擎包括图示转换引擎和渲染引擎两部分功能，前者主要依赖于要素集合构建和 XSL 表达规则构建，后者依赖于符号集构建。

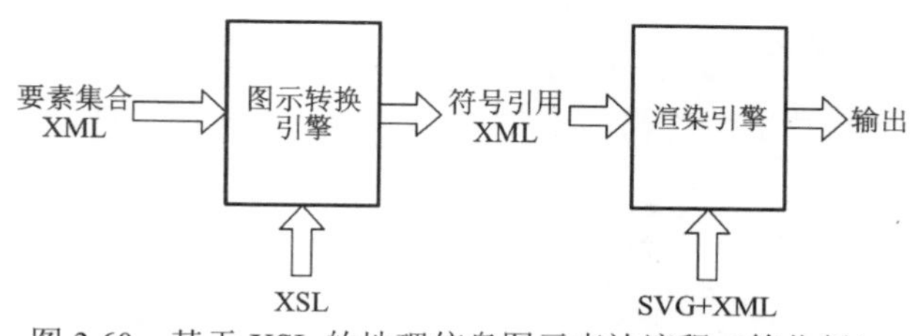

图 3.60　基于 XSL 的地理信息图示表达流程（简化版）

1. 海图要素集合构建

由于目前尚无官方发布的 S-101 数据，海图要素集合的构建需要从 S-57 标准 ENC 数据转入，因此需要按照 2.3 节所述语义映射方法，实现 S-57 标准 ENC 向 S-101 数据的自动转换，之后在系统中加载 S-101 数据并重新组织为 XML 结构。

电子海图通常使用 ISO 8211 作为数据编码格式，地理要素的基本组织框架如图 3.61 所示。以 IHO 提供的测试数据“GB5X01SE.000”中某一要素为例，其主要字段说明如图 3.62 所示，其中要素序号为“7”，要素名称为“DepthContour”（等深线）、属性“valueofDepthContour”值为“22”，空间信息索引为“CCR”（compound curve record，复合曲线记录）区段中“PRID”为“25”的记录。按照 S-101 产品规范编码结构，可相应建立对应的 XML 结构，图 3.63 即为根据图 3.62 所示数据进行重构后的部分 XML 数据。

```
要素类型记录
  |--FRID（5）:要素类型记录标识符字段
  |--FOID（3）:要素对象标识符字段
  |-<R>-ATTR（*5）:属性字段
  |-<R>-SPAS（*6）:空间关联字段
  |-<R>-FEAS（*5）:要素关联字段
  |-<R>-THAS（*3）:专题关联字段
  |-<R>-MASK（*3）:屏蔽类型字段
```

图 3.61　电子海图要素的 ISO 8211 编码框架

```
Record 141（80 bytes）- Feature record（FR）
   FRID: Feature Type Record Identifier
         RCNM   b11  100
         RCID   b14  7
         NFTC   b12  92     DepthContour
         RVER   b12  1
         RUIN   b11  1
     FOID: Feature object identifier field
         AGEN   b12  540
         FIDN   b14  2135144448
         FIDS   b12  687
     ATTR: Attribute
         NATC   b12  186   （valueOfDepthContour）
         ATIX   b12  1
         PAIX   b12  0
         ATIN   b11  1
         ATVL   A    20
     SPAS: Spatial Association
         RRNM   b11  125   （CCR）
         RRID   b14  25
         ORNT   b11  1     （F）
         SMIN   b14  -1
         SMAX   b14  0
```

图 3.62　示例数据（片段）说明

```
<DEPCNT id="7" primitive="Curve">
<VALDCO>20</VALDCO>
<Geometry>
    <coordinates>60.966666</coordinates>
    <coordinates>-32.53794</coordinates>
    <coordinates>60.969306</coordinates>
    <coordinates>-32.539874</coordinates>
```

图 3.63　示例要素部分 XML 数据

2. 图示表达函数改造

IHO S-52标准将图示表达函数的定义分为基本符号化和条件符号化，后者由开发者根据 S-52 标准中给出的流程图，各自编程实现。以条件符号化“DEPCNT03”（等深线）要素为例，表 3.13 为查找表对应记录，图 3.64 为对应的条件符号化流程，其主要结构说明参见表 3.14。

表 3.13 查找表中 DEPCNT03（等深线）记录

字段	值	说明
要素编码	DEPCNT	等深线
属性条件	—	无条件
符号指令	CS(DEPCNT03)	条件符号化 DEPCNT03
显示优先级	5	第 N+1 级不能覆盖第 N 级
雷达叠加标记	O	雷达之上
显示分类	OTHER	其他图层，按需才显示
可选显示组	33020	5 位数字编码

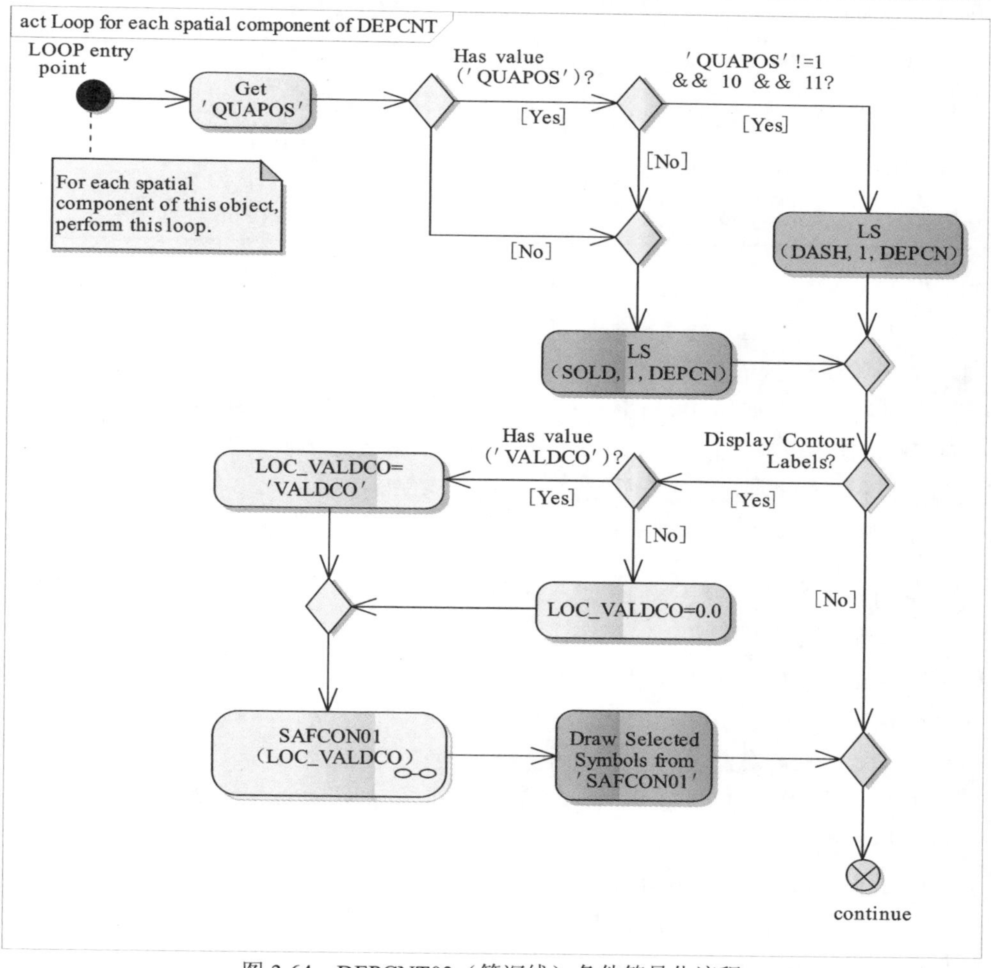

图 3.64 DEPCNT03（等深线）条件符号化流程

表 3.14　DEPCNT03（等深线）条件符号化说明

节点	说明
Get 'QUAPOS'	取当前空间要素的“QUAPOS”值
Has value ('QUAPOS')?	属性“QUAPOS”非空？
'QUAPOS' != 1 && 10 && 11?	“QUAPOS”值不等于 1、10 或 11
LS(DASH,1,DEPCN)	线符号化（虚线、1 单位宽、颜色为“DEPCN”）
LS(SOLD,1,DEPCN)	线符号化（实线、1 单位宽、颜色为“DEPCN”）
Display Contour Labels?	船员是否需要显示等深线注记？
Has value ('VALDCO')?	给出属性值“VALDCO”吗？
LOC_VALDCO='VALDCO'	将“LOC_VALDCO”设置为“VALDCO”值
LOC_VALDCO=0.0	设置“LOC_VALDCO”为 0.0
SAFCON01 (LOC_VALDCO)	调用子程序，以“LOC_VALDCO”值作为参数绘制 SAFCON01 符号，形成等深线注记
Draw Selected Symbols from 'SAFCON01'	在线中心处垂直向上绘制“SAFCON01”符号

电子海图图示表达函数采用 XSL 进行描述，构建方法如下：①依托行业专家知识，实现查找表基本符号化到 XSL 语法的转换；②对于条件符号化中的过程调用，建立 XSL 子模板。以条件符号化“DEPCNT03”为例，其初始部分 XSL 实现如图 3.65 所示；根据 S-100 标准中线型模型，图 3.66 给出了“LS(DASH,1,DEPCN)”对应的 XSL 子模板。以图 3.63 所示的 XML 要素数据集合为例，匹配图 3.66 的 XSL 子模板，可得到图 3.67 所示的符号引用 XML 数据。

3. 图示表达引擎实现

在构建海图要素集合和图示表达函数的基础上，以 C#作为开发语言编制“S-100 图示表达浏览器”软件模块，利用 C#内置库实现 XML 数据的构建及 XSL 模板的执行，利用 GDI+实现图形绘制，并将其显示效果与“KHOA S-100 Viewer”进行比较分析。

显示效果比较分析实验方案如下。

（1）实验环境。CPU 为 Intel I5 M460；硬盘为 Kinston SSD 256G；操作系统为 Windows 7 64 位。

（2）实验数据。中国海区海图数据“C1100103.000”。

（3）实验内容。从显示完整性、规范性和执行效率三个方面，对实验数据进行加载、测试与比较。

```
<!-- retrieve the referenced curve using the index -->
<xsl:variable name="curve" select="key('Curveids', @ref)"/>
<!-- retrieve the curves spatial quality using the index of quality  -->
<xsl:variable name="quality" select="key('qualityids', $curve/spatialQuality/@informationRef)"/>
<xsl:variable name="linestyle">
    <xsl:choose>
        <xsl:when test="not($quality/qualityOfPosition) ">
            <xsl:text>solid</xsl:text>
        </xsl:when>
        <xsl:when test="$quality/qualityOfPosition = 1 or $quality/qualityOfPosition = 10 or $quality/qualityOfPosition = 11 ">
            <xsl:text>solid</xsl:text>
        </xsl:when>
        <xsl:otherwise>
            <xsl:text>dash</xsl:text>
        </xsl:otherwise>
    </xsl:choose>
</xsl:variable>

<!--check if Safety contour otherwise handle as simple contour -->
<xsl:choose>
    <xsl:when test="$contour/valueOfDepthContour = $SAFETY_CONTOUR">
        <lineInstruction>
            <featureReference>
                <xsl:value-of select="$contour/@id"/>
            </featureReference>
            <xsl:element name="spatialReference">
                <xsl:attribute name="forward">
                    <xsl:value-of select="$forward"/>
                </xsl:attribute>
                <xsl:value-of select="@ref"/>
            </xsl:element>
            <viewingGroup>13000</viewingGroup>
            <displayPlane>OVERRADAR</displayPlane>
            <drawingPriority>24</drawingPriority>
            <xsl:call-template name="simpleLineStyle">
                <xsl:with-param name="style" select="$linestyle"/>
                <xsl:with-param name="width">0.64</xsl:with-param>
                <xsl:with-param name="colour">DEPSC</xsl:with-param>
            </xsl:call-template>
        </lineInstruction>
    </xsl:when>
```

图 3.65　条件符号化 DEPCNT03 的 XSL 实现（部分）

```
<lineInstruction>
  <featureReference>
    <xsl:value-of select="@id"/>
  </featureReference>
    <viewingGroup>
        <xsl:value-of select="$viewingGroup"/>
    </viewingGroup>
    <displayPlane>
        <xsl:value-of select="$displayPlane"/>
    </displayPlane>
    <drawingPriority>
        <xsl:value-of select="$drawingPriority"/>
    </drawingPriority>
  <xsl:call-template name="simpleLineStyle">
    <xsl:with-param name="style">solid</xsl:with-param>
    <xsl:with-param name="width">1</xsl:with-param>
    <xsl:with-param name="colour">DEPCN</xsl:with-param>
  </xsl:call-template>
</lineInstruction>
```

图 3.66　条件符号化 DEPCNT03 的 XSL 子模板

```
<lineInstruction>
    <featureReference>7</featureReference>
    <viewingGroup>33020</viewingGroup>
    <displayPlane>OVERRADAR</displayPlane>
    <drawingPriority>5</drawingPriority>
    <lineStyle>
        <pen width="0.32">
            <color>DEPCN</color>
        </pen>
    </lineStyle>
</lineInstruction>
```

图 3.67　符号引用 XML 数据

按照上述实验方法，可以分别得到“S-100 图示表达浏览器”和“KHOA S-100 Viewer”海图显示效果，对应于图 3.68 和图 3.69。在显示规范性方面，“S-100 图示表达浏览器”存在少量要素丢失，因而完整性有待进一步提升；在规范性方面，两套软件都能够按照标准符号进行显示；在执行效率方面，两套软件都需要 3～5 s 才能实现加载显示，瓶颈主要在于从数据加载到数据显示过程中 XML 数据处理环节较多，例如 XML 数据重构、XSL 匹配等，给软件执行效率带来一定影响，需要通过进一步优化实现。

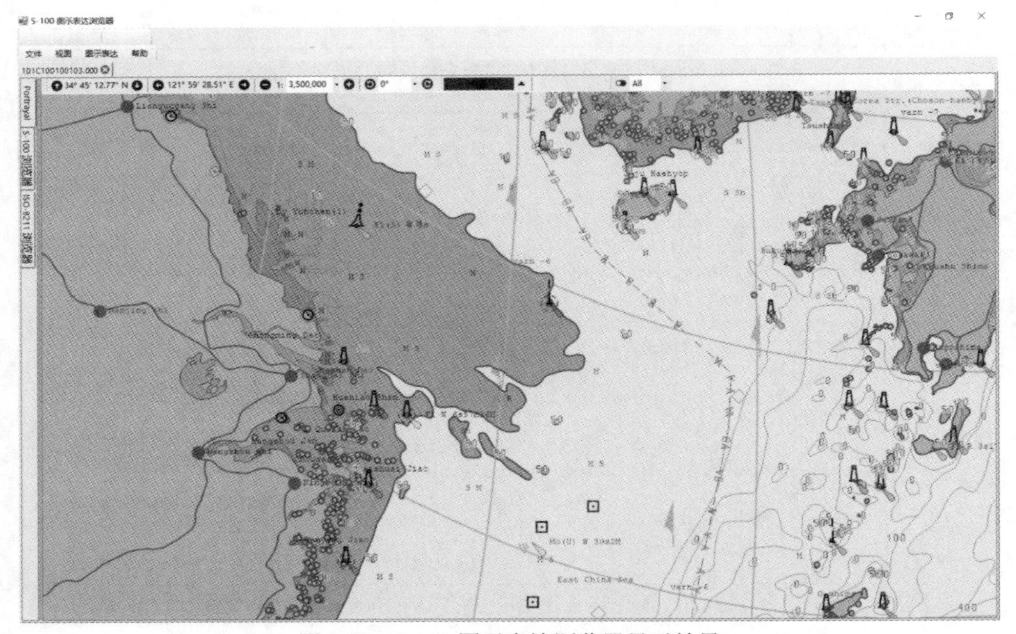

图 3.68　S-100 图示表达浏览器显示效果

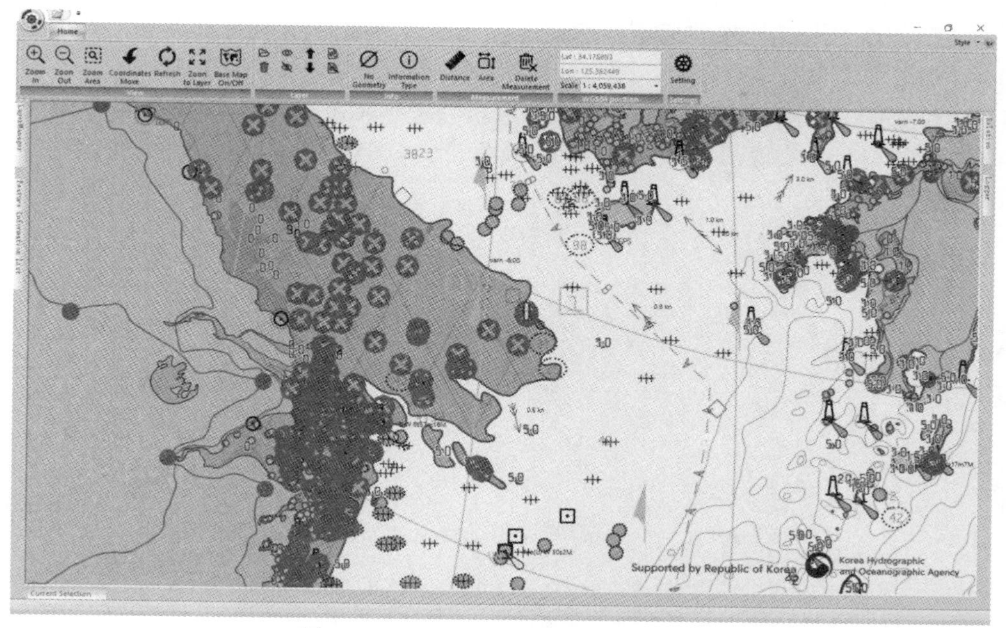

图 3.69　KHOA S-100 Viewer 显示效果

3.4　本 章 小 结

开放共享是实现地理信息行业融合发展的有效措施，也是地理信息行业融入主流 IT 领域的主要途径。本章在数据组织模型和图示表达模型方面取得了一些研究进展，主要成果如下。

（1）针对海洋地理信息共享与互操作难题，以实用性为导向，提出一种椭球面剖分和径向剖分相对独立的地理网格剖分模型 HYGrid，其主要特点是在椭球面上分为 9 个层级（最细到厘米级），在径向上分为 7 个层级（最细到米级）；以 HYGrid 模型为基础，研制了配套的网格剖分处理模块，实现多源异构地理信息产品数据的网格编码运算、剖分处理和查询检索；通过水下潜器规划航线评估，验证了 HYGrid 模型的可行性。

（2）针对当前各类海洋地理信息缺乏统一集成应用平台的问题，以电子海图为例，提出 S-52 标准符号化规则向 QML 转化的方法。通过符号转换、规则构建和脚本开发等步骤实现对 S-52 海图符号库的适配改造，实现基于 QGIS 的电子海图符号化方法。本书实验结果证明 QGIS 具备电子海图标准化显示的支撑能力，验证了 QGIS 在海洋地理信息共享与互操作领域的应用潜力。

（3）针对海洋地理信息符号库动态扩展需要，研究 S-100 标准图示表达模型，通过海图要素集合构建、图示表达函数改造和图示表达引擎实现等，基本实现电子海图的标准化显示。本书实验结果表明基于 XSL 的图示表达模型，能够支持复杂的符号化实现，且具有即插即用支持能力，但在实现效率方面有待进一步优化完善。

第4章

基于关联模式的海洋地理信息知识表达、检索与推荐

海洋地理信息系统一直都是数字海洋和智慧海洋建设推进的重要内容，目前主要包括海洋时空数据模型、时空场分析、可视化和信息服务 4 个研究方向，整体趋势朝着数据模型一体化、业务分析精细化、技术框架通用化、数据共享网络化等方向发展，但现有研究主要集中在数据层面和模型层面，较少涉及知识层面，且极度匮乏知识关联方面的研究与应用。本章将围绕具有半结构化/非结构化特征的航海图书资料改造、具有隐式地理信息特征的网络专题元数据发现、具有跨学科多维度特征的海洋环境信息聚合 3 个问题，分别开展空间关联、垂直搜索、知识图谱构建与推荐等技术方法研究，为海洋地理信息知识表达、检索与推荐提供典型应用示范。

4.1　航海图书知识表达与空间关联

4.1.1　概述

在海洋领域，航海图书是“认识海洋、开发海洋、经略海洋”不可或缺的知识来源，蕴含着丰富的地理信息。航海图书是海上活动使用的海图和书表等的总称，如图 4.1 和图 4.2 所示。海图是以海洋为主要描绘对象的地图，着重表示海区的自然要素和社会经济要素，供航海、海洋经济发展和国防建设及科学研究使用。航海图是海图系列中的一个重要产品形式，着重表示与航行有关的各种要素，主要用于制订航行计划和各种船舶的海上导航和定位。航海书表是提升航海图书保障效能的重要组成部分，其主要用途是描述海区的各种航海信息，提供船舶航行依据，辅助海图的使用，保证船舶安全。当前航海图书在其内容表达与应用形式方面存在一些问题。

（1）（航）海图。主要发行形式为纸质（图书）（中国人民解放军海军司令部航海保证部，2012）和电子（S-57 格式）两种，两种形式对应内容基本一致，但是符号风格不同。与常见的陆地地图相比，海图具有较强的专业性，海图中承载的内容也要复杂得多。电子海图相比纸质海图而言，能通过属性信息蕴含更多的信息。在各类电子海图系统中，用户可通过图形查询获得目标要素的名称及其相关属性值，但是由于海图内大多数要素远离日常生活，其中还有很多要素本身具有无形特征，导致人们对海图要素知识普遍缺乏了解，即使是航海专业人员，也难以全面掌握要素及属性的准确含义。

（2）航海书表。主要发行形式为纸质（图书）和电子（PDF 格式）两种，两种形式对应内容完全一致。有的航海书表具有结构化特征，例如潮汐表、航标表、里程表和日月出没时刻表等，有的则不具有结构化特征，例如港口指南和航路指南，采用多级章节形式，以文字、图形、表格等为主要内容（中国人民解放军海军司令部航海保证部，2011，2010，2009，2006）。一直以来，无论是生产流程还是使用方式，航海书表与海图都存在较大差异，且相互独立，缺乏关联，难以融合。

针对上述航海图书信息化应用问题，本节将讨论电子海图知识的空间关联化和航海书表知识的空间关联化方法，以期提升航海图书知识表达与检索水平。

图 4.1　《航海图书目录》封面图

图 4.2　航海书表封面图

4.1.2　电子海图知识空间关联化

对于电子海图系统而言，通常仅能通过光标查询某个要素的名称及其属性字段和属性值，然而这些要素和属性信息对非专业人群而言过于专业，缺乏必要的语义说明信息。S-57（ENC）产品规范附件 A《ENC 物标类目使用方法》提供了电子海图各类要素和属性的编码要求，传统意义上只作为电子海图数据生产的内部参考手册，并不作为航海图书保障产品，但是其内容为普通用户了解掌握海图提供了丰富的知识来源，可作为要素名称、属性字段和属性值的补充信息。为此，本书拟通过文档内容的网页化改造，实现《ENC 物标类目使用方法》内容与电子海图图形的双向关联。

经分析，《ENC 物标类目使用方法》具有如下特征：章节层级数量不定，通常为 3～4 级；章节内正文普遍带有 S-57（ENC）要素名称（6 位编码），例如图 4.3 中“LIGHTS”为灯标要素。为此，本书以对文档内容的网页化改造为基础，将要素名称作为中心，实现文档与图形的双向关联，具体流程如下。

12.8.5.5 Fog lights (see S-4 - B-473.5)

12.8.5.5 雾灯（参见S-4——第二部分-473.5）

If it is required to encode a fog light, it must be done using a LIGHTS object, with attributes EXCLIT = 3 (fog light) and STATUS = 2 (occasional).
对于雾灯，须使用LIGHTS物标编码，且属性EXCLIT=3（雾灯），STATUS=2（偶尔的）。

If it is required to encode a light having characteristics shown in fog that are different to those shown in conditions of normal visibility, it must be done by encoding two LIGHTS objects sharing the same point spatial object:
对于具有不同于正常能见度条件下灯质的雾天灯质的灯，须使用两个共用同一点状空间物标的LIGHTS物标编码：

- one LIGHTS object with EXCLIT = 3 (fog light) and STATUS = 2 (occasional); and
  其中一个LIGHTS物标的属性EXCLIT=3（雾灯），且STATUS=2（偶尔的）；
- one LIGHTS object with EXCLIT = 2 (daytime light) or 4 (night light) and attribute INFORM = Character of the light changes in fog.
  另一个LIGHTS物标的属性EXCLIT=2（昼灯）或4（夜灯），且属性INFORM=Character of the light changes in fog。

图 4.3 《ENC 物标类目使用方法》（中英文对照）摘选

步骤 1：对于任意一个章节，如果当前章节层级含有子章节，则仅提取该章节序号和标题，将其存储为 HTML 格式网页文件；如果当前章节层级不含有子章节，则转入步骤 2。

步骤 2：提取该章节序号、标题及正文，为正文中所有的海图要素名称增加虚拟超链接（例如灯标要素对应于"#LIGHTS"），并将该章节内容整体存储为 HTML 格式网页文件，如图 4.4 所示。

步骤 3：如果所有章节已经处理完毕，则转入步骤 4，否则，转入步骤 1。

步骤 4：将所有改造后对应的网页存储在同一文件夹内。

步骤 5：采用 XML 格式存储章节层次、标题及其相关海图要素编码，形成“章节目录元数据”，其主体结构如图 4.5 所示，其中 XML“Contents”节点内部每一层节点都包含了章节的标题、是否包含子章节和对应的网页名称，部分内容如图 4.6 所示。

图 4.4　《ENC 物标类目使用方法》网页化版本

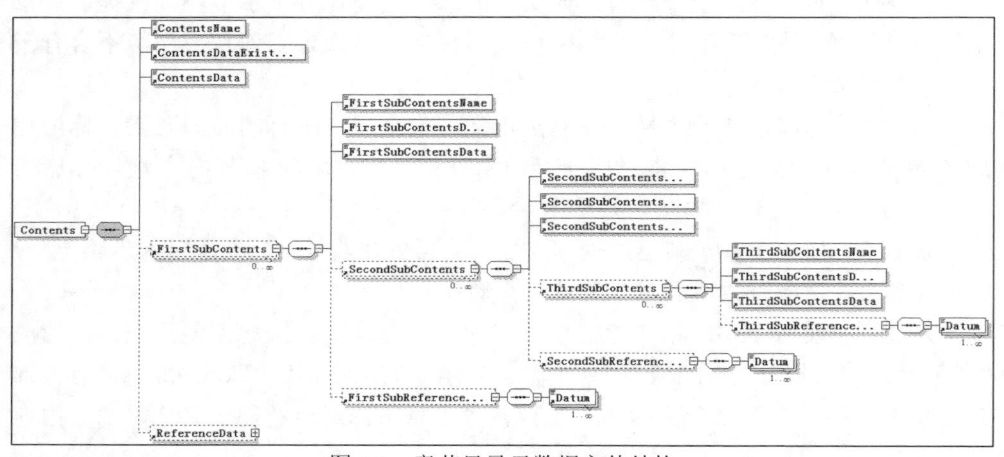

图 4.5　章节目录元数据主体结构

```
<TableOfContents>
  <Contents>
    <ContentsName>1 Introduction</ContentsName>
    <ContentsDataExistence>false</ContentsDataExistence>
    <ContentsData>1 Introduction.htm</ContentsData>
    <FirstSubContents>
      <FirstSubContentsName>1.1 General</FirstSubContentsName>
      <FirstSubContentsDataExistence>true</FirstSubContentsDataExistence>
      <FirstSubContentsData>1.1 General.htm</FirstSubContentsData>
      <SecondSubContents>
        <SecondSubContentsName>1.1.1 References within S-57 to other IHO publications</SecondSubContentsName>
        <SecondSubContentsDataExistence>true</SecondSubContentsDataExistence>
        <SecondSubContentsData>1.1.1 References within S-57 to other IHO publications.htm</SecondSubContentsData>
      </SecondSubContents>
    </FirstSubContents>
    <FirstSubContents>
      <FirstSubContentsName>1.2 Presentation of the document</FirstSubContentsName>
      <FirstSubContentsDataExistence>true</FirstSubContentsDataExistence>
      <FirstSubContentsData>1.2 Presentation of the document.htm</FirstSubContentsData>
      <FirstSubReferenceData>
        <Datum>WRECKS</Datum>
      </FirstSubReferenceData>
    </FirstSubContents>
    <FirstSubContents>
      <FirstSubContentsName>1.3 Use of language</FirstSubContentsName>
      <FirstSubContentsDataExistence>true</FirstSubContentsDataExistence>
      <FirstSubContentsData>1.3 Use of language.htm</FirstSubContentsData>
    </FirstSubContents>
    <FirstSubContents>
      <FirstSubContentsName>1.4 Maintenance</FirstSubContentsName>
      <FirstSubContentsDataExistence>true</FirstSubContentsDataExistence>
      <FirstSubContentsData>1.4 Maintenance.htm</FirstSubContentsData>
      <SecondSubContents>
        <SecondSubContentsName>1.4.1 Clarification</SecondSubContentsName>
        <SecondSubContentsDataExistence>true</SecondSubContentsDataExistence>
        <SecondSubContentsData>1.4.1 Clarification.htm</SecondSubContentsData>
      </SecondSubContents>
      <SecondSubContents>
        <SecondSubContentsName>1.4.2 Revision</SecondSubContentsName>
        <SecondSubContentsDataExistence>true</SecondSubContentsDataExistence>
        <SecondSubContentsData>1.4.2 Revision.htm</SecondSubContentsData>
      </SecondSubContents>
      <SecondSubContents>
        <SecondSubContentsName>1.4.3 New Edition</SecondSubContentsName>
        <SecondSubContentsDataExistence>true</SecondSubContentsDataExistence>
        <SecondSubContentsData>1.4.3 New Edition.htm</SecondSubContentsData>
      </SecondSubContents>
      <SecondSubContents>
        <SecondSubContentsName>1.4.4 Version control</SecondSubContentsName>
        <SecondSubContentsDataExistence>true</SecondSubContentsDataExistence>
        <SecondSubContentsData>1.4.4 Version control.htm</SecondSubContentsData>
        <ThirdSubContents>
          <ThirdSubContentsName>1.4.4.1 Clarification version control</ThirdSubContentsName>
          <ThirdSubContentsDataExistence>true</ThirdSubContentsDataExistence>
          <ThirdSubContentsData>1.4.4.1 Clarification version control.htm</ThirdSubContentsData>
        </ThirdSubContents>
```


图 4.6　章节目录元数据内容（摘选）

4.1.3　航海书表知识空间关联化

航海书表分为结构化和非结构化两种类型。对于结构化的航海书表，可建立对应关系表，通过空间点位信息，可实现在地图/海图上定位显示和查询检索。对于非结构化的航海书表，存在多层级性、结构不固定性、内容多样性等特征，难以直接采用关系数据库存储、表示，如图 4.7 和图 4.8 所示；而采用非关系数据库（NoSQL）虽然可以实现整个文档的存储和检索，但是针对性不足。如何在不改变现有航海书表数据生产和保障模式的情况下，快速实现电子航海书表与电子海图的关联互动，是航海信息化应用面临的迫切需求。

第一章　总述……………………………(1)
　概述……………………………(1)
　通信……………………………(1)
　进出港手续及检查……………………………(4)
　引航……………………………(6)
　港口信号……………………………(6)
　人工航标……………………………(6)
　港口收费标准……………………………(7)
　海难救助……………………………(8)
　港口间里程……………………………(9)
第二章　港口……………………………(11)
　南京港……………………………(11)
　　概况……………………………(11)
　　水文气象……………………………(14)
　　航行条件……………………………(14)
　　航泊限制……………………………(17)
　　航法……………………………(17)
　　引航……………………………(18)
　　锚地及禁锚区……………………………(19)
　　港口设备……………………………(20)
　　通信联络……………………………(27)
　　港口服务……………………………(27)
　　港务机构及有关企业单位……………………………(28)
　镇江港……………………………(29)
　　概况……………………………(29)
　　水文气象……………………………(29)
　　航行条件……………………………(32)
　　航泊限制……………………………(34)
　　航法……………………………(34)
　　引航……………………………(36)
　　锚地及禁锚区……………………………(36)
　　港口设备……………………………(37)
　　通信联络……………………………(40)
　　港务机构及有关企业单位……………………………(40)
　江阴港……………………………(41)
　　概况……………………………(41)
　　水文气象……………………………(41)
　　航行条件……………………………(43)
　　航泊限制……………………………(44)
　　航法……………………………(44)
　　引航……………………………(45)
　　锚地及禁锚区……………………………(45)
　　港口设备……………………………(45)
　　通信联络……………………………(49)
　　港口服务……………………………(49)
　　港务机构及有关企业单位……………………………(49)
　南通港……………………………(51)
　　概况……………………………(51)
　　水文气象……………………………(51)
　　航行条件……………………………(53)
　　航泊限制……………………………(53)
　　航法……………………………(54)
　　引航……………………………(54)
　　锚地……………………………(55)
　　港口设备……………………………(55)
　　通信联络……………………………(58)
　　港口服务……………………………(58)
　　港务机构及有关企业单位……………………………(58)
　苏州港……………………………(60)
　　概况……………………………(60)
　　水文气象……………………………(60)
　　航行条件……………………………(63)
　　航法……………………………(63)
　　引航……………………………(66)
　　锚地……………………………(67)
　　港口设备……………………………(67)
　　通信联络……………………………(72)
　　港口服务……………………………(72)
　　港务机构及有关企业单位……………………………(72)
　上海港……………………………(74)
　　概况……………………………(74)
　　水文气象……………………………(80)
　　航行条件……………………………(82)
　　航泊限制……………………………(88)
　　航法……………………………(90)
　　引航……………………………(96)
　　锚地及禁锚区……………………………(97)
　　掉头区……………………………(102)
　　港口设备……………………………(102)
　　通信联络……………………………(125)

图 4.7　《中国港口指南》章节目录（摘选）

第一节　海区概述……………………………………（1）
地理位置……………………………………（1）
沿海地形……………………………………（1）
海岸及干出滩………………………………（1）
海底地形……………………………………（2）
岛屿分布……………………………………（3）
海峡水道……………………………………（3）
通海江河……………………………………（4）
第二节　气象概述……………………………………（4）
气候特点……………………………………（4）
气压和风……………………………………（5）
热带气旋 …………………………………（11）
温带气旋 …………………………………（14）
寒潮 ………………………………………（15）
云 …………………………………………（16）
雾及能见度 ………………………………（16）
降水 ………………………………………（17）
气温 ………………………………………（18）
湿度 ………………………………………（19）
雷暴 ………………………………………（19）
第三节　水文概述 ……………………………（20）
潮汐 ………………………………………（20）
潮流 ………………………………………（20）
海流 ………………………………………（23）
波浪 ………………………………………（24）
第四节　航路概述 ……………………………（33）
内航路 ……………………………………（33）
长江口至洋屿 …………………………（33）
洋屿至南澎岛 …………………………（35）
长江口至嘉兴港 ………………………（37）
长江口至宁波—舟山港（宁波）………（37）
外航路 ……………………………………（37）
台湾海峡航路 ……………………………（41）
大陆至台湾岛航路 ………………………（41）
第五节　港湾概述 ……………………………（41）
概况 ………………………………………（41）
主要海湾 …………………………………（42）
沿海港口 …………………………………（44）
避风锚地 …………………………………（44）
第六节　航标概述 ……………………………（46）
航标种类 …………………………………（46）
航标分布 …………………………………（46）
航标管理 …………………………………（46）
航标制度 …………………………………（46）
航标简介 …………………………………（47）
第七节　航泊限制 ……………………………（47）
危险区 ……………………………………（47）
训练区 ……………………………………（48）
禁航区 ……………………………………（48）
海底管线 …………………………………（48）
渔场 ………………………………………（48）
地磁 ………………………………………（49）
第八节　航海保证 ……………………………（49）
无线电导航系统 …………………………（49）
中国船舶报告系统 ………………………（50）
船舶交通管理系统（VTS 系统）…………（50）
船舶自动识别系统（AIS 系统）…………（50）
引航 ………………………………………（51）
航海通告 …………………………………（51）
航海图书供应 ……………………………（51）
海难救助 …………………………………（52）

图 4.8　《中国航路指南》章节目录（摘选）

本书提出一种非结构化航海书表知识在电子海图中实现关联的快捷方法，包括以下步骤。

步骤 1：PDF 文件拆分与编号。按照章节的层级结构对航海书表 PDF 文件进行拆分和编号。编号使用数字，每两位数字表示一个章节层次，实际不足两位的前头补 0；编号长度固定为“拟处理最深层级数”×2，即前两位表示一级章节号，接下来两位表示二级章节号，以此类推；如果当前章节没有包含子章节，则后续编码赋值为“00”；当前章节对应的拆分内容不包含子章节；按照涵盖当前章节拆分内容的最少页面进行 PDF 文件导出，保存在以航海书表名称为文件夹的目录中。

以《中国港口指南（东海海区）2009》为例，该书有三级目录，因此编号为 6 位数字，即按照“一级章节编号：[AA]0000；二级章节编号：[AABB]00；三级章节编号：[AABBCC]”的规则进行编号。书籍正文之前的内容视为第 0 章，即以“00”开头，第 1 章则以“01”开头。实际处理部分结果如图 4.9 所示。

图 4.9　《中国港口指南（东海海区）2009》PDF 文件拆分部分结果

步骤 2：数据入库与位置信息编码。将航海书表名称作为数据库名称，建立名称为“主表”的表格，添加“章节编号、章节名称、章节内容、位置、纬度、经度、海图”等字段。对于港口指南数据库而言，“海图”字段为空，对于航路指南数据库而言，“位置、纬度、经度”字段为空；“位置”字段内容从 PDF 直接拷贝得来，对其进行规范化后可以得到“纬度、经度”字段内容（图 4.10）；“章节内容”对应于拆分数据，按照 BLOB 字段类型存储。通过批处理程序可实现“章节编号、章节名称、章节内容”的自动入库，最后补充其他字段内容（图 4.11）。

字段名称	数据类型	
章节编号	短文本	
章节名称	短文本	
章节内容	OLE 对象	
位置	短文本	经度 纬度(空格分隔)
纬度	数字	
经度	数字	
海图	短文本	图幅1 图幅2 图幅3...(空格分隔)

图 4.10　港口指南数据库结构

字段名称	数据类型	
章节编号	短文本	
章节名称	短文本	
章节内容	OLE 对象	
海图	短文本	图幅1 图幅2 图幅3...（空格分隔）

图 4.11　航路指南数据库结构

步骤 3：数据重组与列表显示。结合使用树列表和 PDF 组件，实现航海书表的还原显示。以数据库名称作为树列表的根节点；从数据库中查询“章节编号”和“章节名称”，并按照“章节编号”进行排序；计算“章节编号”的数字长度，除以 2 得到章节总层级；对每条查询结果，判断“章节编号”的非零数字特征，计算当前记录的章节层级，创建新节点，使用“章节编号”作为该节点的关联名称，使用“章节名称”作为该节点的显示文本，同时将该节点挂接到上一级节点中（图 4.12）；在 PDF 组件中显示封面信息。

主表

章节编号	章节名称	章节内容	位置	经度	纬度	海图
010700	港口收费标准	长二进制数据				
010800	海难救助	长二进制数据				
010900	港口间里程	长二进制数据				
020000	第二章 港 口					
020100	南京港		32° 05′ .7N 118° 43′ .8E	118.73	32.095	13136 13138
020101	概况	长二进制数据				
020102	水文气象	长二进制数据				
020103	航行条件	长二进制数据				
020104	航泊限制	长二进制数据				
020105	航法	长二进制数据				
020106	引航	长二进制数据				
020107	锚地及禁锚区	长二进制数据				
020108	港口设备	长二进制数据				
020109	通信联络	长二进制数据				
020110	港口服务	长二进制数据				
020111	港务机构及有	长二进制数据				
020200	镇江港		32° 13′ .0N 119° 26′ .5E	119.441666667	32.2166666666667	13131 13136 13137
020201	概况	长二进制数据				
020202	水文气象	长二进制数据				
020203	航行条件	长二进制数据				
020204	航泊限制	长二进制数据				
020205	航法	长二进制数据				
020206	引航	长二进制数据				
020207	锚地及禁锚区	长二进制数据				
020208	港口设备	长二进制数据				
020209	通信联络	长二进制数据				
020210	港务机构及有	长二进制数据				
020300	江阴港		31° 55′ .1N 120° 14′ .1E	120.235	31.9183333333333	13126 13131

图 4.12　入库后的《中国港口指南》

步骤 4：双向检索定位。利用“位置”和“章节编号”属性，实现航海书表内容与图形显示的关联互动。当用户加载某一航海书表时，根据所有记录包含的位置信息，在海图上相应位置显示图标；当用户鼠标双击树列表节点时，根据关联的章节编号，从数据库中查询对应的纬度和经度，在海图中实现定位显示（图 4.13）；当用户在海图上点击航海书表对应的某个图标时，根据其“章节编号”，在树列表节点中自动定位，并在 PDF 组件中显示。

章节编号	章节名称	章节内容	海图
010805	引航	长二进制数据	
010806	航海通告	长二进制数据	
010807	航海图书供应	长二进制数据	
010808	海难救助	长二进制数据	
020000	第二章　长江口及杭州湾	长二进制数据	
020100	第一节　长江口及附近	长二进制数据	13100　13170　13110
020101	概况	长二进制数据	
020102	气象水文	长二进制数据	
020103	助航标志	长二进制数据	
020104	碍航物	长二进制数据	
020105	水道航法	长二进制数据	
020106	港湾锚地	长二进制数据	
020107	其他	长二进制数据	
020200	第二节　杭州湾及附近	长二进制数据	13310　13319　13339
020201	概况	长二进制数据	
020202	气象水文	长二进制数据	
020203	助航标志	长二进制数据	
020204	碍航物	长二进制数据	
020205	水道航法	长二进制数据	
020206	港湾锚地	长二进制数据	
030000	第三章　舟山群岛	长二进制数据	

图 4.13　入库后的《中国航路指南》

4.1.4　实验与结论

利用 4.1.1～4.1.3 小节所述方法，本书完成编制“电子海图识图工具”和“数字海洋基础地理信息平台”两套软件系统（操作系统为 Windows 7；开发语言为 C# 4.0；集成开发环境为 Visual Studio 2015），实现航海图书知识的空间关联化。

1. 电子海图识图工具

该软件系统整合了《ENC 物标类目使用方法》《S-32：海道测量词典》《S-4：IHO 国际（INT）海图条例及 IHO 海图规范》《IHO 物标目录》《IHO 属性目录》等 S-57 标准 ENC 文件相关知识内容，如图 4.14 所示，并集成了标准化的电子海图显示模块，如图4.15 所示，通过要素名称实现各部分知识的相互关联。该软件系统使用树形列表显示《ENC 物标类目使用方法》对应的“章节目录元数据”，根据用户点击的节点内容调取对应的网页文件并在中央视图进行加载显示；用户可在中央视图呈现的页面内点击 S-57 要素名称，即可调取电子海图显示模块，并定位显示第一个对应的要素实例，通过“向前”“向后”即可实现所有要素实例的遍历；用户可在树形列表下方的输入框内输入关键词，实现对网页相关内容的任意搜索。

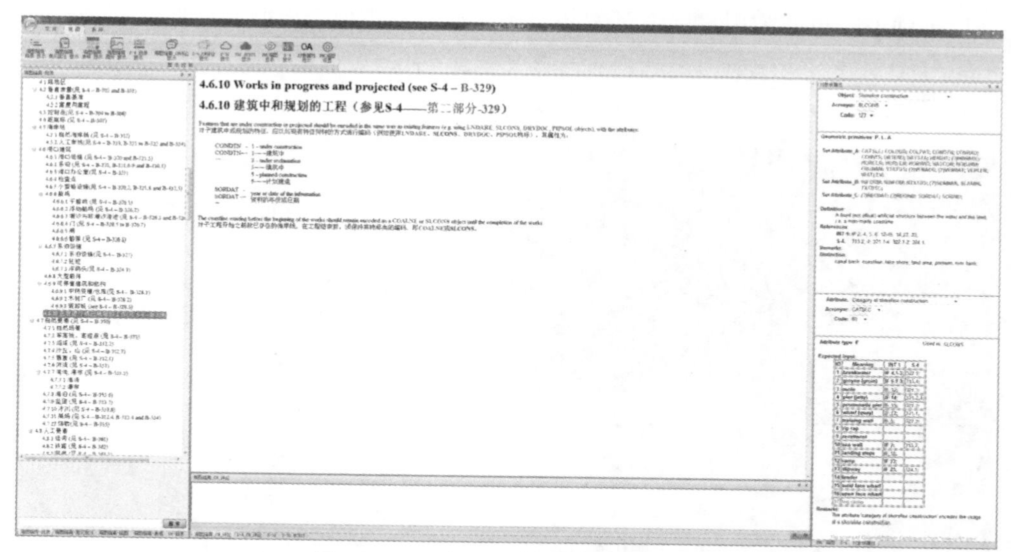

图 4.14 通过树形列表调取相关网页

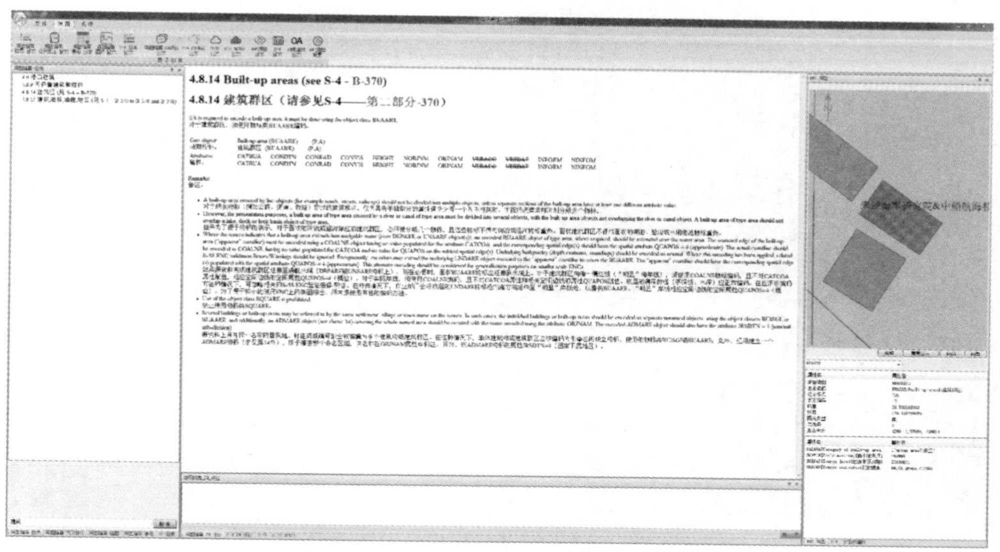

图 4.15 通过要素名称关联海图图形

2. 数字海洋基础地理信息平台

该软件平台建立了二三维一体海洋环境数字虚拟空间，实现海洋测绘、水文、气象、海事等涉海多学科领域地理信息的数据集成显示与综合分析，通过多维多窗形式为不同角度分析研究相关海域环境态势提供了便捷工具，其中航海书表以单独窗口形式为用户展现了相关海域的重要知识内容，并利用“位置”和“章节编号”属性，实现航海书表内容与图形显示的关联互动，实现效果如图 4.16～图 4.17 所示。

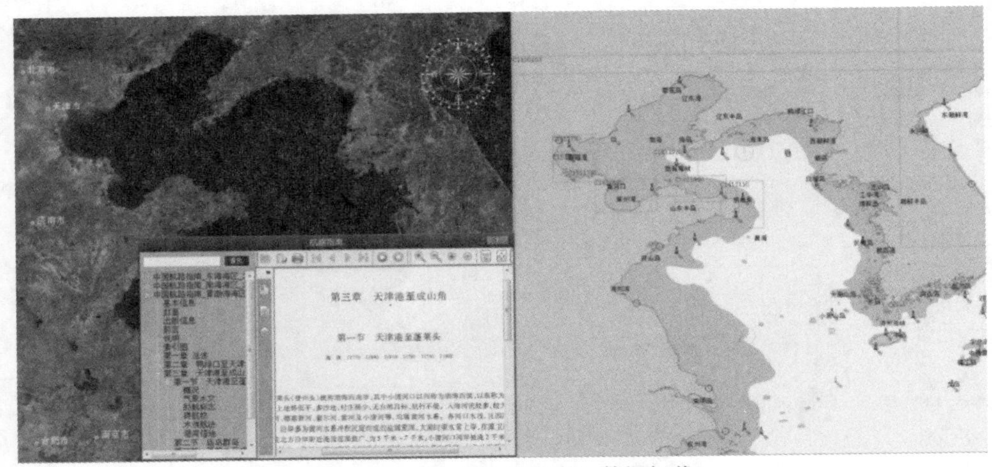

图 4.16 《中国航路指南》数据加载

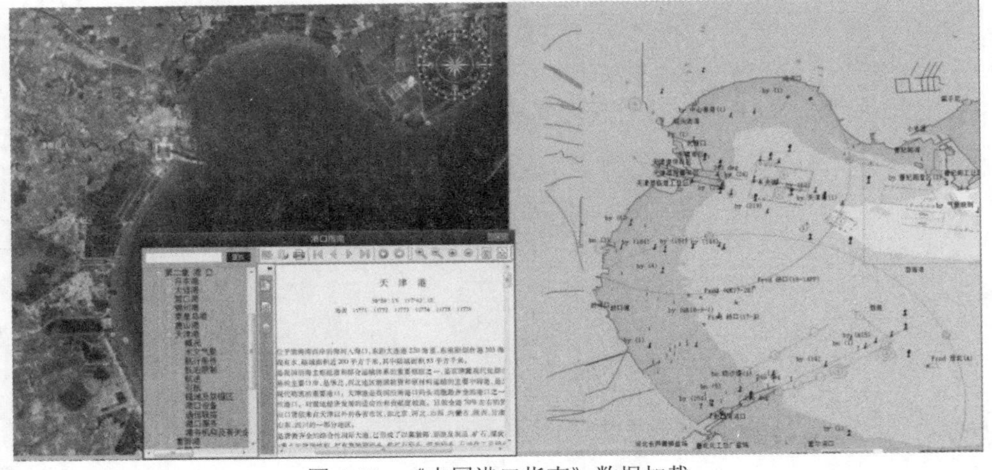

图 4.17 《中国港口指南》数据加载

3. 主要结论

当前航海图书保障偏重于海图数据生产与信息化应用，对海图知识和航海书表知识缺乏足够的挖掘利用。本书通过对《ENC 物标类目使用方法》的网页化改造和航海书表（《中国航路指南》和《中国港口指南》）PDF 的拆分入库，实现了非结构化航海图书资料的半结构化处理，既不改变现有航海图书生产模式，又实现了与电子海图的关联互动，具有直观和互动性特点，丰富了航海书表的展现方式，提升了航海资料的集成能力和检索效率。需要说明的是，无论是网页化改造还是 PDF 拆分，都离不开人工交互处理，更为有效的解决办法是从生产流程和保障产品上进行改进，进而实现自动化。

4.2　网络海洋专题元数据垂直搜索

4.2.1　概述

随着计算机技术进步和产业发展，互联网已经成为巨大的开放信息资源库，网络地理信息的获取、融合、分析与挖掘等相关技术愈发受到重视。从互联网中快速准确地发现并定位地理信息服务和数据，是互联网泛在地理信息利用所面临的一大挑战（刘纪平 等，2022）。网络地理信息的搜集、分析和处理都离不开搜索引擎的应用。按照应用场景划分，搜索引擎可分为全文搜索引擎、目录索引类搜索引擎、元搜索引擎和垂直搜索引擎等多种。全文搜索引擎，比如 Google、百度等，注重广度的检索，对于专业领域的搜索，存在层次结构较不清晰、命中率较低、重复链接较多等问题，难以实现高效精准查询检索，而垂直搜索引擎针对特定领域或行业的内容进行专业和深入的分析挖掘、过滤筛选，能够提供更为精准、有效、定制化的搜索结果，因而更适用于专业性要求较高的网络信息检索与分析。

网络地理信息的主要存在形式包括门户网站、网页文本、公众自发地理信息等，其内容形式和分析处理应用方法各有特点，具体如下。

（1）门户网站能够以相对规范的形式对外发布各类地理信息，包括政府、行业或商业等多种类型。通过对英国、加拿大、澳大利亚等国政府开放门户的日志分析，可以发现空间和时间是人们在数据集检索中最关心的两个特征（Kacprzak et al.，2019；Hou et al.，2015）。商业地理信息服务（例如地图服务）通常以 API 形式对外提供，属深层网络，蕴含内容专业且庞大，可作为国家基础地理信息数据更新的重要来源（王勇，2017；陈万志，2015）。利用各类门户网站，可实现专题地理信息的挖掘分析，例如通过房产网站内带有地理标记的文本可获得楼盘的各种信息（如楼盘的名称、建造时间、楼盘面积及地理位置），通过抓取各省市公布的天气信息，可实现个性化的天气信息服务（杨宇 等，2019）。

（2）网页文本能够以普通网页或文档方式隐含表达地理信息，常见内容主要为地名。国内外不少人员围绕地名识别、匹配与更新开展了大量研究。从网页和文档中的非结构化文本中提取地理实体的地理位置，这一过程被定义为地理信息检索（geographic information retrieval，GIR）（Mandl et al.，2008）。从网页文本分析的角度看，由于半结构化和非结构化的文件所包含的信息量不断增加，潜在的相关数据量远远超过手工处理的能力，为此，可通过开源渠道（新闻报道、组织网站、政府信息公告、网络日记等）进行信息检索与综合分析，建立相关事件或实体的空间位置关联关系，进而实现有效的视觉分析（Tomaszewski et al.，2011）；从搜索引擎优化角度看，人们在搜索引擎中输入关键词时，往往涉及一些地理信息，例如地名，可通过自然语言处理和外部知识支持（以注释的地名词典和停止词黑名单的形式）提高搜索引擎的检索能力（Nesi et al.，2016）。

（3）公众自发地理信息常见形式包括自愿地理信息（volunteered geographic information，VGI）和带有地理标记的社交数据。传统地名库由权威的测绘机构建立和维护，效率不够高效，而在当今网络大数据时代，通过 VGI 的处理分析即可方便地实现部分地名数据的匹配与更新（Gao et al.，2017）。大数据时代的另一个数据来源是社交网络，包括图像、文字、视频、轨迹等多种形式，经过挖掘分析后可应用于多种场景，例如疫情期间人员工作场所和情绪状态的评估（Feng et al.，2022）、自然灾害的监测和预警（Rajarathinam et al.，2022；Jaya et al.，2021）、旅游景点和行程的智能推荐（Cai et al.，2018；Jiang et al.，2013）、地表覆盖分类（Elqadi et al.，2020），等等。

在海洋领域，通过互联网共享发布相关资源的门户网站越来越多，例如国家海洋科学数据中心、NOAA（美国国家海洋和大气管理局）等，但是这些门户网站资源分散、内容庞杂、呈现形式多样，如何实现对海洋领域专题数据的垂直搜索是当前用户面临的一个棘手问题（孙浩，2014）。本节针对海洋相关门户网站地理信息数据搜集需求，开展垂直搜索引擎设计与关键技术攻关，开发原型系统，实现特定主题网页的信息提取、索引与检索。经测试表明，本书方案能够初步实现海洋地理信息的定向、跨库、按需检索，减少了无关信息的处理消耗和干扰，提升了检索精准度和效率。

4.2.2 总体设计

本书方案的垂直搜索引擎系统专注于海洋地理信息，实现对特定门户网站内相关数据的检索，进而得到数据的名称、简介、来源及该数据所在的原网站链接等基本信息。为了符合用户习惯，该系统在前端交互方面采用与传统搜索引擎相似的方式，即以列表方式展示海洋地理信息数据的数据名称和摘要信息，当用户点击数据名称后可跳转到该数据的详情页面，其中包含数据下载的网页地址，经点击后可跳转至相应网站，进而实现对实际数据的下载。按照“内容精准、功能简捷、性能高效”的原则，以下给出一种设计方案。

1. 架构设计

采用主流的模型-视图-控制器模式（model-view-controller，MVC）架构，将前台和后台进行分离开发。为快速构建相对成熟可靠的原型系统，对于网页处理框架和组件，选用开源模块加以组合应用，具体为：使用 Flask 作为 Web 应用程序框架；使用 Beautiful Soup 作为网页解析库；使用 SQLite 作为索引信息存储数据库；使用“jieba 分词”作为中英文分词库。

根据 MVC 架构模式，架构可以依次分为 3 层：视图层、控制层、模型层。结合本书应用需求，对垂直搜索引擎的架构设计如图 4.18 所示。

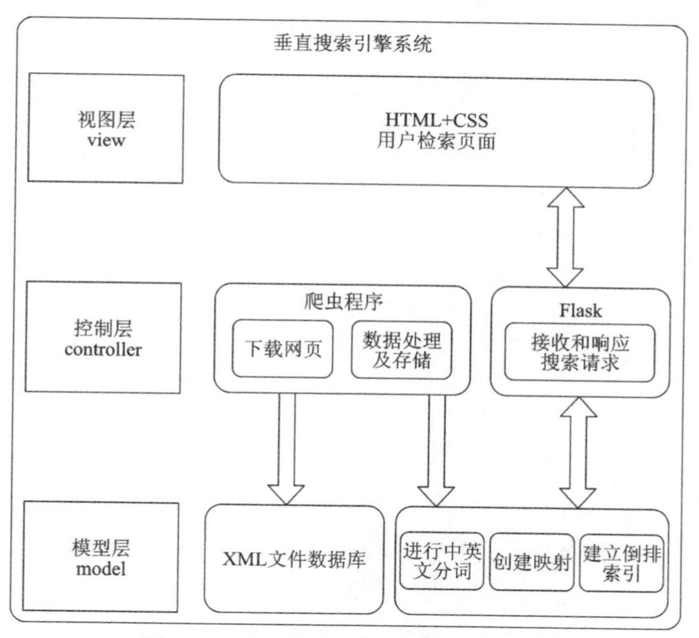

图 4.18 垂直搜索引擎系统架构设计图

（1）视图层。用于显示数据和接收用户输入的数据，为用户提供一种交互式操作的界面，设计输入框、搜索按钮、结果列表等组件。

（2）控制层。使用爬虫程序进行网页下载，并进一步实现对网页内海洋相关数据的关键信息提取，包括数据名称、数据简介、数据来源、关键字等。

（3）模型层。用来建立数据过滤、存储、索引和检索的规则，将爬虫处理完成后得到的数据保存到 XML 文件中，进行中英文分词、建立倒排索引后存入 SQLite 数据库，是整个垂直搜索引擎的核心部分。Flask 接收并响应用户的请求，前端页面在接收用户的请求后，向 SQLite 数据库发出检索请求，索引数据库对请求进行响应，返回检索的结果。

2. 功能设计

针对架构设计，围绕核心工作进一步细化，形成三个功能模块，分别是：网络爬虫模块、信息索引模块和用户检索模块，其简要功能如图 4.19 所示。

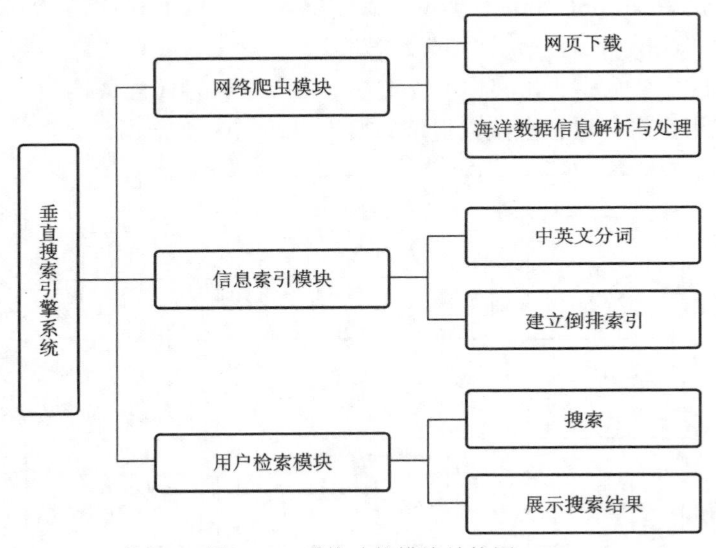

图 4.19　系统功能模块结构图

1）网络爬虫模块

网络爬虫模块负责海洋数据信息的采集工作，同时还需要对采集到的数据进行结构化处理，得到系统需要的最终数据。各个门户网站使用的前端技术原理不同，对于静态页面生成的网页，数据爬取和处理相对容易，只需抽取对应网页节点的字段即可；对于动态渲染生成的网页，并不是直接显示出所有的数据，因为其通常运用了反爬虫技术，数据爬取和处理难度相对较大。因此，在正式编程实现爬虫模块之前，需要对目标网站的页面进行细致的分析，合理运用反爬虫技巧，比如更改指纹特征、构造请求头、限制访问频率、使用代理 IP 地址，等等。

2）信息索引模块

信息索引模块负责将爬虫模块返回的结果数据（数据名称、数据简介、数据来源、关键字等）进行中英文分词，并建立倒排索引（图4.20）。倒排索引是搜索引擎中的常用方法，用来存储每个词项（分词结果中的基本单元）在哪些文档中存储，以及文档在存储中的位置，是实现关键字查找定位的高效方法，为后续的用户检索模块提供基础支撑。

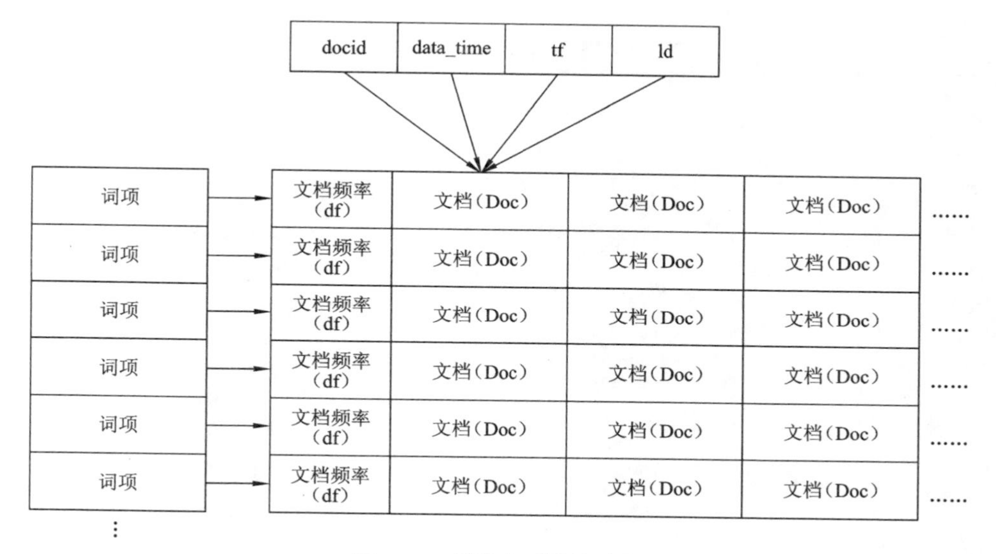

图4.20 倒排索引结构说明

3）用户检索模块

用户检索模块为用户提供数据检索服务的Web页面，其基本流程如图4.21所示。当用户打开搜索引擎主页面后，填入关键词并点击搜索按钮，后台即可实现自动对索引服务器的交互查询，通过多字段匹配后返回结果，按照匹配度依次呈现在搜索引擎主页面内，并可根据用户浏览和点击行为进行页面的切换和展开。

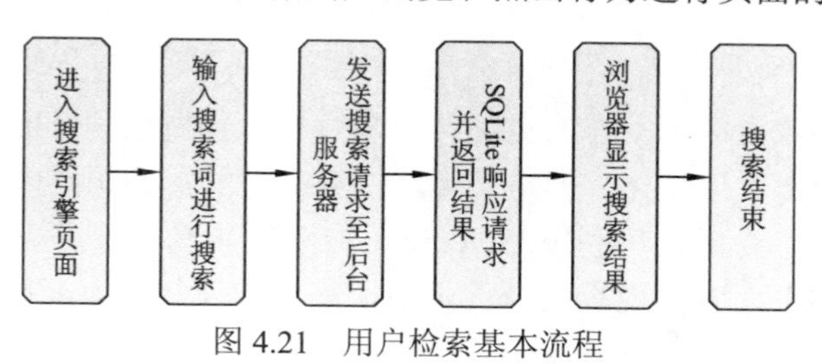

图4.21 用户检索基本流程

3. 数据存储

网络爬取结果需要在本地进行存储，为信息索引模块和用户检索模块提供数据支持。在充分考虑Web浏览器兼容性和易读性的基础上，本书采用XML文件存储每一条有效的网络爬取结果，且将同一门户网站的爬取结果放置于同一文件夹内。在系统调试阶段，开发人员可以打开 XML 文件进行数据校验，发现错误时可快速查找产生错误的原因，XML 文件也可用于索引数据库损坏时进行数据恢复。数据存储主要结构参见表 4.1。

表 4.1　网络爬取结果主要数据结构

序号	节点名称	说明
1	name	数据名称
2	id	XML 文件 ID
3	source	数据来源
4	url	数据来源链接
5	download_link	数据下载链接
6	keyword	数据关键字
7	datatime	数据日期
8	abstract	数据摘要
9	data_table	数据表格

4.2.3　关键技术

按照 4.2.2 小节所述设计方案，本书结合对国家海洋科学数据中心和 NOAA 两个门户网站的页面分析，重点针对网络爬虫、信息索引和自动搜索三个模块的 Python 语言实现方法开展详细讨论分析。

1. 网络爬虫

网络爬虫的难点在于动态网页的爬取与分析，往往出现 URL 无变化而页面源码却随页面点击发生变化，但是又无法保存完整的页面源码的情况，难以掌握其页面生成规律。为此，可利用 Selenium 自动化工具模拟网页访问请求，捕获各种可能存在的页面并实现页面数据下载、解析和存储。由于只需要对目标网站的部分网页进行数据的提取与存储，所以需要重点解决两个问题，一是提取网站内所有海洋数据下载网页的 URL，二是实现海洋数据相关元数据的提取与存储。

1）网页 URL 筛选

由于不同网站存在差异性，很难使用同一模式进行网页分析。经过分析研究，国家海洋科学数据中心和 NOAA 两个门户网站都使用了动态网页技术，其网页 URL 筛选方法如下。

（1）对于国家海洋科学数据中心门户网站，其每一个数据对应的下载 URL 均包含字符串“dataViewDetail.html”，可把筛选条件设为 URL 中是否含有“dataViewDetail.html”，如果有则进行保存，如果没有则不采取任何操作。进一步分析研究，发现所有带有“dataViewDetail.html”的 URL 都包含在“dataView.html”网页里。因此，可先通过起始 URL 提取所有的“dataView.html”，然后通过其页面源码提取出所有的“dataViewDetail.html”。

（2）对于 NOAA 门户网站，其内部非常复杂且庞大，很难从中找到数据下载的 URL，但是其本身提供强大的搜索引擎，为本书工作提供了间接渠道。经研究，以“data”为关键字进行搜索，可以返回所有带有数据的页面，使用 Selenium 自动化工具对搜索结果进行初筛（筛选条件是 URL 中是否包含“data”，有则保存，无则跳过），最后再对这些筛选出来的 URL 进行精筛（筛选的条件是该网站的标题中是否包含“Data”或“data”或“DATA”，有则保存，无则跳过）。

上述两个门户网站 URL 筛选的基本流程如图 4.22 所示。

2）元数据提取

海洋数据的元数据包括数据名称、链接、来源、摘要、日期、类别和关键字等信息，是垂直搜索引擎系统的数据基础。

利用经筛选并保存到本地的 URL，创建一个列表。使用 Selenium 库中的 Firefox 类新建一个实例 browser，使用 browser 对象的 get 方法对该列表中的 URL 逐个访问，之后用 page_source 属性获取网页的源代码，创建 BeautifulSoup 实例，通过 find()或 find_all()函数分析站点源代码并提取相应关键字的数据，将这些数据保存到 XML 文件中。具体流程如图 4.23 所示。

2. 信息索引

信息索引主要有两个功能：一是对爬取到的元数据进行分词；二是建立倒排索引并存储。以下重点介绍倒排索引的实现方法，流程如图 4.24 所示。

（1）使用 Python 语言创建一个 Doc 类，用来生成倒排索引项，该类有 4 个属性，分别是 docid（XML 文档的 id）、data_time（数据日期）、tf（对应词项出现的频率）、ld（文档长度，即被分词的个数），使用__init__()方法对该类中的 4 个属性进行赋值，使用__repr__()和__str__()函数将这 4 个属性用“\t”隔开组成字符串返回，返回的字符串就是单个词项对应的一个倒排索引项，在后续使用时再用 slipt()函数拆分开。

（2）定义一个空字典 posting_lists，该字典的键是对文档进行分词后的词项，

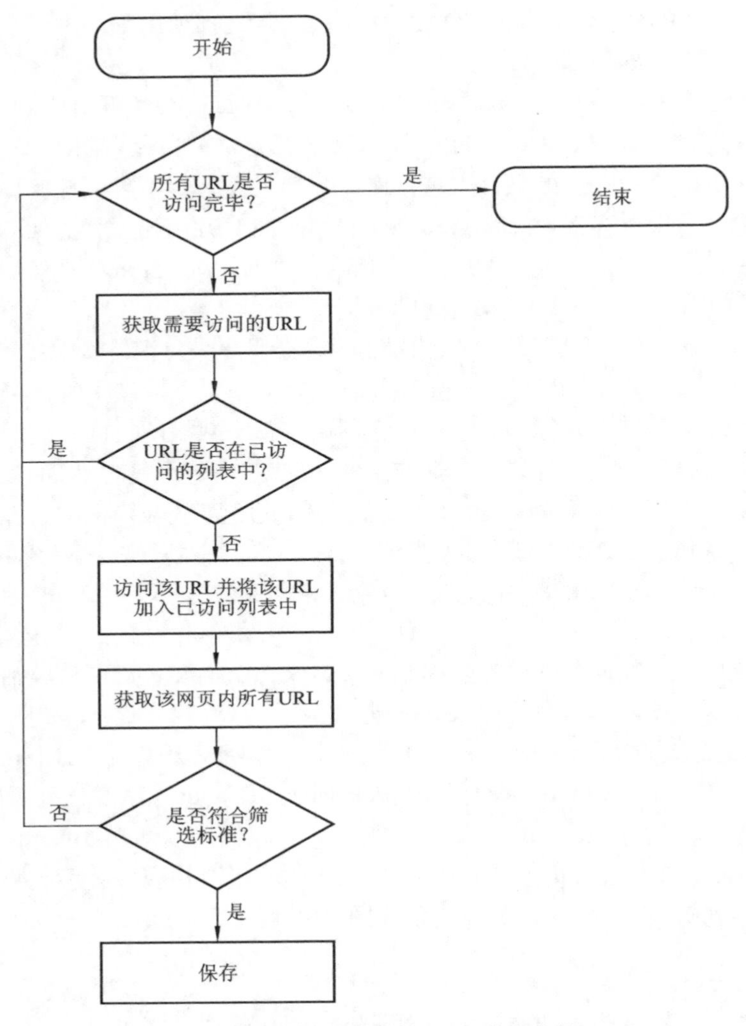

图 4.22　筛选符合条件 URL 基本流程

值是倒排索引项组成的列表。对爬取到的 XML 文档有效内容进行循环操作，分别使用 jieba 库的 lcut()方法进行分词，得到一个 seg_list 列表；创建自定义函数 clean_list()，将 seg_list 传入这个函数中，该函数生成文档长度（ld），同时根据词项及其在该文档中出现的次数（词频 tf）构建字典 cleaned_dict；遍历 cleaned_dict 的键和值，使用 Doc 类得到每个词项（键）在该文档（当前所执行的文档）中的倒排索引项 posting，并添加至倒排索引列表（posting_lists）；最后对 posting_lists 进行遍历，将 posting_lists 导入 SQLite 数据库中。

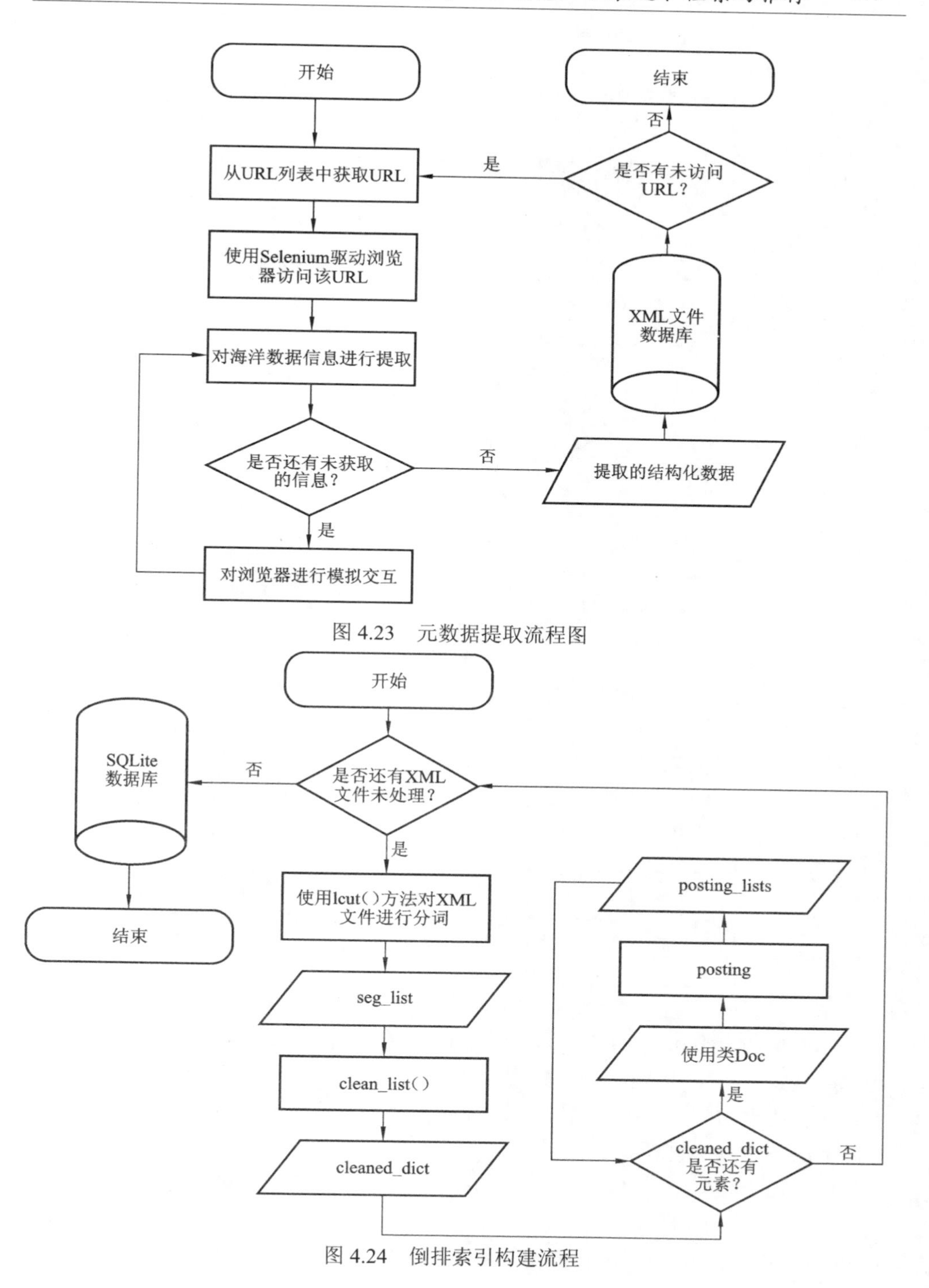

图 4.23　元数据提取流程图

图 4.24　倒排索引构建流程

3. 自动搜索

利用 XML 文件和 SQLite 数据库，可进一步创建垂直搜索引擎站点，为用户提供搜索服务。

搜索功能的基本过程是：对用户输入的搜索词进行分词，根据分词结果与倒排索引计算匹配度，根据匹配度大小排序返回结果列表。结合图 4.25，以下介绍其主要过程。

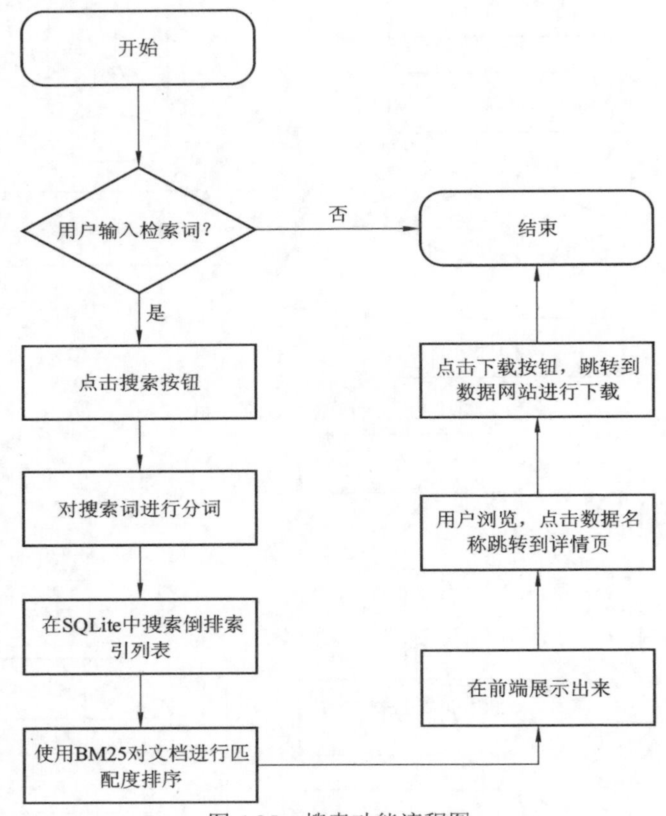

图 4.25　搜索功能流程图

（1）使用 Python 语言创建 SearchEngine 类；利用 request.form 方法获得用户输入的搜索词，将其保存到变量 keys 中；创建 result_by_BM25 函数，其参数是用户输入的搜索词 keys，根据 BM25 算法返回与搜索词相关的文档 ID 集合（根据匹配度从大到小排序）。

（2）由于搜索返回的结果往往数量较多，无法在单一页面内全部展现，可定义一个 cut_page 函数用以执行分页操作，将文档 ID 集合以每页 10 个进行划分，并可利用 Flask 框架的路由功能实现翻页和跳转。

4.2.4　实验与结论

根据4.2.3小节所述方案和技术方法，本书编制相应的软件模块并完成了综合集成，搭建了试验环境（硬件参数为Intel i5-6200U、8 GB内存；操作系统为Windows 10；开发语言为Python 3.5；集成开发环境为PyCharm；浏览器为Chrome 5.0.2.10）。

1. 信息爬取

网络爬虫模块功能测试主要通过确认爬虫类是否能够过滤合格的URL并提取数据，成功标志是在XML文件夹下能够查看到处理之后的海洋数据信息。在实验环境中打开PyCharm，加载并启动针对各个网站的爬虫程序，程序能够正常运行，提取的信息实时打印在控制台内，数据存储到XML文件中，如图4.26和图4.27所示。测试结果表明，爬虫模块能够正常运行，基本符合预期。

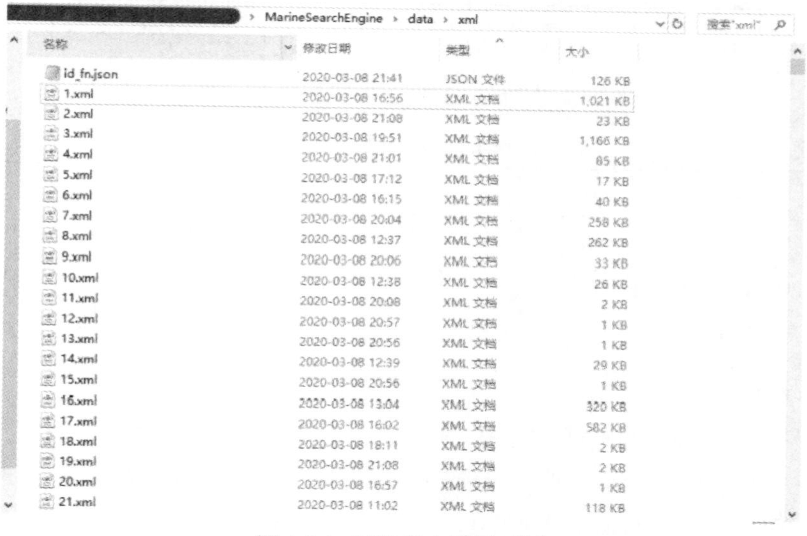

图4.26　网络爬虫结果示例

2. 信息索引

信息索引模块需要验证中英文分词和倒排索引的正确性。随机选取8个爬取结果内的数据名称，分别进行分词处理，结果参见表4.2，表明分词合理有效；使用SQLiteExpert软件对倒排索引数据库进行查看，示例结果如图4.28所示，需要注意的是，对“docs”字段需要点开才能查看真实数据。结果显示分词基本合理，倒排索引数据库完整准确。

```xml
<?xml version="1.0" encoding="UTF-8"?>
<doc>
    <source>国家海洋科学数据中心</source>
    <id>1</id>
    <name>海流综合数据集大面分集</name>
    <url>http://mds.nmdis.org.cn/pages/dataViewDetail.html?
        type=1&did=c51fc3dbbcd74b5d8aa8ac50fcf070fa&dataSetId=1</url>
    <download_link>http://mds.nmdis.org.cn/pages/dataViewDetail.html?
        type=1&did=c51fc3dbbcd74b5d8aa8ac50fcf070fa&dataSetId=1</download_link>
    <datatime>1854-1999</datatime>
    <key_word>流速;流向;洋流</key_word>
    <subject>海洋水文</subject>
    <abstract>此数据集存放海流综合数据集的大面观测数据部分。观测要素包括流速、流向。数据时间范围1854-
        1999年，区域为全球。数据经过质量控制处理成海流综合数据集格式。本数据集制作所采用的原始数据经过标
        准化、排重、质量控制和转换整合等整合处理，形成海流标准数据集，该大面数据集包括大面观测、走航观测以
        及表层流的数据。</abstract>
    <mc>实测数据</mc>
    <data_table>数据名称,数据接收时间,数据格式,年,页数!T1999T_S1113S,1999,.txt,1999,1!
        T1999T_S1312S,1999,.txt,1999,1!T1999T_S1112S,1999,.txt,1999,1!
        T1999T_S1213S,1999,.txt,1999,1!T1999T_S1313S,1999,.txt,1999,1!
        T1999T_S1211S,1999,.txt,1999,1!T1999T_S1212S,1999,.txt,1999,1!
        T1998T_S1006S,1998,.txt,1998,1!T1998T_S1008S,1998,.txt,1998,1!
        T1998T_S3208S,1998,.txt,1998,1!T1998T_S7405S,1998,.txt,1998,1!
        T1998T_S7304S,1998,.txt,1998,1!T1998T_S5203S,1998,.txt,1998,1!
        T1998T_S7401S,1998,.txt,1998,1!T1998T_S1105S,1998,.txt,1998,1!
        T1998T_S3201S,1998,.txt,1998,1!T1998T_S3306S,1998,.txt,1998,1!
        T1998T_S7501S,1998,.txt,1998,1!T1998T_S1313S,1998,.txt,1998,1!
        T1998T_S1010S,1998,.txt,1998,1!T1998T_S1106S,1998,.txt,1998,1!
        T1998T_S5511S,1998,.txt,1998,1!T1998T_S5100S,1998,.txt,1998,1!
        T1998T_S5102S,1998,.txt,1998,1!T1998T_S3302S,1998,.txt,1998,1!
        T1998T_S1011S,1998,.txt,1998,1!T1998T_S5509S,1998,.txt,1998,1!
```


图 4.27　某个 XML 数据内部

表 4.2　分词结果示例

序号	数据名称	分词结果
1	海流综合数据集大面分集	海流\综合\数据集\大面\分集
2	韩国浮标观测数据	韩国\浮标\观测\数据
3	实况分析数据	实况\分析\数据
4	海洋气象统计分析数据	海洋\气象\统计分析\数据
5	1999 Benthic Grabs: Apalachicola Bay，FL	1999\Benthic\Grabs\Apalachicola\Bay\FL
6	1996 Benthic Cover: Indian River Lagoon，FL	1996\Benthic\Cover\Indian\River\Lagoon\FL
7	Atlantic Seafloor Sediment（CONMAP）	Atlantic\Seafloor\Sediment\CONMAP
8	Avian Higher Collision Sensitivity Abundance	Avian\Higher\Collision\Sensitivity\Abundance

3. 用户检索

用户检索是垂直搜索引擎系统中最重要的功能之一，能够显示搜索结果供用户浏览。随意输入关键字进行搜索，例如“温度”，结果如图 4.29 所示。从图中可以看到搜索功能正常，能够正确显示搜索到的信息，且能够实现正常的翻页和详情查看。

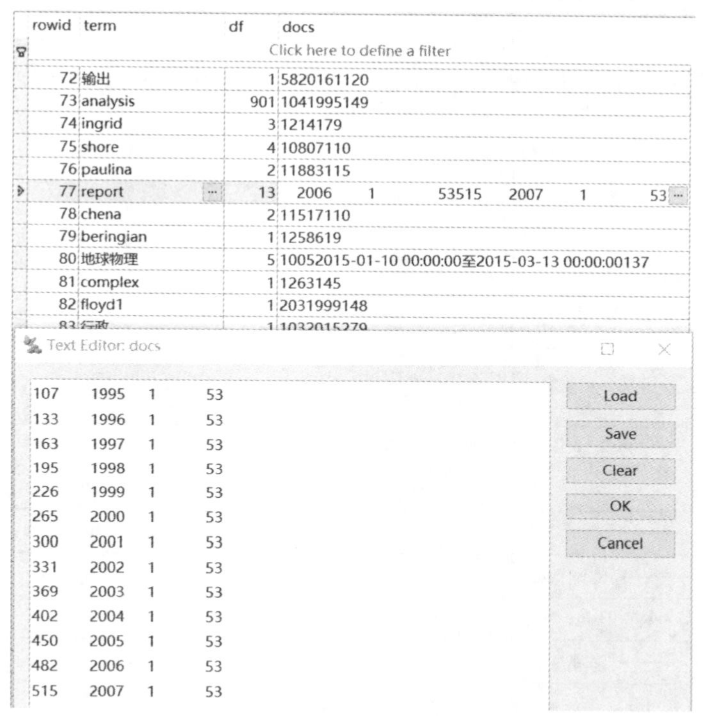

图 4.28　倒排索引项示例

图 4.29　检索结果

由于用户检索功能对响应时间有较高要求，本书设计系统针对某次爬取到的 2 835 条结果开展检索效率试验：使用不同的检索词进行测试，每个检索词搜索 3 次，并记录响应时间，检索响应时间对比如图 4.30 所示。

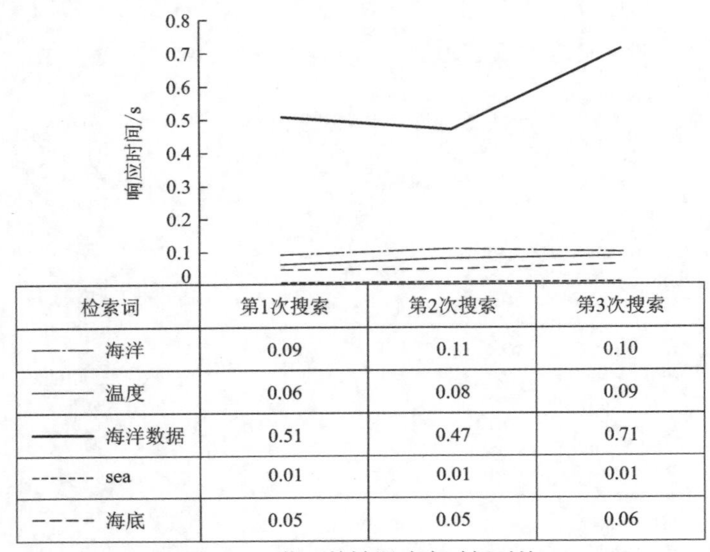

检索词	第1次搜索	第2次搜索	第3次搜索
海洋	0.09	0.11	0.10
温度	0.06	0.08	0.09
海洋数据	0.51	0.47	0.71
sea	0.01	0.01	0.01
海底	0.05	0.05	0.06

图 4.30　若干关键词响应时间对比

4. 主要结论

当今是大数据时代，网络中蕴含了大量的地理信息，如何充分有效实现对网络资源的搜集、分析和处理是地理信息共享与互操作领域的前沿热点问题。本节针对海洋地理信息网络数据资源难以高效发现和利用的现实问题，提出一套垂直搜索引擎的设计方案，重点对网络爬虫模块、信息索引模块和用户检索模块的功能设计和技术实现方法进行了讨论。本书垂直搜索引擎在基础底层设计与实现方面充分运用了多个成熟开源组件，具有良好开放性和实用性；试验结果表明，本书系统后台能够有效爬取和存储目标门户网站数据资源元数据，前台能够以极简风格提供一站式检索服务。与全文搜索引擎不同的是，本书垂直搜索引擎有特定目标网站和特定目标网页，需要预先深入分析目标网站和目标网页的内部结构和识别特征，才能保证搜索结果的准确性。由于时间精力有限，本书目前仅对国家海洋科学数据中心和 NOAA 两个门户网站的数据资源相关页面进行了分析，在研究广度方面有待进一步增强；从研究深度来看，本书方案更加侧重于探索可行性，在功能方面较为简单，在执行效率方面有待进一步提升，后续将引入分布式计算加以改进。

4.3　海洋环境知识图谱构建与推荐

4.3.1　概述

辩证唯物主义认为，万事万物是普遍联系和绝对运动的，时间和空间是物质运动的两种形式，因此，时空关联性是众多复杂问题研究的基本内容。为实现对客观世界复杂关系的信息建模，人们设计了关系模型、面向对象模型、知识图谱模型等不同类型的数据模型。知识图谱（knowledge graph）的前身是关联数据（linked data），主要用于描述现实世界中实体、概念和事件及其关系，本质上是一种大型的语义网络，涉及知识表示与推理、信息检索与抽取、自然语言处理、数据挖掘与机器学习等领域。从认知学角度来看，人类大脑认知的核心是记忆的关联，是以突触关联构建起的一个神经局域网络，而知识图谱正是将关联事物以网络形式进行组织，与人脑认知机理更为契合，更有利于人类从不同层次更加真实客观地认知世界。大多文献认为知识图谱概念由美国谷歌公司在 2012 年提出，实际上我国学者在 2010 年就已经系统阐述"地学知识图谱"（geographic knowledge map）概念（许珺 等，2010），两者区别在于前者面向通用领域，后者面向地学专业领域。在地学领域，与"知识图谱""地学知识图谱"相近的概念还有"地学信息图谱"和"地理知识图谱"两个概念。地学信息图谱强调在地理信息系统的支持下，运用地学图形语言进行地理时空表达与分析，描述人与自然和谐相处的规律，反演它的过去，评估它的现状乃至预测它的未来（许珺 等，2010）；地理知识图谱强调通用知识图谱在地理实体（特别是地名）领域的应用（蒋秉川 等，2018；陆锋 等，2017），运用语义处理方法实现地理实体及其关系的提取与描述。从概念上说，本书研究内容更加偏重于"地学知识图谱"，但聚焦于海洋环境领域。在海洋环境领域，各类现象错综复杂却又相伴相生，然而因为学科划分原因，各类问题研究往往遵照某一学科视角，带来认知的片面性。海洋环境领域涉及海洋测绘、遥感、水文、气象、地质等众多学科，从学科研究角度来看跨度较大，但是从更加系统、全面、客观认识海洋的应用需求来看，理应将海洋环境视为整体。由于地理信息的泛在性，对于大多数海洋环境信息而言，都可以将其视为时空地理信息，因而，实现海洋环境信息的知识图谱关联显得十分有必要。

对于如何将知识图谱应用于海洋环境数据、模型和知识的关联应用，目前缺乏针对性研究，而且无论是"地学知识图谱"还是"地理知识图谱"，现有研究成果或多或少存在以下局限。

（1）内容覆盖不全面。注重地理实体语义特征（要素概念）的分析处理，未能兼顾数据层面和模型层面，然而，由于地理信息的专业性特征，复杂概念及复杂关系的表达较为困难。

（2）经验知识运用不足。注重网络信息抽取与分析应用，其实体内容及相互关系的建立具有较大灵活性，然而，由于缺乏权威知识（本体）作为基础骨架支撑，后续分析应用的复杂性增加。

（3）实用性有待提升。注重通用知识图谱理论方法的引进，结合空间特征开展优化改进，然而，由于较少与具体行业应用相结合，研究成果难以落地成为现实问题。

针对上述问题，本节以海洋环境为行业应用切入点，采用“专家创建+自动处理”相结合的方式，开展知识图谱构建与应用方法研究，以期更好地表达海洋地理信息时空关联性，为关联事物表达提供了一种新颖的组织方式。

4.3.2　理论框架设计

由于现实世界的知识丰富多样且极其庞杂，通用知识图谱主要强调知识的广度，通常运用百科数据自底向上进行构建；领域知识图谱面向不同的领域，其数据模式不同，应用需求也各不相同，因此没有一套通用的标准和规范来指导构建，需要立足于特定行业，并通过与领域专家的不断研讨而逐步清晰明确，采用的是自顶向下的方法。本书采用后一种方法。

为提升知识图谱的体系性和清晰性，本节首先构造具有一定层次结构的基本框架。通过对海洋环境领域相关用户需求的梳理总结，不难发现其主要涉及“学科、机构、人员、文献、资讯、数据、模型、术语、地名”9 类主题。按照“简洁清晰”的设计原则，对 9 类主题进一步细化扩展，可以得到如图 4.31 所示的三级设计结构，即：第一层级为主题，第二层级为类别/来源，第三层级为实例，进一步说明如下。

（1）“学科”主题的二级实体是海洋环境涉及的相关学科，早期主要根据我国学科分类进行人工创建；“机构”主题的二级实体是国际组织、政府部门、科研院所、高校、企业等；“人员”主题的二级实体为专家、法人、团体等；“文献”主题的二级实体为论文、法规、专利、著作等；“模型”主题的二级实体为时空分析、图示表达、数据变换和网络发布等；“数据”主题的二级实体为影像、地图、地形和海流等；“资讯”“术语”“地名”三个主题的二级实体根据信息来源确定。

（2）第三层级实体名称由实际对象的标题或名称来确定，其中“学科”主题的“实例”为专业方向或研究方向，“模型”实例对应于算法、中间件、软件模

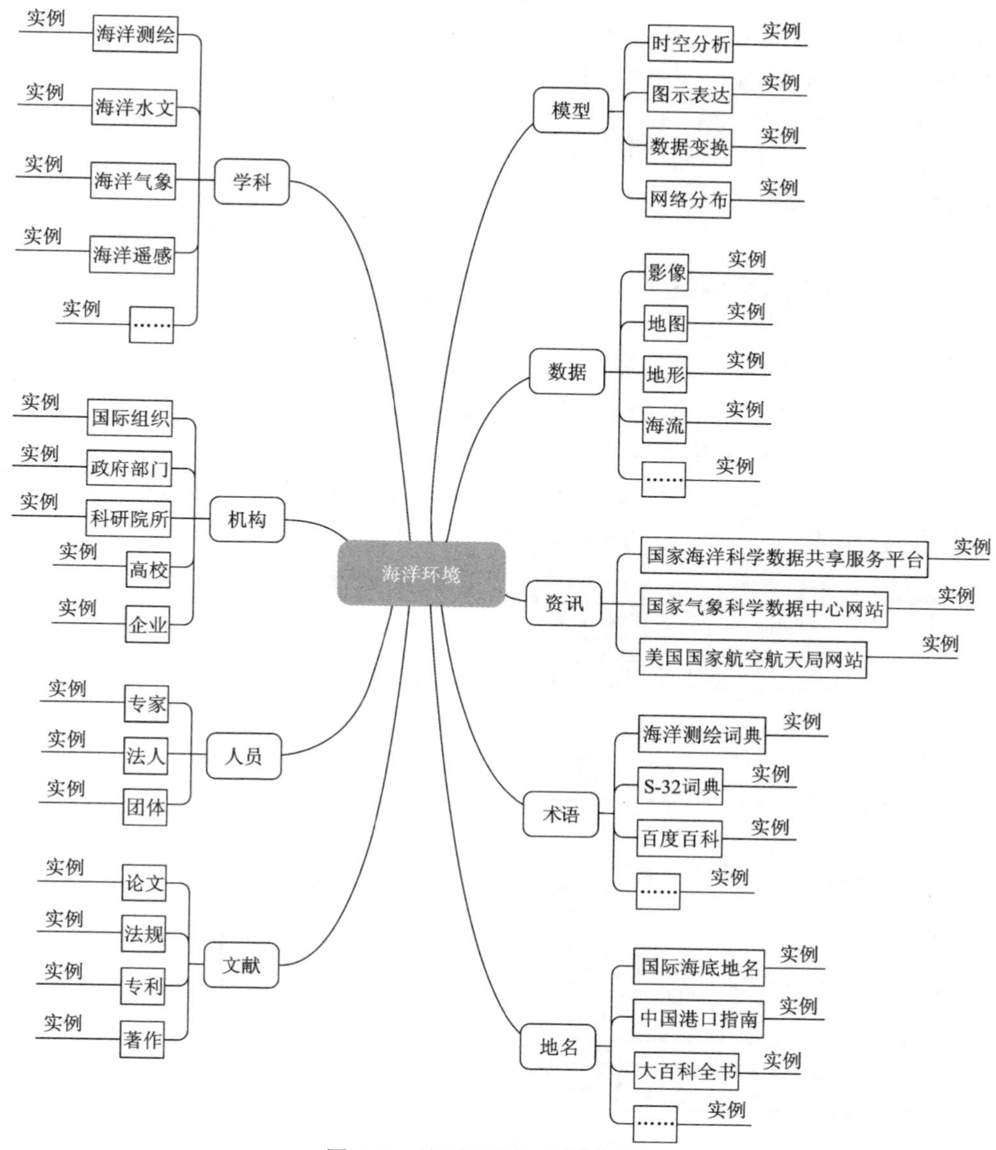

图 4.31　海洋环境知识图谱框架

块、平台系统或网络处理服务，“数据”实例对应于数据集或网络数据服务，“资讯”实例对应于网页或新闻的标题。

（3）主题、类别/来源和实例三者之间是依次包含的关系，其关系名称统一使用“涉及”表示；不同主题的二级三级实体之间可以相互建立关系，如果关系内涵较为明确，使用的是确定性的名称，例如通过期刊论文提取的“文献”实例与“人员”实例的关系是“作者”；如果关系内涵不明确或者难以自动化识别，则在目标主题名称前增加“相关”两个字作为前缀，例如将指向“学科”主题相关类别和实例的关系名称统一命名为“相关学科”；同一主题内的不同层级实体可以建立关系，例如“南海”和“南沙群岛”同属于“地名”的实例，两者之间可进一步建立包含关系。

4.3.3　知识图谱构建

1. 交互平台设计与实现

综合考虑成熟度和性能，本书采用 neo4j 用于图谱数据存储，然而其自身的知识图谱创建与编辑工具主要依托命令行方式，处理较为复杂。为提高知识图谱构建效率，本书开发了一套知识图谱交互平台用于简化操作。该平台整体架构采用前后端分离技术，架构设计如图4.32所示，整体上包含前端展示层、后端服务

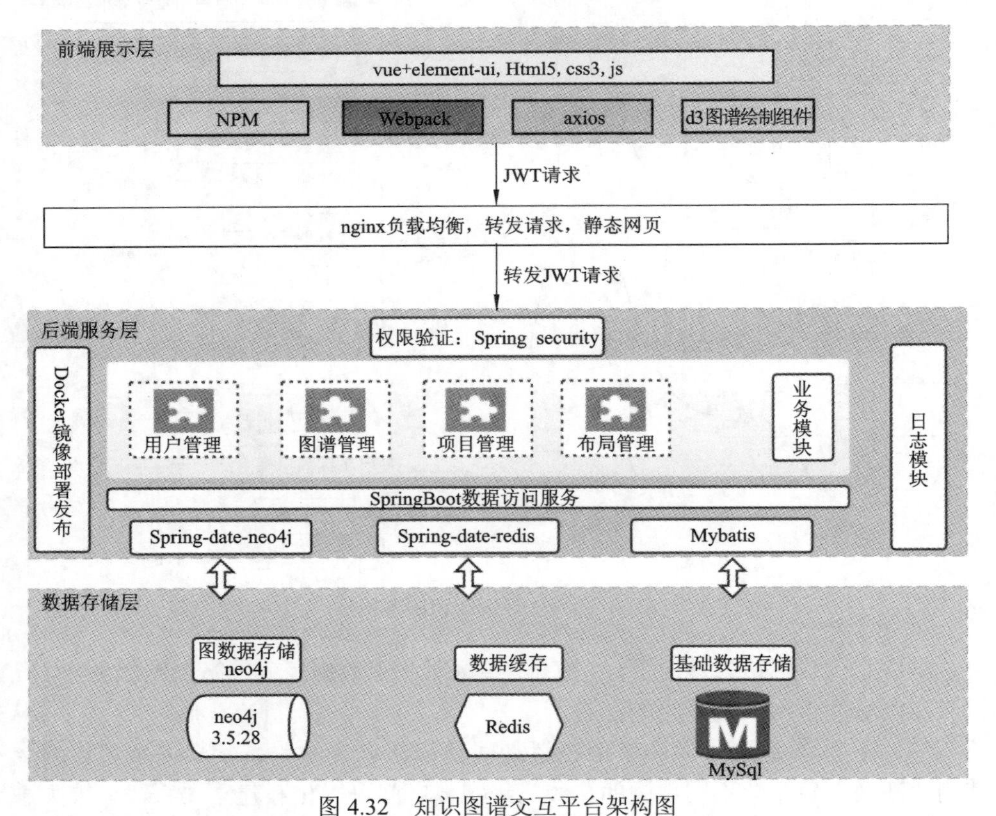

图 4.32　知识图谱交互平台架构图

JWT 是 JSON Web Token 简称，用于在客户端与服务器之间以 JSON 对象方式安全地传输信息

层及数据存储层三部分，其中，前端展示层采用 vue+element-ui 框架，后端服务层采用 SpringBoot 框架，数据存储层使用 neo4j 图数据库和 MySql 关系数据库(用于存储项目信息和用户信息，以及由外部导入的数据）。

后端服务层是知识图谱交互平台的核心，其主要功能模块包括以下几个模块。

（1）用户管理模块：提供用户注册、登录、密码、删除等功能（图 4.33）。

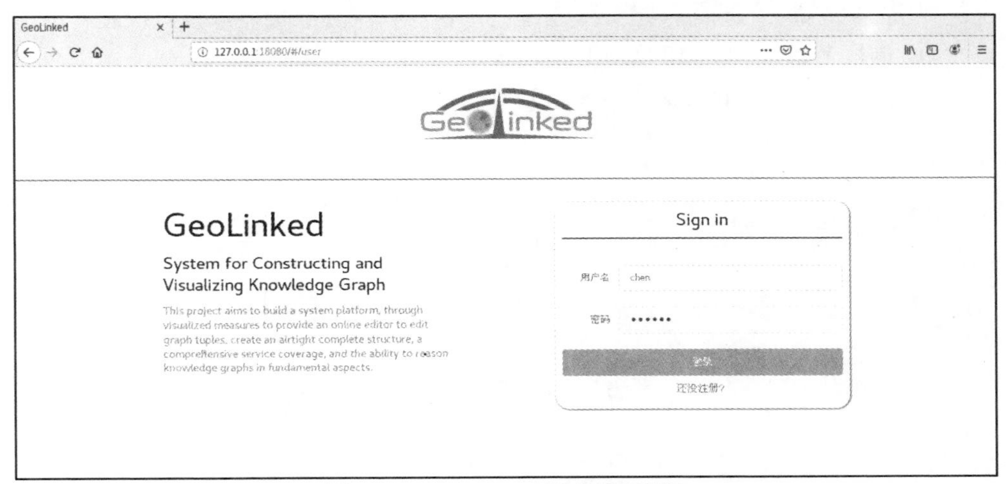

图 4.33　GeoLineded 用户管理模块

（2）项目管理模块：提供项目创建、查询、更改、删除等功能（图 4.34）。

图 4.34　GeoLineded 项目管理页面

（3）图谱管理模块：该模块是整个知识图谱的核心内容，提供实体节点与关系的添加、选取、查询、修改、删除与导入导出（PNG 或者 XML）等功能（图 4.35～图 4.37）。每个实体都可根据需要任意添加属性，例如英文名称、关键字、标签等，进而标识该实体的重要特征。为了后续扩展需要，对每个实体都预留了“权重”属性，对每个关系都预留了“分级”属性。

为提升扩展应用能力，进一步创建图谱管理模块开放接口，接口信息如下：

① 创建节点：http://127.0.0.1:8002/coinapi/graph/insertNodeMy

② 查询节点：http://127.0.0.1:8002/coinapi/graph/findNodeMy

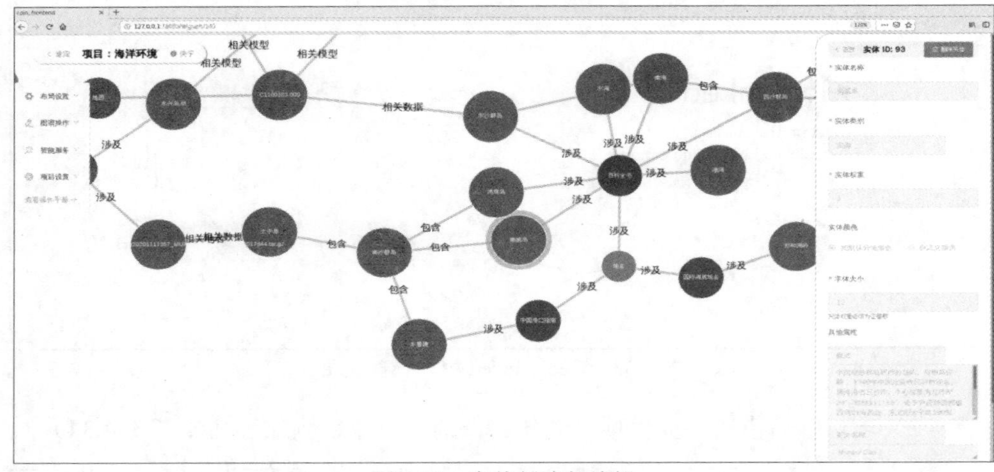

图 4.35　实体创建与编辑

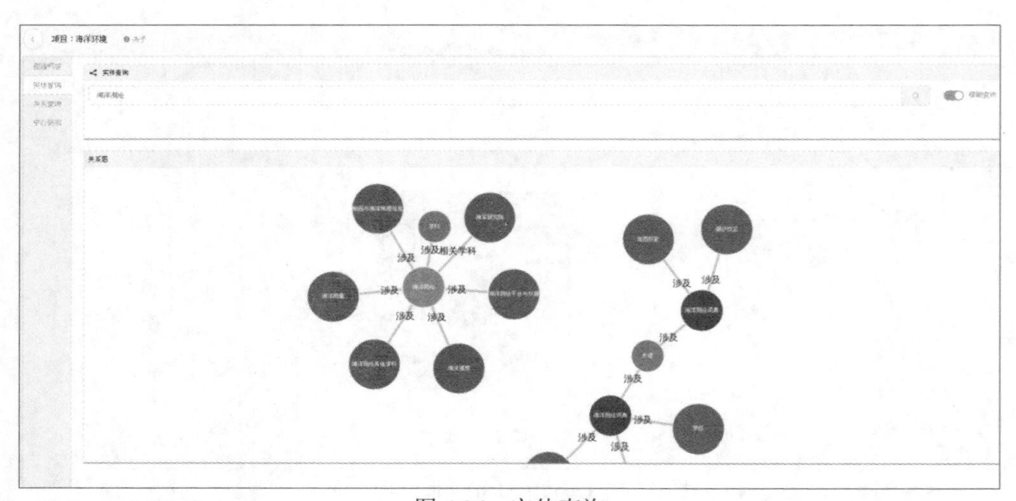

图 4.36　实体查询

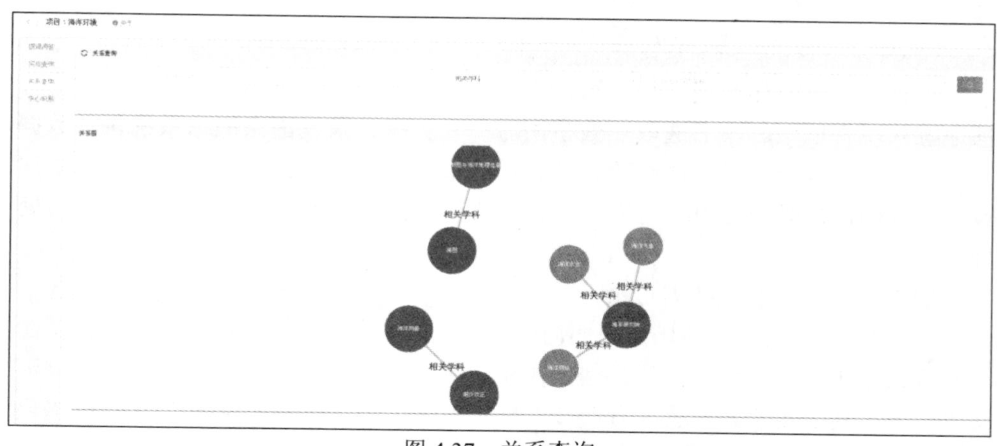

图 4.37　关系查询

③ 修改节点：http://127.0.0.1:8002/coinapi/graph/modifyNodeMy
④ 删除节点：http://127.0.0.1:8002/coinapi/graph/delNodeMy
⑤ 创建关系：http://127.0.0.1:8002/coinapi/graph/insertRelMy
⑥ 查询关系：http://127.0.0.1:8002/coinapi/graph/findRelMy
⑦ 修改关系：http://127.0.0.1:8002/coinapi/graph/modifyRelMy
⑧ 删除关系：http://127.0.0.1:8002/coinapi/graph/delRelMy

（4）布局管理模块：提供布局视图的放大、缩放、漫游、随机分布等功能（图 4.38）。

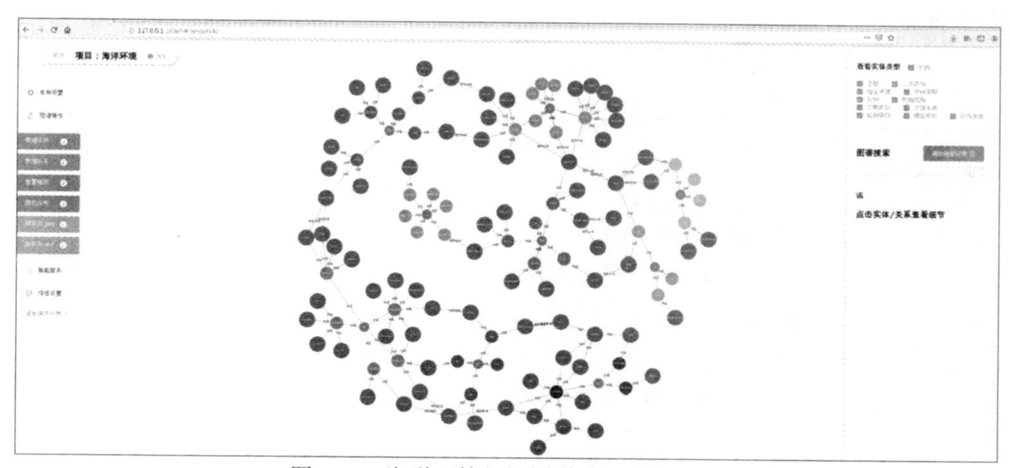

图 4.38　海洋环境知识图谱（基本框架）

2. 外部知识抽取与处理

为充实完善海洋环境知识图谱，需要从外部数据中抽取相关知识，并正确合理地融入现有框架。本书选取“数字南海”元数据目录、国家地球系统科学数据中心共享服务平台、《海洋测绘》、《海洋学报》期刊论文、S-32 标准海道测量词典和“S-101 数据分类和编码指南”作为典型样例，简要分析相关知识抽取与处理方法。

1）“数字南海”元数据目录

“数字南海”网站是我国首个面向全国，集成南海及邻近海区长时序数据资源的开放共享平台，提供了海洋环境数据资源元数据目录、大数据可视化、数据汇交等服务，其中元数据目录可为本书“数据”“地名”“学科”“机构”等主题提供知识来源。对“数字南海”元数据目录页面[①]进行特征分析，可以发现其页面内容主要包含三个部分，分别是目录索引（图 4.39）、元数据列表和元数据信息，其中目录索引提供了快速筛选功能，描述信息则提供了某项数据的详情。参照 4.2 节所述网络爬虫方法，以“学科”为筛选依据，对元数据列表和描述信息两个层级采用递归方式进行信息爬取。以“海洋遥感”学科为例，其元数据列表如图 4.40 所示，选取单条记录查看数据详情后得到如图 4.41 所示页面。通过对整个网站的分析与抽取，可形成如图 4.42 所示的元数据列表，其知识图谱展示效果如图 4.43 所示。

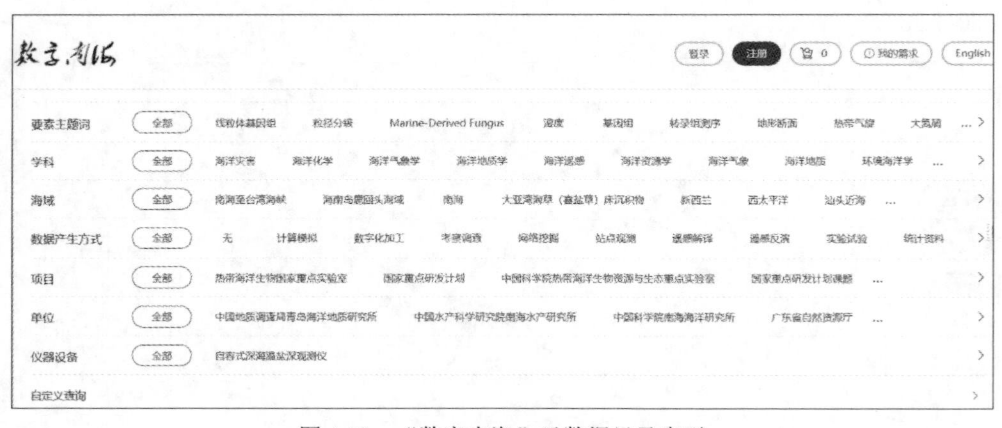

图 4.39　“数字南海”元数据目录索引

① http://data.scsio.ac.cn/

基于多源遥感数据的印度洋海表叶绿素浓度月平均产品_200301-201812	2003-01-01 - 2018-12-31	印度洋	遥感海洋学	遥感反演
基于多源遥感数据的印度洋海表温度月平均产品_200301-201812	2003-01-01 - 2018-12-31	印度洋	遥感海洋学	遥感反演
基于多源遥感数据的印度洋海表CDOM吸收系数月平均产品_200301-201812	2003-01-01 - 2018-12-31	印度洋	遥感海洋学	遥感反演
基于多源遥感数据的印度洋透光层深度月平均产品图集_200301-201812	2003-01-01 - 2018-12-31	印度洋	遥感海洋学	遥感反演
基于多源遥感数据的印度洋海洋初级生产力月平均产品图集_200301-201812	2003-01-01 - 2018-12-31	印度洋	遥感海洋学	遥感反演
基于多源遥感数据的印度洋海表总悬浮物浓度月平均产品图集_200301-201812	2003-01-01 - 2018-12-31	印度洋	遥感海洋学	遥感反演
基于多源遥感数据的印度洋海表叶绿素浓度月平均产品图集_200301-201812	2003-01-01 - 2018-12-31	印度洋	遥感海洋学	遥感反演
基于多源遥感数据的印度洋海表温度月平均产品图集_200301-201812	2003-01-01 - 2018-12-31	印度洋	遥感海洋学	遥感反演
基于多源遥感数据的印度洋海表CDOM吸收系数月平均产品图集_200301-201812	2003-01-01 - 2018-12-31	印度洋	遥感海洋学	遥感反演

共 110 条　12条/页　<　1　2　3　4　5　6　…　10　>　前往 1 页

图 4.40　“数字南海”海洋遥感元数据列表

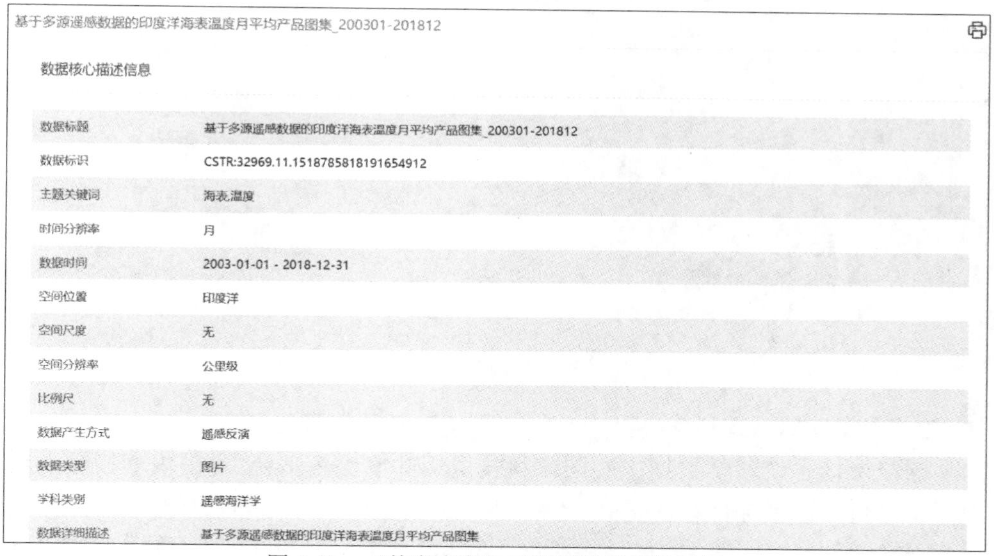

基于多源遥感数据的印度洋海表温度月平均产品图集_200301-201812

数据核心描述信息

数据标题	基于多源遥感数据的印度洋海表温度月平均产品图集_200301-201812
数据标识	CSTR:32969.11.1518785818191654912
主题关键词	海表温度
时间分辨率	月
数据时间	2003-01-01 - 2018-12-31
空间位置	印度洋
空间尺度	无
空间分辨率	公里级
比例尺	无
数据产生方式	遥感反演
数据类型	图片
学科类别	遥感海洋学
数据详细描述	基于多源遥感数据的印度洋海表温度月平均产品图集

图 4.41　“数字南海”元数据描述信息示例

	A	B	C	D	E	F	G
1	标题	关键词	作者	机构	描述	类型	url
2	基于多源遥	海表，总悬	唐世林	中国科学院	基于多源遥	栅格	http://data.scsio.ac.cn/metaData-detail/1518785818174877696
3	基于多源遥	海表，叶绿	唐世林	中国科学院	基于多源遥	栅格	http://data.scsio.ac.cn/metaData-detail/1518785818174877697
4	基于多源遥	海表，温度	唐世林	中国科学院	基于多源遥	栅格	http://data.scsio.ac.cn/metaData-detail/1518785818179072000
5	基于多源遥	海表，CDOM	唐世林	中国科学院	基于多源遥	栅格	http://data.scsio.ac.cn/metaData-detail/1518785818179072001
6	基于多源遥	海表，透光	唐世林	中国科学院	基于多源遥	图片	http://data.scsio.ac.cn/metaData-detail/1518785818183266304
7	基于多源遥	海表，初级	唐世林	中国科学院	基于多源遥	图片	http://data.scsio.ac.cn/metaData-detail/1518785818183266305
8	基于多源遥	海表，总悬	唐世林	中国科学院	基于多源遥	图片	http://data.scsio.ac.cn/metaData-detail/1518785818187460608
9	基于多源遥	海表，叶绿	唐世林	中国科学院	基于多源遥	图片	http://data.scsio.ac.cn/metaData-detail/1518785818187460609
10	基于多源遥	海表，温度	唐世林	中国科学院	基于多源遥	图片	http://data.scsio.ac.cn/metaData-detail/1518785818191654912
11	基于多源遥	海表，CDOM	唐世林	中国科学院	基于多源遥	图片	http://data.scsio.ac.cn/metaData-detail/1518785818191654913
12	基于多源遥	海表，透光	唐世林	中国科学院	基于多源遥	栅格	http://data.scsio.ac.cn/metaData-detail/1518785818166489088
13	基于多源遥	海表，初级	唐世林	中国科学院	基于多源遥	栅格	http://data.scsio.ac.cn/metaData-detail/1518785818170683392
14	印度洋海洋	碳通量	叶海军	中国科学院	根据8天平	图片	http://data.scsio.ac.cn/metaData-detail/1510515585731481600
15	印度洋海洋	碳通量，二	叶海军	中国科学院	根据8天平	栅格（遥感	http://data.scsio.ac.cn/metaData-detail/1510515271183847424
16	印度洋海洋	碳通量，二	叶海军	中国科学院	根据8天平	图片	http://data.scsio.ac.cn/metaData-detail/1510515271192236032
17	印度洋海洋	碳通量，二	叶海军	中国科学院	根据月平均	栅格（遥感	http://data.scsio.ac.cn/metaData-detail/1510514687907155968
18	印度洋海洋	碳通量	叶海军	中国科学院	根据月平均	图片	http://data.scsio.ac.cn/metaData-detail/1510514687919738880
19	印度洋海洋	碳通量，二	叶海军	中国科学院	根据月平均	图片	http://data.scsio.ac.cn/metaData-detail/1510514687928127488
20	GF-4高分四	大气，水体	南海海洋数	中国科学院	GF-4于201	栅格（遥感	http://data.scsio.ac.cn/metaData-detail/1455780551820984320
21	GF-6高分六	大气，水体	南海海洋数	中国科学院	GF-6于201	栅格（遥感	http://data.scsio.ac.cn/metaData-detail/1455780551825178624
22	HY-1C海洋	海水光学特	南海海洋数	中国科学院	HY-1C于20	栅格（遥感	http://data.scsio.ac.cn/metaData-detail/1455780551795818496
23	HY-2A海洋	海面高度，	南海海洋数	中国科学院	HY-2A于20	栅格（遥感	http://data.scsio.ac.cn/metaData-detail/1455780551795818497
24	HY-2B海洋	海面高度，	南海海洋数	中国科学院	HY-2B于20	栅格（遥感	http://data.scsio.ac.cn/metaData-detail/1455780551800012800
25	CFOSAT中法	海风，海浪	南海海洋数	中国科学院	CFOSAT于2	栅格（遥感	http://data.scsio.ac.cn/metaData-detail/1455780551804207104
26	FY-4A气象	云，水汽，植	南海海洋数	中国科学院	FY-4A于20	栅格（遥感	http://data.scsio.ac.cn/metaData-detail/1455780551808401408
27	GF-1高分一	大气，水体	南海海洋数	中国科学院	GF-1于201	栅格（遥感	http://data.scsio.ac.cn/metaData-detail/1455780551812595712

图 4.42 “数字南海”元数据信息抽取结果

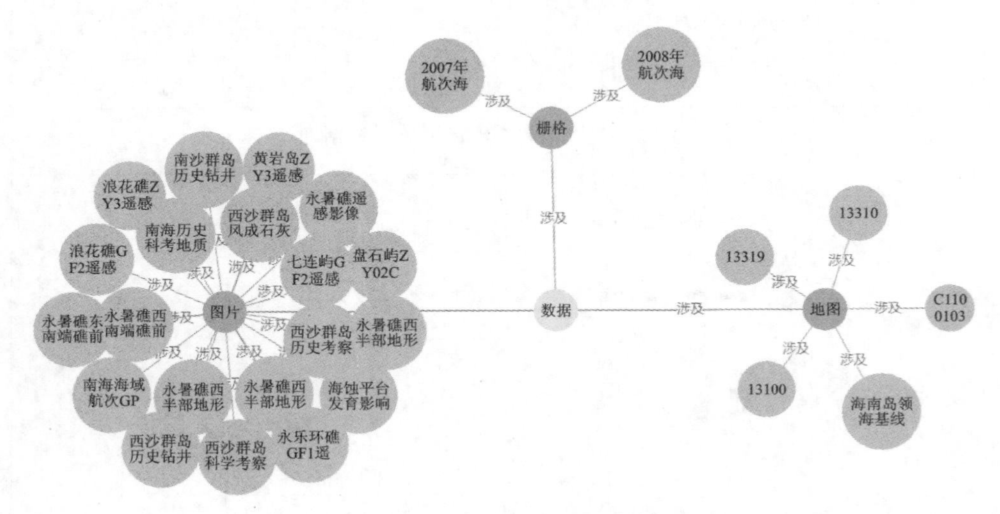

图 4.43 “数字南海”元数据图谱示例

2）国家地球系统科学数据中心国家科技资源共享服务平台

国家地球系统科学数据中心国家科技资源共享服务平台①是国内规模最大的地球系统科学数据综合数据库群，涵盖大气圈、水圈、冰冻圈、岩石圈、陆地表层、海洋及外层空间的 18 个一级学科。该共享服务平台与“数字南海”元数据目录具有类似的学科筛选功能，利用其海洋专题可为本书“数据”“地名”“学科”“机构”“专家”等主题提供知识来源。需要注意的是，该数据服务平台的数据分

① http://www.geodata.cn/

类体系并未严格遵照学科体系，例如“海平面”“海岸带”实际上属于关键词而非学科，“基础地理”实际上应归类为“海洋测绘”。该平台的数据描述页面具有统一风格，如图 4.44 所示。通过对整个网站的分析与抽取，可形成如图 4.45 所示的元数据列表，其知识图谱展示效果如图 4.46 所示。

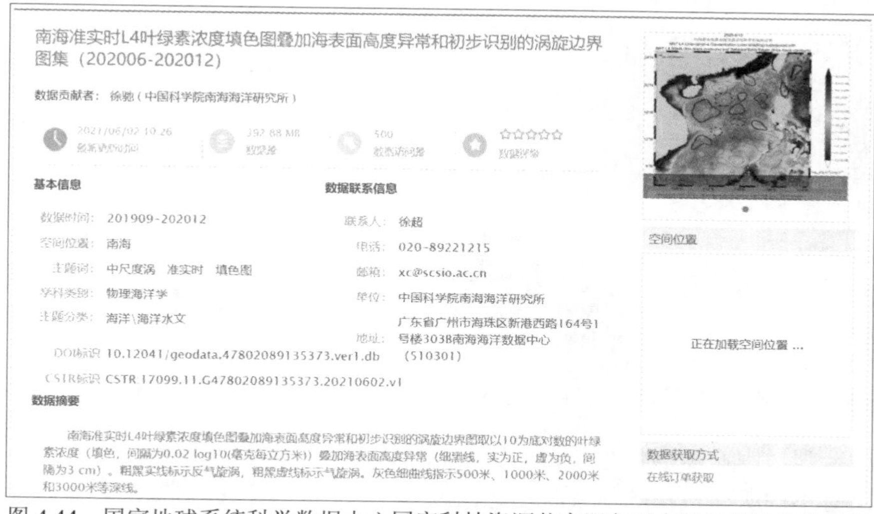

图 4.44　国家地球系统科学数据中心国家科技资源共享服务平台数据描述信息示例

1	标题	主题词	学科	作者	机构	描述	url
2	菲律宾地	地震，菲律	海洋气象	徐超	中国科学院	菲律宾的	https://www.geodata.cn/data/datadetails.html?dataguid=45645855193685&docId=244
3	菲律宾海	海啸，菲律	海洋气象	徐超	中国科学院	菲律宾海	https://www.geodata.cn/data/datadetails.html?dataguid=50043901464335&docId=246
4	澳门霾月	资源环境，	海洋气象	徐超	中国科学院	澳门特别	https://www.geodata.cn/data/datadetails.html?dataguid=28092164803888&docId=343
5	澳门雷暴	资源环境；	海洋气象	徐超	中国科学院	澳门特别	https://www.geodata.cn/data/datadetails.html?dataguid=19237880503505&docId=3437
6	澳门闪电	资源环境，	海洋气象	徐超	中国科学院	澳门特别	https://www.geodata.cn/data/datadetails.html?dataguid=22154801987521&docId=343
7	澳门烟霾	资源环境；	海洋气象	徐超	中国科学院	澳门特别	https://www.geodata.cn/data/datadetails.html?dataguid=39029089486566&docId=3439
8	澳门降雨	资源环境，	海洋气象	徐超	中国科学院	澳门特别	https://www.geodata.cn/data/datadetails.html?dataguid=67616391516749&docId=3440
9	澳门增温	资源环境；	海洋气象	徐超	中国科学院	澳门特别	https://www.geodata.cn/data/datadetails.html?dataguid=26332946115446&docId=344
10	澳门冷却	资源环境，	海洋气象	徐超	中国科学院	澳门特别	https://www.geodata.cn/data/datadetails.html?dataguid=23635926206822&docId=3442
11	澳门总辐	资源环境，	海洋气象	徐超	中国科学院	澳门特别	https://www.geodata.cn/data/datadetails.html?dataguid=14839833060735&docId=3443
12	澳门天空	资源环境，	海洋气象	徐超	中国科学院	澳门特别	https://www.geodata.cn/data/datadetails.html?dataguid=23914020502393&docId=344
13	澳门蒸发	资源环境，	海洋气象	徐超	中国科学院	澳门特别	https://www.geodata.cn/data/datadetails.html?dataguid=6043739839301&docId=3445
14	澳门日照	资源环境，	海洋气象	徐超	中国科学院	澳门特别	https://www.geodata.cn/data/datadetails.html?dataguid=19237879254849&docId=3446
15	澳门降雨	资源环境；	海洋气象	徐超	中国科学院	澳门特别	https://www.geodata.cn/data/datadetails.html?dataguid=47825181476856&docId=3447
16	澳门月平	资源环境，	海洋气象	徐超	中国科学院	澳门特别	https://www.geodata.cn/data/datadetails.html?dataguid=87407599797298&docId=3448
17	澳门月平	资源环境；	海洋气象	徐超	中国科学院	澳门特别	https://www.geodata.cn/data/datadetails.html?dataguid=58820297360904&docId=3449
18	澳门月平	资源环境，	海洋气象	徐超	中国科学院	澳门特别	https://www.geodata.cn/data/datadetails.html?dataguid=22154801817660&docId=345
19	澳门月平	资源环境，	海洋气象	徐超	中国科学院	澳门特别	https://www.geodata.cn/data/datadetails.html?dataguid=26113043668507&docId=345
20	澳门月平	资源环境；	海洋气象	徐超	中国科学院	澳门特别	https://www.geodata.cn/data/datadetails.html?dataguid=8242760442133&docId=3452
21	澳门月平	资源环境，	海洋气象	徐超	中国科学院	澳门特别	https://www.geodata.cn/data/datadetails.html?dataguid=87407597546564&docId=3453
22	澳门月平	资源环境；	海洋气象	徐超	中国科学院	澳门特别	https://www.geodata.cn/data/datadetails.html?dataguid=50024202098407&docId=3454
23	澳门月平	资源环境，	海洋气象	徐超	中国科学院	澳门特别	https://www.geodata.cn/data/datadetails.html?dataguid=58820294866375&docId=3455
24	澳门月平	资源环境，	海洋气象	徐超	中国科学院	澳门特别	https://www.geodata.cn/data/datadetails.html?dataguid=14018415516099&docId=345
25	澳门月平	资源环境，	海洋气象	徐超	中国科学院	澳门特别	https://www.geodata.cn/data/datadetails.html?dataguid=56621271254047&docId=3457
26	澳门月平	资源环境，	海洋气象	徐超	中国科学院	澳门特别	https://www.geodata.cn/data/datadetails.html?dataguid=85208573385478&docId=3458
27	[illegible]	资源环境	海洋气象	徐超	中国科学院	香港位于	https://www.geodata.cn/data/datadetails.html?dataguid=11159685184906&docId=345

图 4.45　国家地球系统科学数据中心国家科技资源共享服务平台数据描述信息抽取结果

3）《海洋测绘》《海洋学报》期刊论文

本书选用维普期刊网[①]和中国知网[②]联合作为期刊信息抽取来源，几乎可覆盖所有相关中文期刊。维普期刊网的优点在于中英文对照信息齐全，且学科分类

① http://qikan.cqvip.com/

② https://kns.cnki.net/

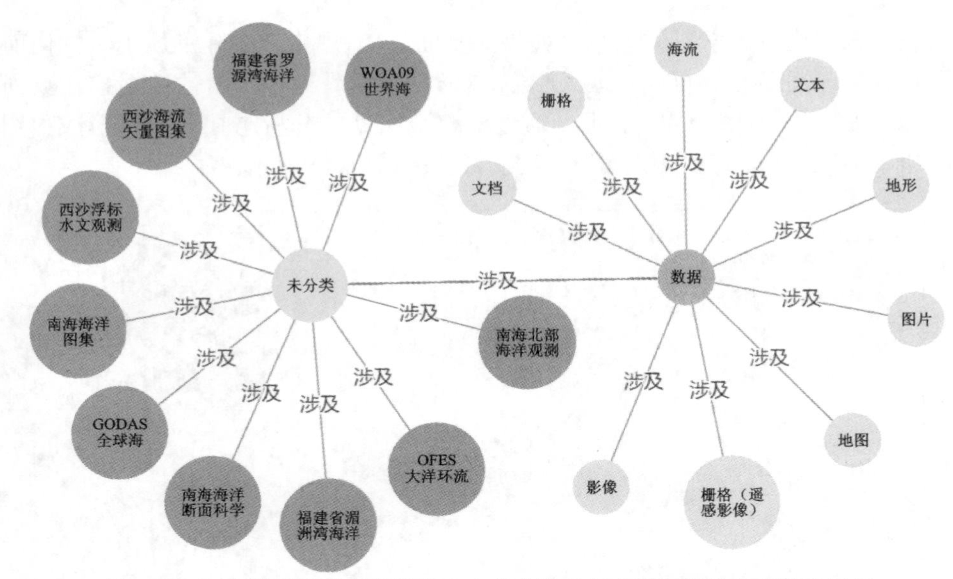

图 4.46　国家地球系统科学数据中心共享服务平台数据描述信息图谱示例

号较为合理，因而本书将其作为主要信息来源，但是其存在缺点，即如果存在同一论文有不同所属机构的作者时，无法区分不同作者的机构归属，需要通过中国知网补齐论文作者与机构的关联信息。以维普期刊网为例，可按照“期刊检索→期刊→刊期→论文”的层次递进关系（图 4.47～图 4.49），爬取得到论文的标题、作者、机构、关键字、摘要等信息；对于中国知网中的论文作者及机构信息，可通过角标来识别区分，其典型页面如图 4.50 所示。根据如图 4.51 所示的分析处理流程，可形成如图 4.52 所示的论文基本信息列表，其知识图谱展示效果如图 4.53 所示。

图 4.47　在维普期刊网中期刊检索《海洋测绘》

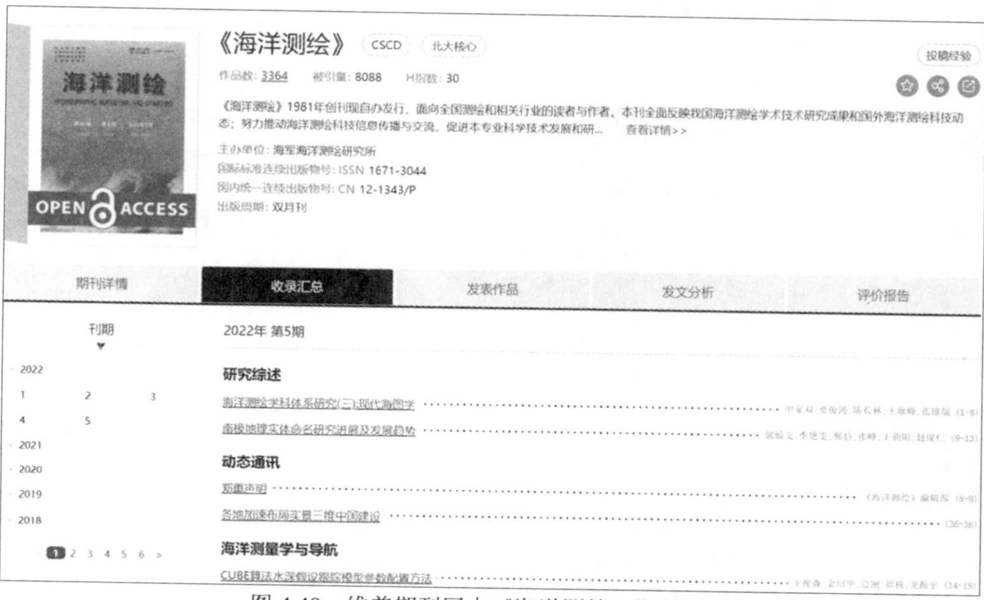

图 4.48　维普期刊网中《海洋测绘》期刊页面

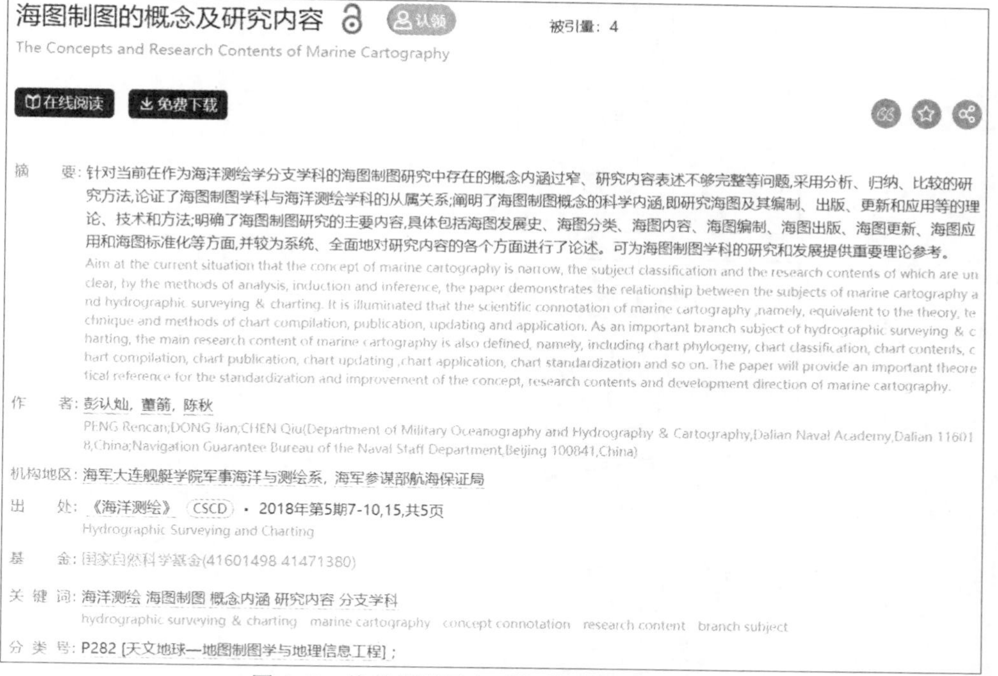

图 4.49　维普期刊网中《海洋测绘》论文页面

海洋测绘 . 2018,38(05) CSCD

海图制图的概念及研究内容

彭认灿[1]　董箭[1]　陈秋[2]

1. 海军大连舰艇学院军事海洋与测绘系　2. 海军参谋部航海保证局

摘要： 针对当前在作为海洋测绘学分支学科的海图制图研究中存在的概念内涵过窄、研究内容表述不够完整等问题,采用分析、归纳、比较的研究方法,论证了海图制图学科与海洋测绘学科的从属关系;阐明了海图制图概念的科学内涵,即研究海图及其编制、出版、更新和应用等的理论、技术和方法;明确了海图制图研究的主要内容,具体包括海图发展史、海图分类、海图内容、海图编制、海图出版、海图更新、海图应用和海图标准化等方面,并较为系统、全面地对研究内容的各个方面进行了论述。可为海图制图学科的研究和发展提供重要理论参考。

关键词： 海洋测绘; 海图制图; 概念内涵; 研究内容; 分支学科;

基金资助： 国家自然科学基金（41601498;41471380）;

专辑： 基础科学; 工程科技Ⅱ辑

专题： 船舶工业

分类号： U675.81

图 4.50　中国知网《海洋测绘》论文页面

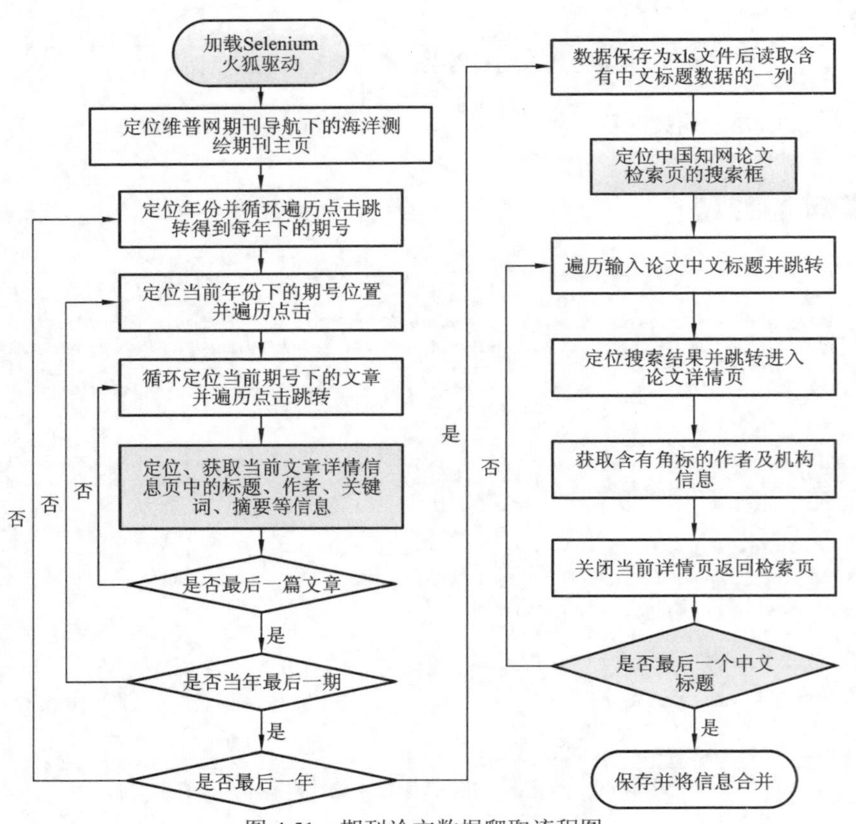

图 4.51　期刊论文数据爬取流程图

1	标题	英文标题	摘要	作者	关键词
2	美国大地测量基准建设最新进展与启	Progress and enlightenment of	大地测量基准为地球空间信息扌	刘新江　曹解放　李长会LIU Y	大地测量基准 WG
3	一种船载水深测量数据均匀性分布研	A method to judge the uniformi	针对联合船载水深测量数据和	范雕　李姗姗　赵东明　李新星	海洋测绘　船载水
4	利用测高卫星评估深海压力仪测深精	Method for accuracy evaluatior	针对深海压力仪高质量精度评	管斌　孙中苗　翟振和　刘晓刚	卫星测高　海面高
5	GAMIT软件中不同星历对GPS/BDS数据	Position affect of GPS/BDS dat	为掌握星历误差对GAMIT软件解	王丽红　鲁杨梅　邱宝贤WANG	全球卫星导航定
6	水下动态重力数据实时采集仿真技术	Research on real-time acquisit	针对难以通过水下采集真实重	王傲明　李姗姗　范雕　李新星	重力匹配导航　动
7	基于小型无人艇的海洋磁力测量精度	Accuracy evaluation of marine	为了验证基于小型无人艇进行	罗建刚　李海兵　刘静晓　李海	海洋磁力测量　重
8	新型国产无人机航磁系统的应用研究	Application research of new do	无人机航磁测量是现今海洋磁	周普志　汤民强　刘迪仁　魏巍	国产无人机航磁
9	图像处理技术在位场数据边界识别中	Application progress of image	边界识别方法是重磁位场数据	王凤帆　吴云帆　孔敏　田先德	重磁勘探　位场解
10	基于SonarWiz的多波束声纳图像智能	Research on intelligent seabec	多波束回波强度信息与海底底	陈炜　邝晗宇　蔡梦雅　徐靖国	海底底质分类　多
11	联合VDSR和ISBGFRLS的海岛水边线快	Research on the fast segmentat	针对现有方法在海岛水边线分	王振华　纪晴　龚晓玲　栾奎峰	遥感图像　遥感图
12	岛礁周边水深光学遥感反演模型比较	Comparison and analysis of bat	岛礁周边水深精确测量是海洋	李宁宁　陈义兰　唐秋华　李杰	多光谱遥感　水深
13	基于SFF-W算法的潮滩边界提取研究	Research on tidal flat boundar	以上海市南汇潮滩为研究区域,	张斌　韩震ZHANG Bin;HAN Z	遥感影像　潮滩边
14	基于光谱增强的自动阈值水库面积聚	Study of automatic threshold r	以快速精准提取水库面积为研	王金鑫　桑学锋　常家轩　刘鑫	遥感技术　水库监
15	基于资源一号数据的棋盘山水库水质	Water quality information extr	利用遥感技术对棋盘山水库进	徐汉超　郎贺　杨静XU Hancha	高光谱遥感　资源
16	IHO S-100系列标准研究现状、问题	Research status, problems and s	IHO S-100系列标准是新一代海	陈长林CHEN Changlin(Stat	海洋测绘　国际标
17	海图水深注记分布度的精细化评估方	Precise estimation for the dis	针对当前水深综合中注记分布	贾帅东　梁志诚　董晓光　孙晓	海图综合　航海图
18	电子航海通告预处理系统的设计与实	Design and implementation of t	快速和准确地处理多元异构数	吴婉婷　崔洪生　郭立新　朱书	海图生产　海图改
19	基于EEMD的验潮站水位序列降噪方法	EEMD-based de-noising method c	验潮站水位序列是研究海平面	戴国强　沈友东　贺小星DAI C	验潮站水位序列
20	南海航路测量水位控制关键技术研究	Research on key technology of	大跨度、离岸远的航路测量是	何志敏　何开全　俞成明　卢秉	海洋测绘　构建潮
21	[illegible]	[illegible]	[illegible]	[illegible]	[illegible]

图 4.52　期刊论文数据爬取结果

图 4.53　期刊论文知识图谱示例

4）S-32 标准海道测量词典

S-32 标准海道测量词典①是 IHO 专门用于描述海道测量术语及缩略词的标准规范，存在中文和英文两个版本，可为海洋环境知识图谱中“术语”主题提供数据源。通过序号匹配，可将 S-32 词典中英文内容合并为同一个表格，存储结构参见表 4.3，词典数据示例如图 4.54 所示，对应的知识图谱示例如图 4.55 所示。

① http://iho-ohi.net/S32/

表 4.3　S-32 词典存储结构

序号	字段名称	字段说明
1	id	数据 ID
2	childId	子节点 ID
3	termCn	中文名称
4	termEn	英文名称
5	defineEn	英文定义
6	defineCn	中文定义

id	childId	termEn	termCn	defineEn	defineCn
1	1	abeam	正横	In a line approximately a	与船只龙骨基本垂直的一条
2	2	aberration of light	光行差；像差	In ASTRONOMY, the app	在天文学中，指光速及地面
3	3	abrasion	磨损，磨蚀，冲蚀	The wearing away or rou	通过摩擦使表面磨损或光滑
4	4	abscissa	横坐标	See COORDINATES: PLA	参见coordinates: plane r
5	5	absolute accuracy	绝对精度	See ACCURACY: ABSOLU	参见accuracy: absolute
6	6	absolute error	绝对误差	See ERROR.	参见error（误差）。
7	7	absolute orientation	绝对方位	See ORIENTATION.	参见orientation（定向）。
8	8	absolute stereoscopic p	绝对立体视差	See PARALLAX.	参见parallax（视差）。
9	9	absorption: atmospheric	大气吸收	Transformation of RADIA	辐射能与大气成分相互作用
10	10	abyssal	深海的，海底深处的，深渊	Belonging to the lowest	海洋最深处，一般而言深度
11	11	abyssal gap	深海裂隙，深海峡谷	A gap in a sill, ridge, or r	在两个深海平原之间的海槛
12	12	abyssal hills	深海丘陵	A tract of small elevatior	一种位于深海海底处的小高
13	13	abyssal plain	深海平原	An extensive, flat, gently	深海中的广阔、平坦的、缓
14	14	acceleration	加速度	The rate of change of VE	速度的变化率。
15	15	acceleration: angular	角加速度	The rate of change of AN	角速度的变化率。
16	16	acceleration of gravity	重力加速度	The ACCELERATION of a	自由落体在重力作用下产生
17	17	accidental error	偶然误差	See ERROR.	参见error（误差）。
18	18	acclivity	上斜，向上斜坡，上升坡	An upward SLOPE of GR	地面向上的斜坡；与下斜坡

图 4.54　S-32 词典数据示例

5）《S-101 数据分类与编码指南》

《S-101 数据分类和编码指南》[①]是 S-101 电子海图标准规范对应的附录 A，包含海上航行所需的各类要素，涉及海洋地理、水文、底质等多个领域，可为海洋环境知识图谱中“术语”主题提供数据源。IHO 网站提供的《S-101 数据分类和编码指南》为英文，且为 PDF 格式，难以抽取处理，因而，本书按照 Word 格式对其重新编排并完成翻译对照(图 4.56)，并采用 Python 程序读取处理后的 Word 文件，利用正则表达式识别三级目录结构及其正文内容（表 4.4），将结果转化为 csv 格式存储（结构定义参见表 4.5）。通过对整个文档的分析与抽取，可形成如图 4.57 所示的元数据列表，其知识图谱展示效果如图 4.58 所示。

① https://iho.int/en/standards-and-specifications

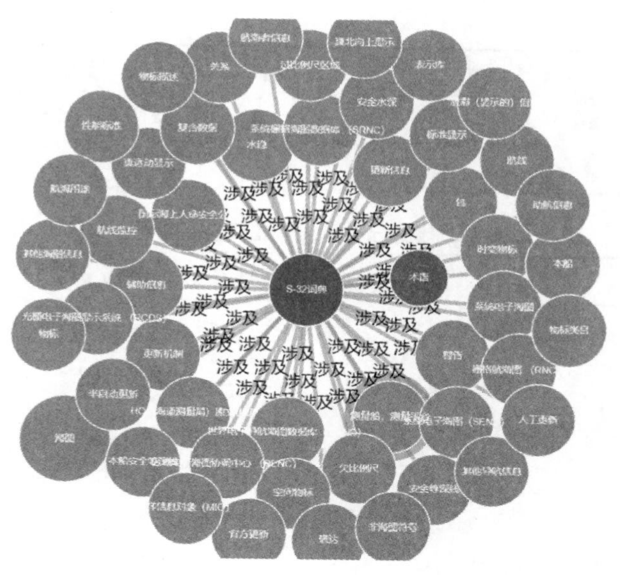

图 4.55　S-32 词典知识图谱示例

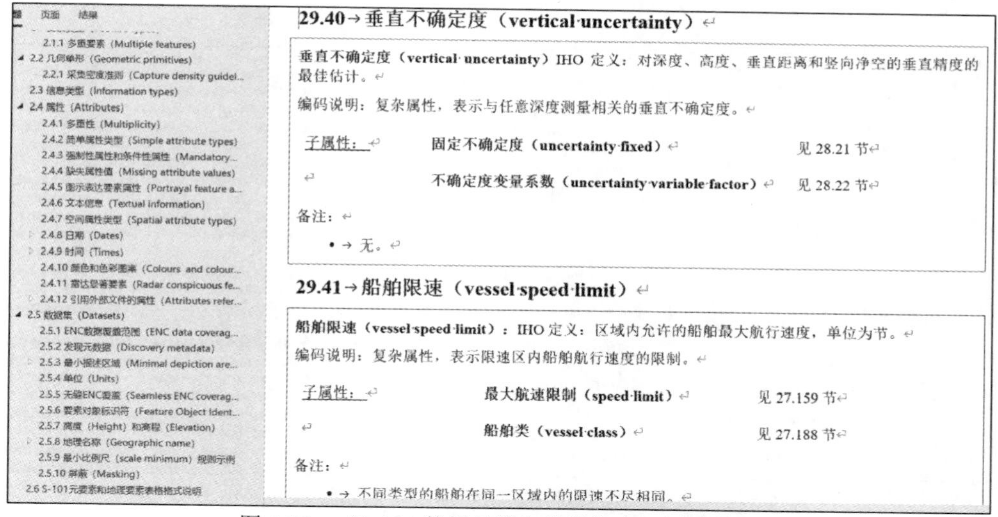

页面　结果

2.1.1 多重要素 (Multiple features)
2.2 几何单形 (Geometric primitives)
2.2.1 采集密度准则 (Capture density guidel...
2.3 信息类型 (Information types)
2.4 属性 (Attributes)
2.4.1 多重性 (Multiplicity)
2.4.2 简单属性类型 (Simple attribute types)
2.4.3 强制性属性和条件性属性 (Mandatory...
2.4.4 缺失属性值 (Missing attribute values)
2.4.5 图示表达要素属性 (Portrayal feature a...
2.4.6 文本信息 (Textual information)
2.4.7 空间属性类型 (Spatial attribute types)
2.4.8 日期 (Dates)
2.4.9 时间 (Times)
2.4.10 颜色和色彩图案 (Colours and colour...
2.4.11 雷达显著要素 (Radar conspicuous fe...
2.4.12 引用外部文件的属性 (Attributes refer...
2.5 数据集 (Datasets)
2.5.1 ENC数据覆盖范围 (ENC data coverag...
2.5.2 发现元数据 (Discovery metadata)
2.5.3 最小描述区域 (Minimal depiction are...
2.5.4 单位 (Units)
2.5.5 无缝ENC覆盖 (Seamless ENC coverag...
2.5.6 要素对象标识符 (Feature Object Ident...
2.5.7 高度 (Height) 和高程 (Elevation)
2.5.8 地理名称 (Geographic name)
2.5.9 最小比例尺 (scale minimum) 规则示例
2.5.10 屏蔽 (Masking)
2.6 S-101元要素和地理要素表格格式说明

29.40→垂直不确定度（vertical uncertainty）

垂直不确定度（vertical uncertainty）IHO 定义：对深度、高度、垂直距离和竖向净空的垂直精度的最佳估计。

编码说明：复杂属性，表示与任意深度测量相关的垂直不确定度。

子属性：	固定不确定度（uncertainty fixed）	见 28.21 节
	不确定度变量系数（uncertainty variable factor）	见 28.22 节

备注：

- 无。

29.41→船舶限速（vessel speed limit）

船舶限速（vessel speed limit）：IHO 定义：区域内允许的船舶最大航行速度，单位为节。

编码说明：复杂属性，表示限速区内船舶航行速度的限制。

子属性：	最大航速限制（speed limit）	见 27.159 节
	船舶类（vessel class）	见 27.188 节

备注：

- 不同类型的船舶在同一区域内的限速不尽相同。

图 4.56　《S-101 数据分类和编码指南》译稿截图

表 4.4　目录识别正则表达式

序号	正则表达式	说明
1	\d+→	一级目录，“→”为 Tab 键
2	\d+(\.)+\d+→	二级目录，含 1 个“.”号

续表

序号	正则表达式	说明
3	\d+(\.)+\d+(\.)+\d+→	三级目录，含 2 个“.”号
4	\d+(\.)+\d+(\.)+\d+(\.)+\d+→	四级目录，含 3 个“.”号

表 4.5　S-101 数据分类和编码指南存储字段及说明

序号	字段名称	字段说明
1	id	数据 ID
2	code	目录编号
3	name	目录名称
4	nameOther	名称补充信息
5	define	定义
6	detailHtml	补充信息，包含 html 格式
7	isDelete	删除标志：1 已删除；0 未删除

id	code	name	nameOther	define	detailHtml
18	5.3	海岸线	(Coastline)	IHO定义：海岸线（COAST	<table><tr><td>IHO定义
19	5.4	陆地区	(Land area)	IHO定义：陆地区（LAND	<table><tr><td>IHO定义
20	5.5	岛群	(Island group)	IHO定义：岛群（ISLAND	<table><tr><td>IHO定义
21	5.6	地面高程	(Land elevation)	IHO定义：地面高程（LAND	<table><tr><td>IHO定义
22	5.7	河流	(River)	IHO定义：河流（RIVER）。	<table><tr><td>IHO定义
23	5.8	急流	(Rapids)	IHO定义：急流[RAPID（S）	<table><tr><td>IHO定义
24	5.9	瀑布	(Waterfall)	IHO定义：瀑布（WATERF	<table><tr><td>IHO定义
25	5.10	湖泊	(Lake)	IHO定义：湖泊（LAKE）。	<table><tr><td>IHO定义
26	5.11	地面地带	(Land region)	IHO定义：地面地带（LAND	<table><tr><td>IHO定义
27	5.12	植被	(Vegetation)	IHO定义：植被（VEGETAT	<table><tr><td>IHO定义
28	5.13	冰区	(Ice area)	IHO定义：冰区（ICE AREA	<table><tr><td>IHO定义
29	5.14	倾斜地面	(Sloping ground)	IHO定义：倾斜地面（SLOP	<table><tr><td>IHO定义
30	5.15	坡顶线	(Slope topline)	IHO定义：坡顶线（SLOPE	<table><tr><td>IHO定义
31	5.16	潮路	(Tideway)	IHO定义：潮路（TIDEWAY	<table><tr><td>IHO定义
32	6	地理要素——人工要素	(Cultural Feature)	(Null)	(Null)
33	6.1	建筑群区	(Built-up area)	IHO定义：建筑群区（BUILT	<table><tr><td>IHO定义
34	6.2	建筑物	(Building)	IHO定义：建筑物（BUILDI	<table><tr><td>IHO定义
35	6.3	机场	(Airport/airfield)	IHO定义：机场（AIRPORT,	<table><tr><td>IHO定义
36	6.4	跑道	(Runway)	IHO定义：跑道（RUNWAY	<table><tr><td>IHO定义
37	6.5	桥梁	(Bridge)	IHO定义：桥梁（BRIDGE）	<table><tr><td>IHO定义
38	6.6	固定桥跨	(Span fixed)	IHO定义：固定桥跨（SPAN	<table><tr><td>IHO定义
39	6.7	活动桥跨	(Span opening)	IHO定义：活动桥跨（SPAN	<table><tr><td>IHO定义
40	6.8	传送装置	(Conveyor)	IHO定义：传送装置（CON	<table><tr><td>IHO定义

图 4.57　《S-101 数据分类和编码指南》信息抽取结果示例

6）《中国航路指南》与《中国港口指南》

本节以《中国航路指南》和《中国港口指南》两本图书作为航海书表知识抽取来源，其主要流程如下：首先，通过 PDF 转 Word 工具对前期拆分的 PDF 数据预处理为 Word 格式；然后，利用 Python 脚本读取目标目录下所有文件，获取文件名称，按照表 4.6 所示正则表达式提取章节名称用于创建“地名”主题的实例，

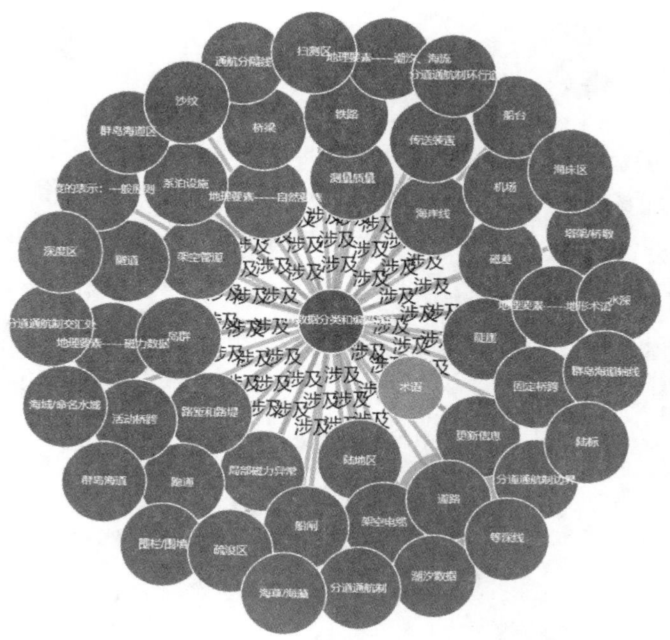

图 4.58　《S-101 数据分类和编码指南》知识图谱示例

并将正文内容作为实例的属性信息；最后，识别正文内容中是否含有海图图号或经纬度等附加信息，如果是海图编号，则在“数据”主题创建相应实例（二级实体为“地图”，实例名称为海图图号，例如“13391”）及其关联关系（名称为“相关海图”），如果是经度纬度或者经纬度范围，则将其作为属性添加至相应的三级节点中。按照上述方法可实现对航路指南和港口指南的分析抽取，其知识图谱展示效果如图 4.59 和图 4.60 所示。

表 4.6　航路指南及港口指南信息提取正则表达式

序号	航海图书	提取信息内容	正则表达式
1	《中国航路指南》	章名称	\d+_第(.*)章
2		节名称	\d+_第(.*)节
3		正文内容	
4	《中国港口指南》	章名称	\d+_第(.*)章
6		节名称	\d+00_
7		正文内容	

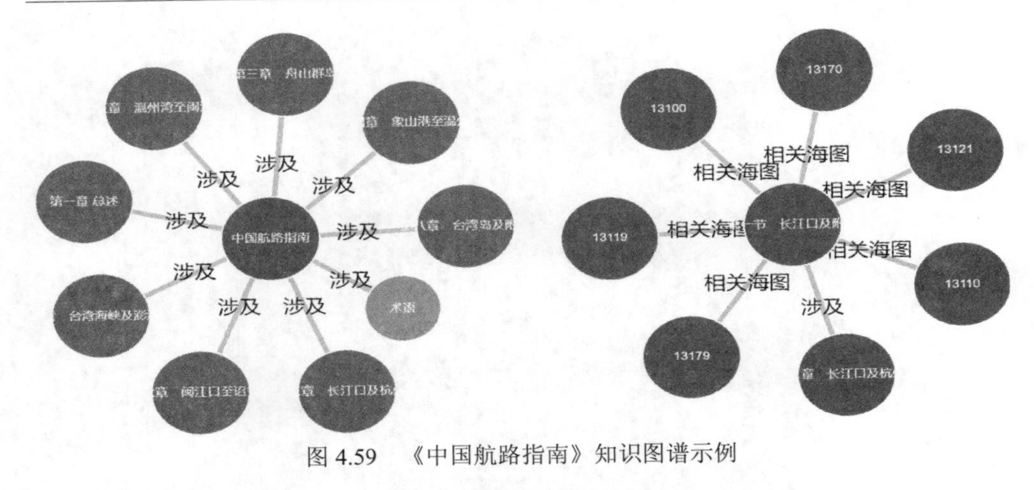

图 4.59　《中国航路指南》知识图谱示例

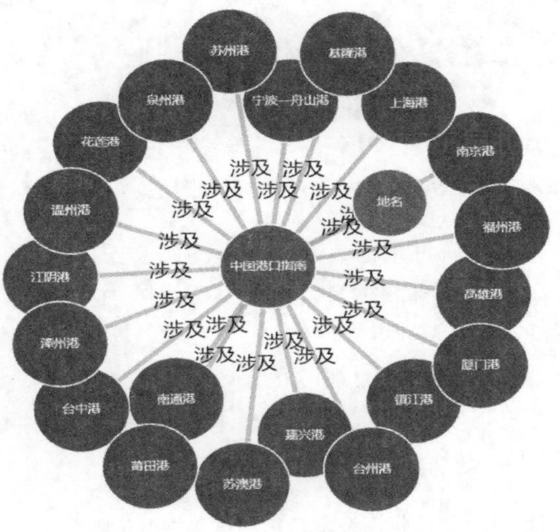

图 4.60　《中国港口指南》知识图谱示例

4.3.4　实验与结论

在知识图谱创建与处理工作的基础上，以人工交互方式补充“模型”主题知识，即可构建较为丰富的海洋环境领域知识图谱。为验证知识图谱的应用效果，本书在交互平台设计方案基础上，进一步扩展改进，构建“海洋环境知识图谱智能搜索引擎原型系统”，其架构如图 4.61 所示，主要变化在于：在后端服务层增加“实例-搜索、数据-关联、模型-关联、知识-关联”等功能模块，其中“知识-

关联”融入了除数据和模型两个主题之外的其他主题；在前端展示层增加搜索页面、图谱显示页面、海图显示页面、水文气象显示页面。

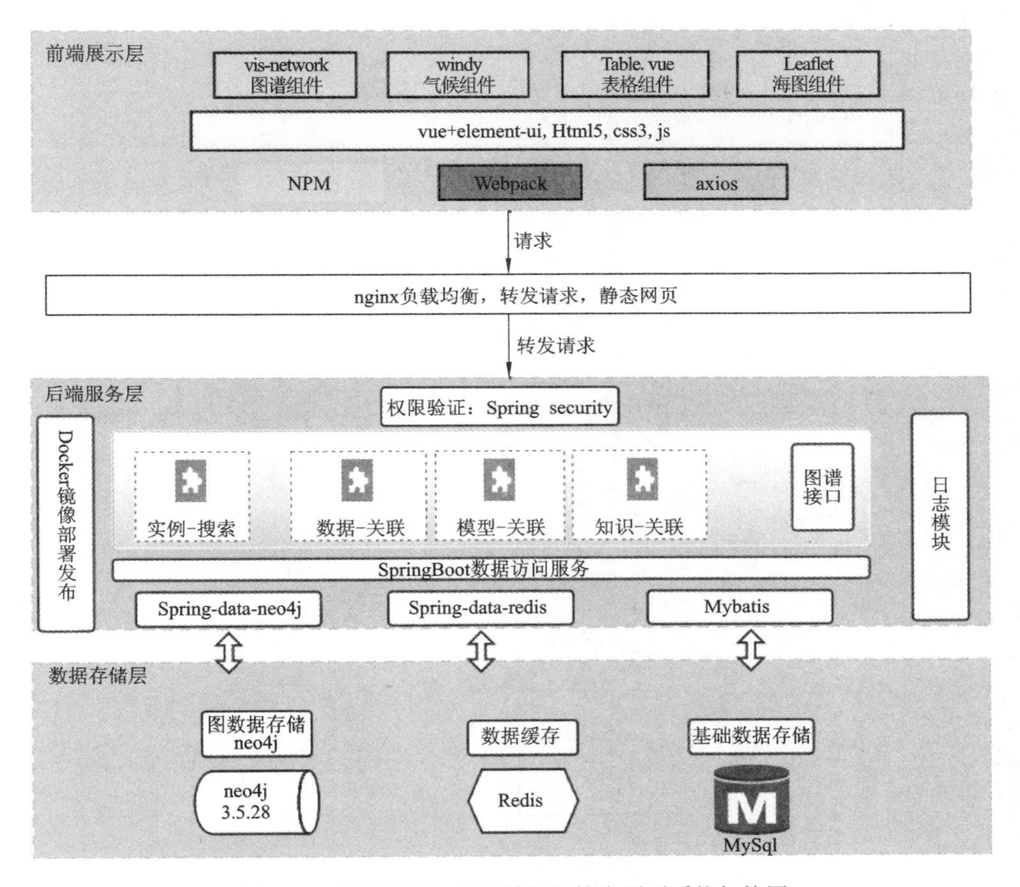

图 4.61　海洋环境知识图谱智能搜索原型系统架构图

以下内容按照“实例搜索”和“图谱关联”两小节分别介绍该搜索引擎原型系统主要功能。

1. 实例搜索

实例搜索仅用于对海洋环境知识图谱内“实例”类型的节点进行匹配搜索。用户在打开知识图谱搜索引擎后的默认页面如图4.62所示，在搜索框内输入关键词，并可按需选择 9 大主题，基本流程如图 4.63 所示。

实例搜索支持单关键词、多关键词、语句片段和网格编码 4 类搜索方式。

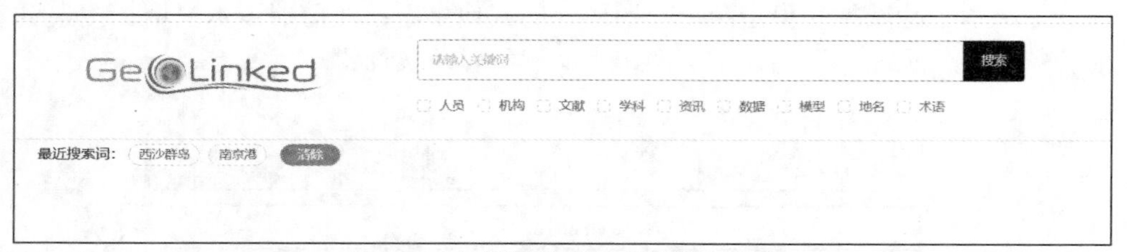

图 4.62　知识图谱搜索引擎默认页面

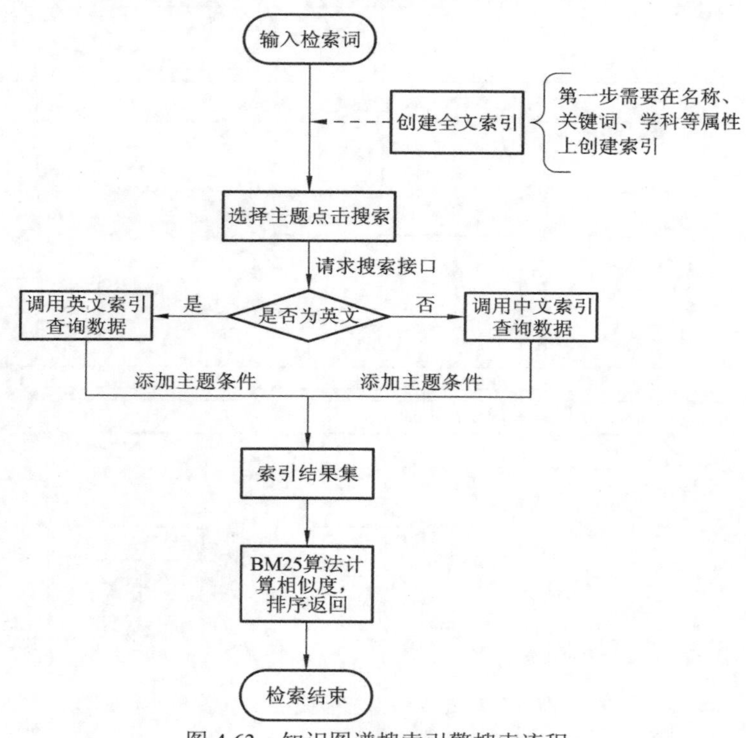

图 4.63　知识图谱搜索引擎搜索流程

1）单关键词搜索

搜索引擎将根据实体名称和属性综合计算匹配度，生成不同匹配度的词条数据，并按照降序排序，以输入“地磁场海洋环境”关键词为例，返回结果如图 4.64 所示。该示例呈现了文献主题的实例，在左侧页面中也清晰展现了各词条的关键词、学科、作者、描述、URL 等简单结构信息；对于实例数据中带有复杂结构的属性内容，例如从《S-101 数据分类与编码指南》中抽取的表格信息，通常不直接显示在搜索结果页面中，而是通过点击“详情“链接后以网页弹窗展现，如图 4.65 所示。

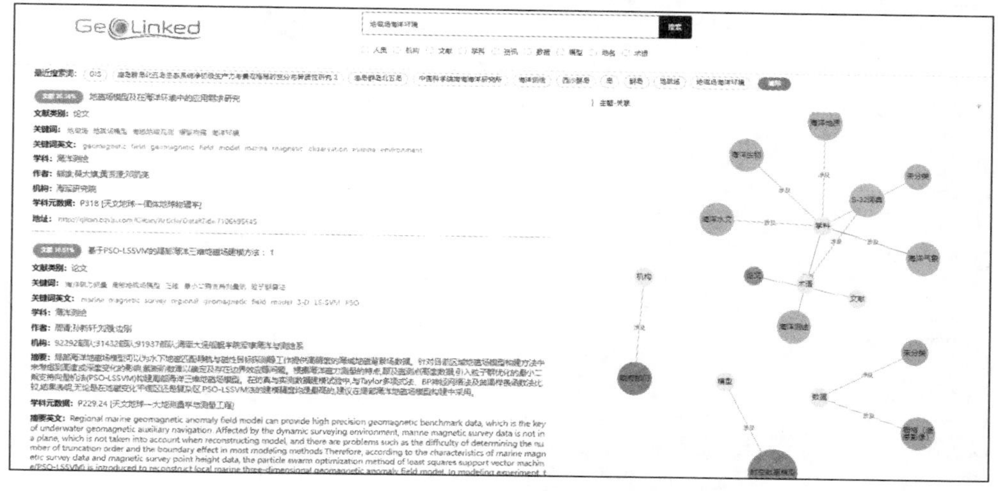

图 4.64　“地磁场海洋环境”搜索结果

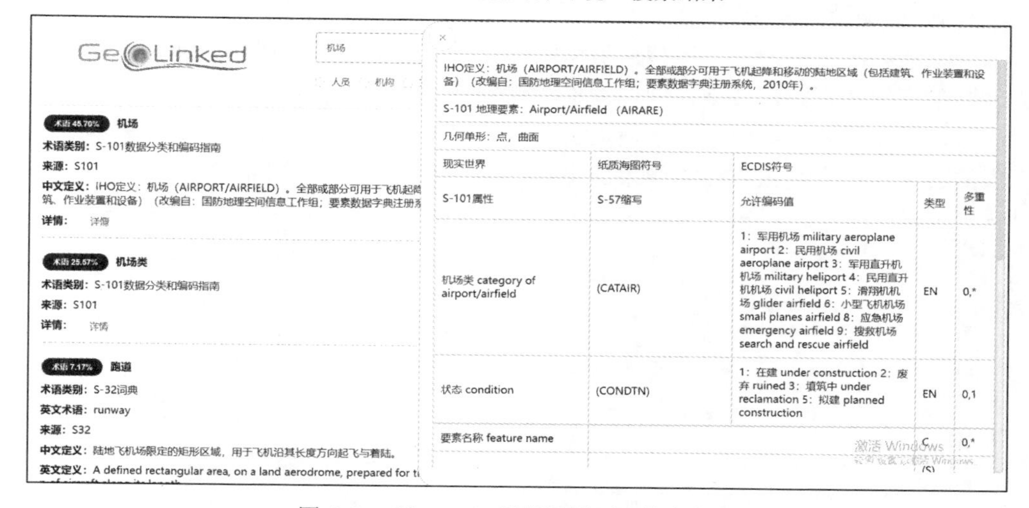

图 4.65　以 HTML 展现海图要素的定义表

2）多关键词搜索

使用单一关键词往往难以清晰表达用户需要的特定目标，为此，为提升搜索精确度，需要联合使用多个关键词进行搜索。该搜索引擎会结合实例的不同信息如标题、关键词、摘要、作者等进行综合匹配，例如，当用户输入“南海”和“栅格”关键词后，该搜索引擎能够精准获取到名为“GF-4 高分四号卫星数据集”“GF-6 高分六号卫星数据集”的“数据”主题实例，展示效果如图 4.66 所示。

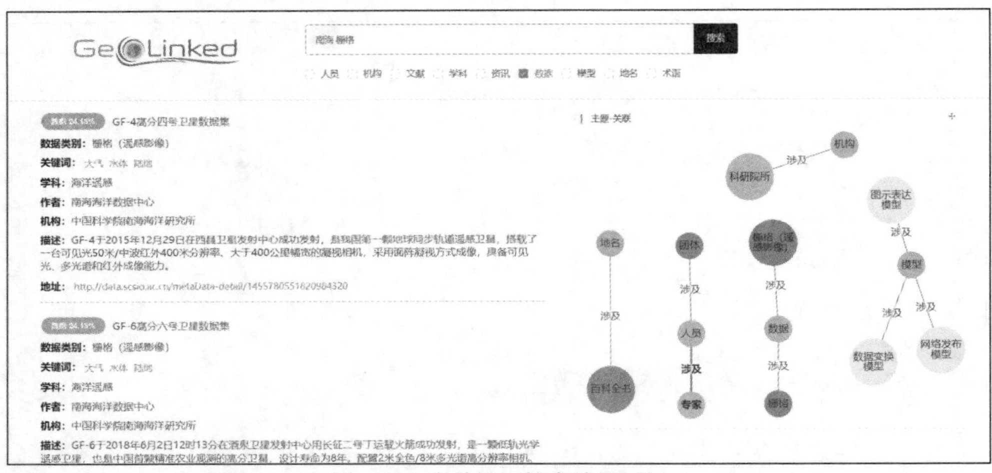

图 4.66 多关键词搜索结果示例

3）语句片段搜索

除精确的关键词外，该搜索引擎同样允许用户输入若干语句，通过文本相似度匹配实现知识图谱搜索，例如输入“珊瑚礁与海滩地貌之间的联系”，此时由于该句话在摘要中出现过，该搜索引擎便能根据摘要信息迅速索引到搜索者想搜索的文章，在右侧生成搜索结果的主题-关联知识图谱，如图 4.67 所示。

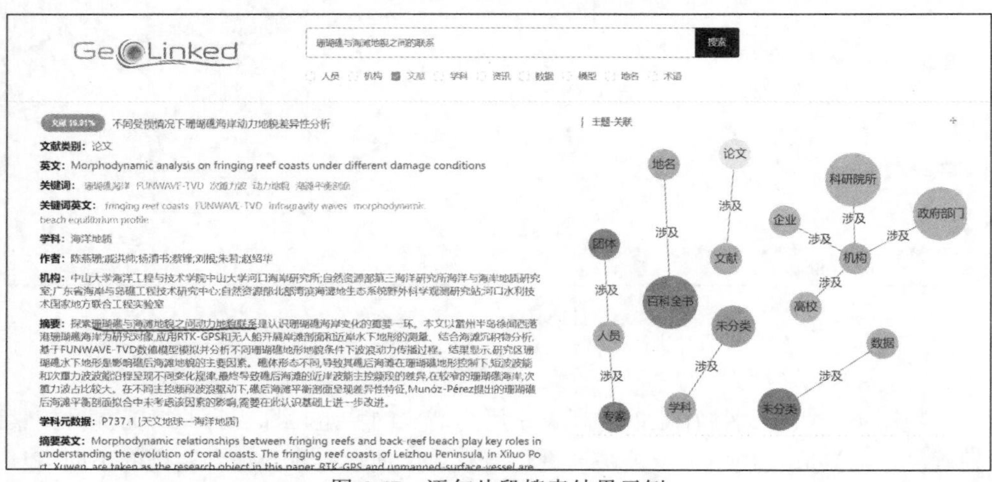

图 4.67 语句片段搜索结果示例

4）网格编码搜索

前述三种搜索方式主要实现语义的匹配和展示，未充分利用地理信息的空间特征。该搜索引擎可识别属性中的经纬度或经纬度范围，并在地图/海图中定位显示，如图4.68所示，在用户输入海图数据集名称进行模糊匹配后，在结果中可以展示相应海图对应的空间范围。然而，上述方法仍然无法实现基于空间位置的关联，为此，本书利用第 3 章提出的 HYGrid 模型，为各类具有确定性空间范围的数据集增加“网格编码”属性（图 4.69），进而实现同一网格编码的相关数据集搜索（图 4.70）。

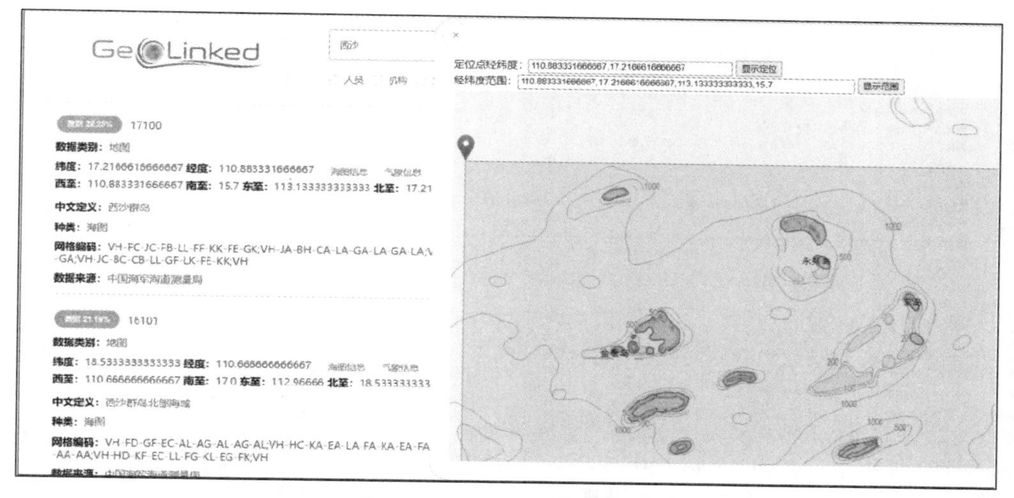

图 4.68　基于名称的数据搜索

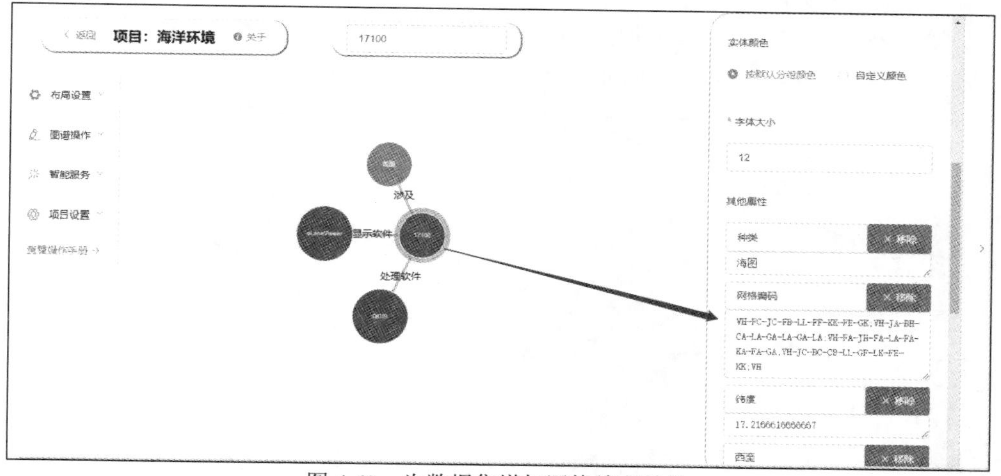

图 4.69　为数据集增加网格编码属性

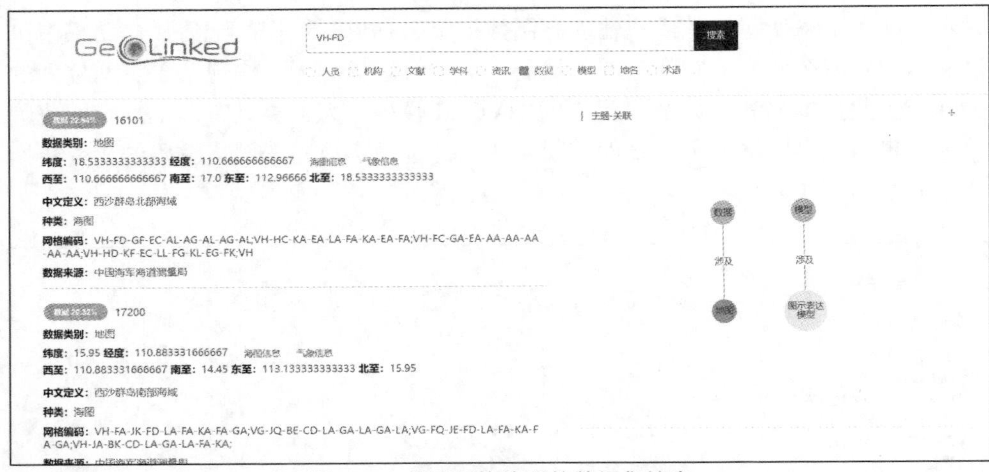

图 4.70 基于网格编码的数据集搜索

2. 图谱关联

在实例搜索的基础上，可进一步利用知识图谱提供的关联为用户推荐相关信息。推荐关联信息包含“主题、数据、模型和知识”四类，都是以图谱方式进行呈现，其中，“主题-关联”用于展示与当前实例结果相关联的主题，其他三类仅在用户点击某一实例的标题后呈现。

1）主题-关联

“主题-关联”筛选了与词条具有关联的一级二级实体，并在词条右侧生成相应的图谱，如图 4.71 所示。例如，在搜索框中输入“西沙群岛”，首先搜索到与

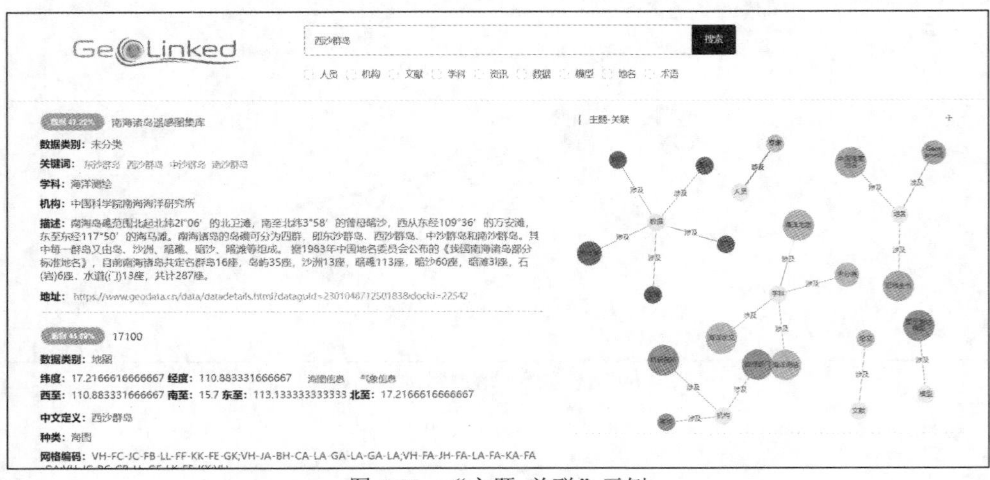

图 4.71 “主题-关联”示例

“西沙群岛”关键词相关的实例结果，进一步分析得到与搜索结果具有关联关系的主题，例如图中的“学科、数据、地名、文献”等，并将其二级实体一同展现。

2）数据-关联

“数据-关联”筛选了“数据”主题内与选中词条具有显式关联或隐式关联的实例，其中，显式关联在图谱内建有直接的关联（关联度根据关系权重和语义相似度计算，此处使用余弦相似度），隐式关联主要通过路径搜索（关联度根据路径长度计算）和语义匹配（关联度根据语义相似度计算，此处使用余弦相似度）。通过关联度排序，并在词条右侧生成相应的图谱，如图 4.72 所示。

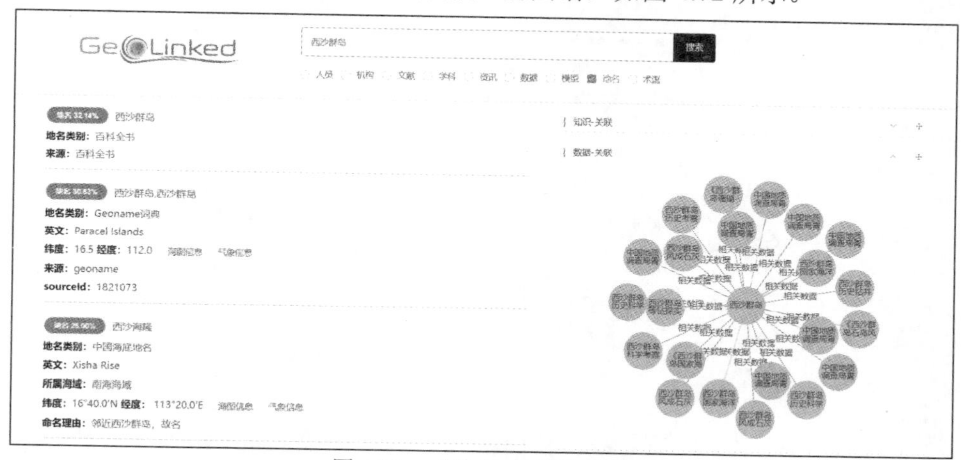

图 4.72　“数据-关联”示例

3）模型-关联

“模型-关联”筛选了“模型”主题内与选中词条具有显式关联或隐式关联的实例，关联度计算方法与“数据-关联”相同。以图 4.73 为例，根据关键词“西沙”可以搜索到相应的海图、影像、栅格等类型相关数据，其中“17100”是中国人民解放军海军海道测量局某一海图数据的图号，其关联的模型包括显示软件 eLaneViewer 和处理软件 QGIS。由于“模型”主题的实例具有复杂的功能用途和适用范围，其实例和关系的创建无法采用自动化或半自动化方式完成，只能依靠领域专家采用交互方式逐个建立或维护。

4）知识-关联

“知识-关联”筛选了“人员”“机构”“文献”“学科”“资讯”“地名”“术语”7 个主题内与选中词条具有显式关联或隐式关联的实例，关联度计算方法与“数据-关联”相同。以关键词“西沙”为例，通过“文献”主题搜索可以得到一系列相关论文词条，进一步点击词条可获得相应的人员、机构、地名和术语等实例并以图谱方式展现，如图 4.74 所示。

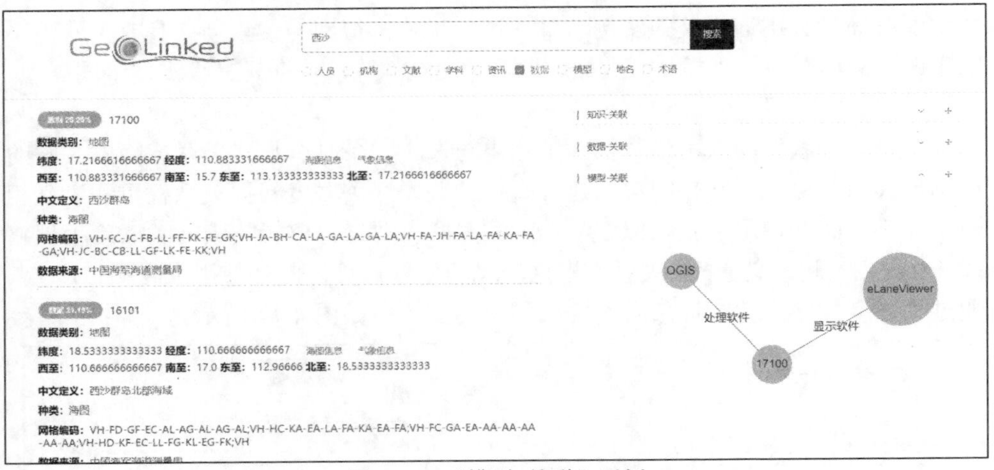

图 4.73　“模型-关联”示例

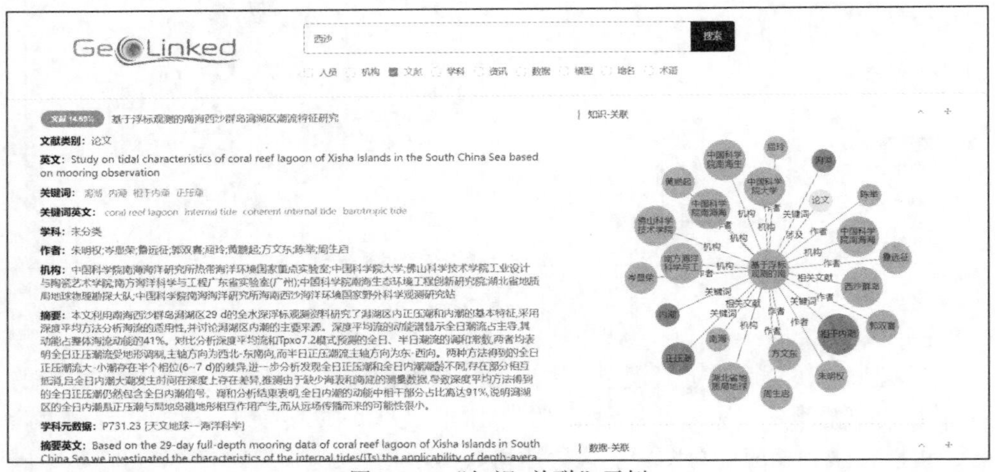

图 4.74　“知识-关联”示例

3. 主要结论

地理信息系统作为时空定位和时空表达的良好载体，有必要在信息关联聚合方面不断深化和拓展。通过本书构建的“海洋环境知识图谱智能搜索原型系统”，初步验证了前述海洋环境知识图谱构建方案的合理性，有效展示了知识图谱作为海量、多源、异构时空信息关联的可行性。与传统知识图谱不同的是，本书所提出的知识图谱涵盖数据、模型和知识三个层次，具有广域性。需要说明的是，目前知识抽取来源是示例性的，后续将根据需要不断充实完善，相应地，原型系统的智能搜索能力也将不断得到提升。

4.4 本章小结

利用关联模式实现多源异构地理信息的共享与互操作，与人类认知机制相吻合，有利于人类从不同层次、不同侧面、更加真实客观地认知世界，提高人类认知世界的能力。

本章在海洋地理信息知识表达、检索与推荐等方面取得了一些研究进展，主要成果如下。

（1）针对航海图书知识分散且不直观的问题，本书结合自主研制的“电子海图识图工具”，提出电子海图知识的网页化改造方法，并通过要素编码名称实现与海图图形的空间关联，为航海图书信息整合能力提升提供了有效的技术方法；结合自主研制的“数字海洋基础地理信息平台”，提出航海书表的拆分入库方法，并通过海图图号和经纬度两种方式实现了空间定位，增强了用户对海洋地理环境的综合认知能力。

（2）针对海洋地理信息网络数据资源难以高效发现和利用的现实问题，提出一套简易型垂直搜索引擎的设计方案，并重点讨论网络爬虫、信息索引和用户检索三个模块的设计与实现细节，具有较强的可操作性，且试验结果良好，可为其他具有特定应用需求的原型系统快速有效搭建提供良好范式。

（3）针对海洋环境领域涉及面广、涵盖学科众多、知识内容难以获取的问题，构建包含“学科、机构、人员、文献、资讯、数据、模型、术语、地名”9类主题的海洋环境知识图谱框架；通过知识图谱交互平台的设计与实现，以及多渠道外部知识的抽取与处理，初步构建海洋环境知识图谱；在知识图谱及其交互平台基础上，构建“海洋环境知识图谱搜索引擎原型系统”，初步实现海洋地理信息“数据-模型-知识”的检索与推荐。

第5章

总结与展望

当今世界处于信息化飞速发展的时代，地理信息在各个领域中发挥的作用愈发凸显，现有地理信息共享和互操作理论方法往往注重数据层面，对模型层面的研究与应用存在不足，对知识层面的研究与应用存在诸多空白，难以适应“数据来源越来越多、学科交叉越来越普遍、服务需求越来越复杂”的发展趋势。本书以海洋地理信息为切入点，特别是结合海洋环境应用方向，从理论框架建立、关键技术攻关和应用实践等方面开展一系列工作，为地理信息共享和互操作理论方法创新与应用提供有益参考。

5.1 总　　结

本书以海洋地理信息共享与互操作现实问题为牵引，按照“由整体到局部”的总体思路展开论述，主要工作内容与创新点如下。

（1）结合当前时空大数据时代发展现状，指出地理信息行业出现了“泛在、众源，跨界、融合，知识化、个性化”等新特征，从数据、知识和可视化三个层面分别论述地理信息共享与互操作的研究现状和发展趋势，总结分析目前研究存在的问题；提出“数据-模型-知识”三元一体的共享与互操作新型技术体系，为实现“数据、模型、知识”的关联集成提供理论框架，是实现“天地人机信息一体化”的一种新的有益探索，也是建立全时空信息系统的一种有效方式，丰富地理信息共享与互操作领域的模型理论。

（2）全面分析 S-100 系列标准的发展现状和存在的问题，提出具体发展措施建议，并将其作为海洋地理信息的数据融合应用框架；分析研究电子航海图现行 S-57 数据标准即将淘汰的问题，对比分析 S-57 和 S-101 标准的分类编码差异，提出一种电子航海图语义映射关系的“对象-规则”知识表达方法，构建基于 XML 扩展的逻辑描述语言，实现电子航海图数据的升级转换；针对电子航海图现行 S-52 显示标准存在符号语言过于封闭的问题，提出 S-52 标准点符号向 S-100 标准自动转换方法，研制完成 S-100 标准符号编辑器原型系统，实现 S-100 标准符号的创建、编辑、存储与可视化。

（3）针对海洋地理信息多源异构数据组织管理与应用难题，以参考椭球面为基础，通过椭球面剖分和径向剖分的解耦合，提出全球多尺度地理网格剖分 HYGrid 模型，模型具备椭球面厘米级、径向米级的网格单元表达能力，可实现“无序组织到有序框架的变换”、“无限对象到有限区块的映射”和“对象模型与场模型的统一”，为全球空间信息组织管理、交互应用、关联操作提供了统一框架，最后通过水下航行规划应用案例进行演示验证；针对 IHO 电子海图符号化规则开放性不足的问题，采用 QGIS 及其 QML 样式语言实现对电子海图的标准化显示，为建立以电子海图为底图的开源地理信息系统提供有效途径；最后，针对电子海图符号化问题进一步引入 S-100 图示表达模型，构建基于 XSL 脚本语言的插件式图示表达引擎，为建立统一、规范、即插即用的下一代海洋地理信息系统奠定技术基础。

（4）针对海洋地理信息知识运用不足的问题，重点针对航海图书和网络专题数据，提出航海图书资料的空间关联表达机制和网络专题元数据自动爬取方法，研制“电子海图识图工具”“数字海洋基础地理信息平台”“网络海洋专题元数据垂直搜索软件模块”，实现半结构化数据和非结构化数据的知识抽取、关联与检索；针对多源异构信息关联困难的问题，引入知识图谱作为主体结构，提出海洋环境知识图谱框架，研制“知识图谱交互平台”和“海洋环境知识图谱智能搜索原型系统”，有效实现多源异构地理信息“数据-模型-知识”多层次的跨域集成、时空关联与智能推荐。

5.2 展　望

多源、多变量、异构、多尺度的时空信息汇聚、表征与分析是地理信息科学领域的重要科学问题，推动多源异构信息共享与互操作是其重要的基础性研究方向。本书提出“数据-模型-知识”三元一体的共享与互操作新型技术体系，开展部分关键技术研究与实践探索，但是仍有大量工作有待后续深化拓展。

（1）海洋地理信息数据产品正逐步融入 S-100 标准，但各领域数据建模与转化应用存在诸多空白。加快推进 S-100 系列标准落地应用，对提高海洋地理信息数据共享水平，具有重大意义。然而，S-100 标准本身只是作为通用框架，需要领域用户根据自身业务需求设计产品规范，目前仅有 S-101 产品规范相对成熟，且尚未实现生产与应用验证。

（2）海洋地理信息数据组织模型与图示表达模型取得新成果，但时空分析模型尚无统一框架，网络发布模型存在定制改进空间。现有各类时空分析处理算法存在输入输出参数的差异，且不同平台实现方法不同，带来接口统一的困难；现有 OpenGIS 网络发布模型采用 HTTP 协议，难以适用于海上窄带网络条件，需要进一步深化研究其他海上通信协议下的网络发布机制。

（3）海洋地理信息语义空间关联、网络元数据爬取和知识图谱建立与检索应用取得一定成效，但知识发现和知识推荐有待进一步探索验证。本书利用知识图谱实现“数据-模型-知识”三个层次的关联，但是目前仅限于初级层次，对于如何利用图谱中的“数据”和“模型”来发现“知识”尚未给出解决方案；对于知识推荐的实现方式，目前主要采用关键字或者复合关键字进行匹配，如何组合运用语义关联度、空间关联度和时间关联度共同提升知识推荐效果，仍有待后续进一步深入研究。

参 考 文 献

曹红俊, 王瑞富, 李家贵, 等, 2018. 基于 SLD 的国际标准电子海图显示技术研究与实现. 海洋信息, 33(2): 52-57.

曹雪峰, 2012. 地球圈层空间网格理论与算法研究. 郑州: 中国人民解放军信息工程大学.

陈万志, 2015. 互联网泛在地理信息自动发现关键技术研究. 阜新: 辽宁工程技术大学.

陈长林, 2018. 开放式地图符号成像模型比较分析. 海洋测绘, 38(4): 71-74.

陈长林, 翟京生, 陆毅, 2011. IHO 海洋测绘地理空间数据新标准分析与思考. 测绘科学技术学报, 28(4): 300-303.

陈长林, 翟京生, 陆毅, 2012. 海洋测绘国际标准 S-100 的空间模式. 测绘科学技术学报, 29(1): 61-65.

陈长林, 彭认灿, 杨管妍, 2020a. S-100 标准海洋地理信息符号编辑器设计与实现. 海洋测绘, 40(3): 64-67.

陈长林, 卫国兵, 王耿峰, 等, 2016a. S-101 与 S-57 分类编码对比分析（三）: 复杂结构. 海洋测绘, 36(6): 70-74.

陈长林, 徐立, 黄瑞阳, 等, 2016b. S-101 与 S-57 分类编码对比分析(二): 属性. 海洋测绘, 36(5): 61-65.

陈长林, 徐立, 于国栋, 等, 2016c. S-101 与 S-57 分类编码对比分析(一): 要素. 海洋测绘, 36(4): 52-55.

陈长林, 周成虎, 杨管妍, 等, 2020b. 电子海图开放式图示表达模型及其构建方法. 武汉大学学报(信息科学版), 45(3): 325-330.

陈军, 刘万增, 武昊, 等, 2019. 基础地理知识服务的基本问题与研究方向. 武汉大学学报(信息科学版), 44(1): 38-47.

程承旗, 任伏虎, 濮国梁, 等, 2012. 空间信息剖分组织导论. 北京: 科学出版社.

董箭, 彭认灿, 李改肖, 等, 2009. 基于 ArcGIS 的海图符号库设计与实现. 海洋测绘, 29(6): 64-67.

龚健雅, 耿晶, 吴华意, 2014. 地理空间知识服务概论. 武汉大学学报(信息科学版), 39(8): 883-890.

龚健雅, 吴华意, 张彤, 2012. 对地观测数据、空间信息和地学知识的共享. 测绘地理信息, 37(5): 10-12.

郭华东, 王力哲, 陈方, 等, 2014. 科学大数据与数字地球. 科学通报, 59(12): 1047-1054.

侯文峰, 1999. 中国“数字海洋”发展的基本构想. 海洋通报, 18(6): 1-10.

胡维鑫, 2017. S-57 向 S-101 电子海图数据转换研究. 大连: 大连海事大学.

姜晓轶, 潘德炉, 2018. 谈谈我国智慧海洋发展的建议. 海洋信息(1): 1-6.

蒋秉川, 万刚, 许剑, 等, 2018. 多源异构数据的大规模地理知识图谱构建. 测绘学报, 47(8): 1051-1061.

交通运输部南海航海保障中心, 2017. 基于 S-100 的 E 航海数据交换标准与技术架构. 北京: 测绘出版社.

亢孟军, 吴雨锟, 张开硕, 等, 2022. 基于 SLD 的 IHO S-52 开源解决方案. 测绘地理信息, 47(1): 120-123.

李德仁, 2016. 展望大数据时代的地球空间信息学. 测绘学报, 45(4): 379-384.

李德仁, 邵振峰, 2009. 论新地理信息时代. 中国科学(F 辑:信息科学), 39(6): 579-587.

李德仁, 肖志峰, 朱欣焰, 等, 2006. 空间信息多级网格的划分方法及编码研究. 测绘学报, 35(1): 52-56, 70.

李雅彦, 杜清运, 蔡忠亮, 等, 2018. 一种采用 PostScript 成像模型的高质量地图制图方法. 武汉大学学报(信息科学版), 43(3): 379-384.

林珲, 游兰, 陈旻, 2017. 虚拟地理环境: 走向知识工程//林珲, 施讯. 地理信息科学前沿. 北京: 高等教育出版社: 36-61.

林珲, 游兰, 胡传博, 等, 2018. 时空大数据时代的地理知识工程展望. 武汉大学学报(信息科学版), 43(12): 2205-2211.

刘厂, 靳光强, 董静, 等, 2022-08-16. 基于海洋环境信息的 UUV 多指标约束三维航路规划方法: CN113124873B.

刘纪平, 王勇, 胡燕祝, 等, 2022. 互联网泛在地理信息感知融合技术综述. 测绘学报, 51(7): 1618-1628.

刘天尧, 赵宇鹏, 万佳馨, 等, 2016. S-57 海图的 SLD 符号渲染研究. 地理空间信息, 14(4): 62-64, 83.

陆锋, 余丽, 仇培元, 2017. 论地理知识图谱. 地球信息科学学报, 19(6): 723-734.

陆锋, 诸云强, 张雪英, 2023. 时空知识图谱研究进展与展望. 地球信息科学学报, 25(6): 1091-1105.

孟婵媛, 翟京生, 陆毅, 等, 2003. S-52 表示库的实现方式与扩展. 海洋测绘(4): 36-38.

孟立秋, 2017. 从多源数据到多样化地图//林珲, 施讯. 地理信息科学前沿. 北京: 高等教育出版社: 191-218.

宁津生, 2019. 测绘科学与技术转型升级发展战略研究. 武汉大学学报(信息科学版), 44(1): 1-9.

彭文, 桑百川, 沈继青, 等, 2017. IHO S-100 通用海道测量数据模型图示表达. 海洋测绘, 37(1): 55-59.

孙浩, 2014. 智慧海洋搜索引擎的分析与设计. 天津: 天津大学.

孙忠秋, 2012. 真三维剖分数据模型研究. 北京: 北京大学.

孙忠秋, 程承旗, 2016. GeoSOT-3D 椭球体剖分真三维数据表达. 地理信息世界, 23(3): 40-46.

谭喜成, 2018. OGC 标准地理空间信息服务及服务链开发教程. 北京: 科学出版社.

童晓冲, 贲进, 张永生, 2007. 全球多分辨率六边形网格剖分及地址编码规则. 测绘学报, 36(4): 428-435.

王翠萍, 宋雯琪, 姜鑫妍, 2023. 我国科学数据共享平台建设及服务内容研究. 中国科技资源导刊, 55(3): 9-18, 67.

王家耀, 武芳, 2019. 地理信息产业转型升级的驱动力. 武汉大学学报(信息科学版), 44(1): 10-16.

王勇, 2017. 深网 POI 信息获取与一致性处理方法研究. 测绘学报, 46(3): 399.

吴礼龙, 李庆伟, 姜林君, 等, 2019. IHO S-102 水深表面数据模型及其应用分析, 39(2): 62-66.

吴立新, 余接情, 杨宜舟, 等, 2013. 基于地球系统空间格网的全球大数据空间关联与共享服务. 测绘科学技术学报, 30(4): 409-415, 438.

吴小竹, 陈崇成, 林剑峰, 等, 2014. 地理知识云 GeoKSCloud: 动因、设计开发与应用. 地球信息科学学报, 16(2): 273-281.

徐进, 李颖, 周颖, 等, 2016. S-101 电子海图产品规范解析. 测绘科学, 41(3): 150-155.

徐文坤, 刘爱超, 钱程程, 等, 2019. 基于 ArcGIS 的电子海图显示系统. 海洋信息, 34(1): 19-25.

许珺, 裴韬, 姚永慧, 2010. 地学知识图谱的定义、内涵和表达方式的探讨. 地球信息科学学报, 12(4): 496-502, 509.

杨宇, 孙亚琴, 闫志刚, 2019. 网络爬虫的专题机构数据空间信息采集方法. 测绘科学, 44(7): 122-127, 140.

尹章才, 李霖, 朱海红, 等, 2005. 基于 XLST 的图示表达规则的设计与实现. 地球信息科学, 7(4): 135-140.

余接情, 吴立新, 訾国杰, 等, 2012. 基于 SDOG 的岩石圈多尺度三维建模与可视化方法. 中国科学(地球科学), 42(5): 755-763.

元建胜, 吴礼龙, 2017. 基于 IHO S-100 的 ECDIS 发展研究. 海洋测绘, 37(2): 60-64.

张岳, 张大萍, 2014. 水深表面产品规范 S-102 分析. 海洋测绘, 34(1): 80-82.

赵学胜, 贲进, 孙文彬, 等, 2016. 地球剖分格网研究进展综述. 测绘学报, 45(S1): 1-14.

中国人民解放军海军司令部航海保证部, 2006. 中国航路指南. 天津: 中国航海图书出版社.

中国人民解放军海军司令部航海保证部, 2009. 中国港口指南. 天津: 中国航海图书出版社.

中国人民解放军海军司令部航海保证部, 2011. 潮汐表. 天津: 中国航海图书出版社.

中国人民解放军海军司令部航海保证部, 2010. 航海表. 天津: 中国航海图书出版社.

中国人民解放军海军司令部航海保证部, 2012. 航海图书目录. 天津: 中国航海图书出版社.

周成虎, 苏奋振, 等, 2013. 海洋地理信息系统原理与实践. 北京: 科学出版社.

周成虎, 孙九林, 苏奋振, 等, 2020. 地理信息科学发展与技术应用. 地理学报, 75(12): 2593-2609.

周成虎, 朱欣焰, 王蒙, 等, 2011. 全息位置地图研究. 地理科学进展, 30(11): 1331-1335.

周颖, 2017. 基于数据覆盖的 S-102 水深数据产品研究. 大连: 大连海事大学.

朱欣焰, 周成虎, 呙维, 等, 2015. 全息位置地图概念内涵及其关键技术初探. 武汉大学学报(信息科学版), 40(3): 285-295.

诸云强, 代小亮, 杨杰, 等, 2023. 地球科学知识图谱一站式共享服务系统. 高校地质学报, 29(3): 325-336.

诸云强, 孙九林, 廖顺宝, 等, 2010. 地球系统科学数据共享研究与实践. 地球信息科学学报, 12(1): 1-8.

ATHANASIOU S, HLADKY D, GIANNOPOULOS G, et al., 2014. GeoKnow: Making the web an exploratory place for geospatial knowledge. ERCIM News, 96: 12-13.

BOCHER E, ERTZ O, 2018. A redesign of OGC symbology encoding standard for sharing cartography. PeerJ Computer Science, 4: e143.

CAI G C, LEE K M, LEE I, 2018. Itinerary recommender system with semantic trajectory pattern mining from geo-tagged photos. Expert Systems with Applications, 94: 32-40.

CHEATHAM M, KRISNADHI A, AMINI R, et al., 2018. The GeoLink knowledge graph. Big Earth Data, 2(2): 131-143.

DUTTON G H, 1999. A hierarchical coordinate system for geoprocessing and cartography. Heidelberg: Springer.

ELQADI M M, LESIV M, DYER A G, et al., 2020. Computer vision-enhanced selection of geo-tagged photos on social network sites for land cover classification. Environmental Modelling and Software, 128: 104696.

FENG Y H, ZHOU W J, 2022. Work from home during the COVID-19 pandemic: An observational study based on a large geo-tagged COVID-19 Twitter dataset (UsaGeoCov19). Information Processing and Management, 59(2): 102820.

GAO S, LI L N, LI W W, et al., 2017. Constructing gazetteers from volunteered big geo-data based on hadoop. Computers, Environment and Urban Systems, 61: 172-186.

GOODCHILD M F, 2007. Citizens as sensors: The world of volunteered geography. GeoJournal, 69(4): 211-221.

GOODCHILD M F, 2012. Discrete global grids: Retrospect and prospect. Geography and Geo-Information Science, 28(1): 1-6.

HOFER B, 2015. Uses of online geoprocessing technology in analyses and case studies: A systematic analysis of literature. International Journal of Digital Earth, 8(11): 901-917.

HOFER B, MÄSS S, BRAUNER J, et al., 2017. Towards a knowledge base to support geoprocessing workflow development. International Journal of Geographical Information Science, 31(4): 694-716.

HOU D Y, CHEN J, WU H, et al., 2015, Active collection of land cover sample data from geo-tagged web texts. Remote Sensing, 7(5): 5805-5827.

JAYA S S, BHATT C M, SARAN S, 2021. Utilizing geo-social media as a proxy data for enhanced flood monitoring. Journal of the Indian Society of Remote Sensing, 49(9): 2173-2186.

JIANG K, YIN H G, WANG P, et al., 2013. Learning from contextual information of geo-tagged web photos to rank personalized tourism attractions. Neurocomputing, 119: 17-25.

KACPRZAK E, KOESTEN L, IBÁÑEZ L D, et al., 2019. Characterising dataset search-An analysis of search logs and data requests. Journal of Web Semantics, 55: 37-55.

KLAUSEN C F M, 2006. GeoXSLT: GML processing with XSLT and spatial extensions. Oslo: University of Oslo.

LAURINI R, 2014. A conceptual framework for geographic knowledge engineering. Journal of Visual Languages and Computing, 25(1): 2-19.

LI W, GOODCHILD M F, RASKIN R, 2014. Towards geospatial semantic search: Exploiting latent semantic relations in geospatial data. International Journal of Digital Earth, 7(1): 17-37.

LI X, ANSELIN L, KOSCHINSKY J, 2015. GeoDa web: Enhancing web-based mapping with spatial analytics//23rd SIGSPATIAL International Conference on Advances in Geographic Information Systems. New York: Association for Computing Machinery.

MAGUIRE D J, LONGLEY P A, 2005. The emergence of geoportals and their role in spatial data infrastructures. Computers, Environment and Urban Systems, 29(1): 3-14.

MANDL T, GEY F, NUNZIO G D, et al., 2008. An evaluation resource for geographic information retrieval//6th International Conference on Language Resources and Evaluation (LREC). Marrakech: The University of Sheffield.

NESI P, PANTALEO G, TENTI M, 2016. Geographical localization of web domains and organization addresses recognition by employing natural language processing, Pattern Matching and clustering. Engineering Applications of Artificial Intelligence, 51: 202-211.

NIKKILÄ R, NASH E, WIEBENSOHN J, et al., 2013. Spatial inference with an interchangeable rule format. International Journal of Geographical Information Science, 27(6): 1210-1226.

OGC(OPEN GEOSPATIAL CONSORTIUM), 2007b. Styled layer descriptor profile of the web map service implementation specification. [2007-6-29]. https://repository.oceanbestpractices.org/bitstream/handle/11329/1163/05-078r4_Styled_Layer_Descriptor_Profile_of_the_Web_Map_Service_Implementation_Specification.pdf?sequence=4.

OGC(OPEN GEOSPATIAL CONSORTIUM), 2007a. Symbology encoding implementation specification. [2007-7-21]. https://repository.oceanbestpractices.org/bitstream/handle/11329/1122/05-077r4_OpenGIS_Symbology_Encoding_Implementation_Specification.pdf?sequence=1&isAllowed=y.

OGC(OPEN GEOSPATIAL CONSORTIUM), 2014. Filter encoding 2.0 encoding standard-with corrigendum. [2014-8-18]. https://docs.ogc.org/is/09-026r2/09-026r2.html.

OGC(OPEN GEOSPATIAL CONSORTIUM), 2017. Testbed-12 semantic portrayal, registry and mediation engineering report. [2017-04-25]. http://docs.opengeospatial.org/per/16-059.html.

OGC(OPEN GEOSPATIAL CONSORTIUM), 2018. OGC symbol conceptual model: Core part. [2018-9-5]. https://www.opengeospatial.org/standards/requests/178.

OGC(OPEN GEOSPATIAL CONSORTIUM), 2019. OGC testbed-15: Encoding and metadata conceptual model for styles engineering report. [2019-12-11]. https://docs.ogc.org/per/19-023r1.html.

PARK D, PARK S, 2014. E-Navigation-supporting data management system for variant S-100-based data. Multimedia Tools and Applications, 74: 6573-6588.

PURVES R S, CLOUGH P, JONES C B, et al., 2007. The design and implementation of SPIRIT: A spatially aware search engine for information retrieval on the Internet. International Journal of Geographical Information Science, 21(7): 717-745.

RAJARATHINAM R, BHUVANESWARI A, JOTHI R, 2022. A real-time crisis informatics system by fusing geo-spatial twitter streams and user-posted images. Materials Today: Proceedings, 62(7): 4738-4744.

TOMASZEWSKI B, BLANFORD J, ROSS K, et al., 2011. Supporting geographically-aware web document foraging and sensemaking. Computers, Environment and Urban Systems, 35(3): 192-207.

TURNER A, 2006. Introduction to neogeography. Cambridge: O' Reilly Media.

VILCHES-BLÁZQUEZ L M, SAAVEDRA J, 2019. A framework for connecting two interoperability universes: OGC web feature services and linked data. Transactions in GIS, 23(1): 22-47.

WANG S, LIU Y, PADMANABHAN A, 2015. Open cyberGIS software for geospatial research and education in the big data era. SoftwareX, 5: 1-5.

WU H, YOU L, GUI Z, et al., 2015. GeoSquare: Collaborative geoprocessing models' building, execution and sharing on Azure Cloud. Annals of GIS, 21(4): 287-300.

YUE P, ZHANG M, TAN Z, 2015. A geoprocessing workflow system for environmental monitoring and integrated modelling. Environmental Modelling and Software, 69: 128-140.

YUTZLER J, CASS R, 2018. OGC portrayal concept develop study. [2018-10-09]. http://www.opengis.net/doc/PER/portrayalCDS.

ZHOU M Y, CHEN J, GONG J Y, 2013. A pole-oriented discrete global grid system: Quaternary quadrangle mesh. Computers and Geosciences, 61: 133-143.

ZHU Y, ZHU A X, FENG M, et al., 2017. A similarity-based automatic data recommendation approach for geographic models. International Journal of Geographical Information Science, 31(7): 1403-1424.

编 后 记

“博士后文库”是汇集自然科学领域博士后研究人员优秀学术成果的系列丛书。“博士后文库”致力于打造专属于博士后学术创新的旗舰品牌，营造博士后百花齐放的学术氛围，提升博士后优秀成果的学术影响力和社会影响力。

“博士后文库”出版资助工作开展以来，得到了全国博士后管委会办公室、中国博士后科学基金会、中国科学院、科学出版社等有关单位领导的大力支持，众多热心博士后事业的专家学者给予积极的建议，工作人员做了大量艰苦细致的工作。在此，我们一并表示感谢！

“博士后文库”编委会